普通高等教育农业部"十二五"规划教材
全国高等农林院校"十二五"规划教材

水族动物育种学

李家乐 主编

中国农业出版社
北 京

内容简介

　　本书遵从育种学固有的内容体系，根据水族科学与技术专业建设的要求，结合育种学最新发展趋势，以及作者多年的育种学教学实践和经验，编写了便于学生理解和掌握的水族动物育种学内容。本书比较全面而又系统地阐述了水族动物育种的基本原理和应用技术。全书共11章，包括绪论、水族动物种质资源保护与合理利用、选择育种、杂交育种、诱变育种、多倍体育种、雌核发育与雄核发育、细胞融合及核移植技术、转基因技术、分子标记与育种、水族动物引种与驯化等内容。

　　本书可作为普通高等院校水族科学与技术专业、水产养殖专业本专科生的教材，也可作为从事水族遗传育种、水产养殖和水生生物学等方面科技工作的学者与技术人员的参考资料。

编 审 人 员 名 单

前言
Foreword

　　育种是生物提质增效的有效途径。随着人民生活水平的提高，对水族动物数量的需求越来越大，对水族动物品质的要求越来越高。21世纪以来，人们在水族动物育种方面做了很多工作，并取得了许多科研成果。除了传统的杂交育种和选择育种外，在细胞工程和基因工程上也有突出表现，并向现代分子育种技术方向迅速发展，水族动物育种的基础理论和应用技术迅速提高。为了系统地总结水族动物育种的经验，特别是近年来的科技成果，更好地培养水族动物育种人才，我们组织编写了这本教材，希望能为促进本学科发展和提高教学质量做出一点微薄的贡献。

　　本书系统地阐述了水族动物育种的基本原理与应用技术，着重反映了国内外水族动物育种方面具有先进水平的科技成果，并注意反映本学科的研究进展及动向，以保持本书的先进性与完整性。另外，教材的编写人员都是各个高等院校水族动物育种或相近课程的主讲教师，有丰富的教学经验，教材内容与编写人员所从事的教学实践、科学研究紧密结合，有的编写人员还是该领域卓有成就的专家，在科研上做出过杰出贡献。他们的参与使本书增色不少。

　　本书由李家乐任主编，王卫民、王爱民和汪桂玲任副主编。具体编写分工如下：李家乐和汪桂玲编写第一章，王卫民和曹小娟编写第二章，罗旭光编写第三章，李家乐和陈再忠编写第四章，姜玉声编写第五章和第十一章，王爱民和罗旭光编写第六章，董志国和汪桂玲编写第七章，姚翠鸾编写第八章和第九章，汪桂玲和李家乐编写第十章。全书由汪桂玲负责统稿，李家乐定稿。楼允东教授认真审阅了全书，并提出很多建设性修改意见，特向楼教授表示衷心的感谢。另外，在本书编写过程中，还得到了各位编者所在学校的领导、同事和研究生的热忱关心、多方支持和大力协助，在此一并致以诚挚的谢意。

本书是国内第一本有关水族动物育种方面的教材，编写这样一本教材，对我们来说是一项既光荣又艰巨的任务，尽管我们为此做了很大努力，但由于水平有限，难免会有欠妥之处，恳请广大读者批评指正。

李家乐

2017 年 8 月于上海海洋大学

目录

Contents

前言

第一章 绪论 ··· 1

一、水族动物育种学研究的对象和任务 ······················· 1

二、水族动物育种目标 ····································· 2

三、水族动物育种学与育种方法的发展 ······················· 4

四、水族动物育种的现状与展望 ····························· 5

五、育种学相关概念 ······································· 7

复习思考题 ··· 9

主要参考文献 ··· 9

第二章 水族动物种质资源保护与合理利用 ··················· 10

第一节 水族动物种质资源的保护 ························· 10

一、种群大小的保护 ······································· 11

二、种群遗传结构的保护 ··································· 12

三、生物多样性的保护 ····································· 13

四、种质资源的合理利用 ··································· 14

第二节 我国水族动物种质资源保护与合理利用的对策 ········· 15

复习思考题 ··· 16

主要参考文献 ··· 16

第三章 选择育种 ··· 18

第一节 选择育种的原理 ································· 18

一、选择 ··· 18

二、选择育种 ··· 19

三、选择育种的原理 ······································· 20

第二节 性状选育 ······································· 22

一、质量性状的选择 ……………………………………………………… 23

二、数量性状的选择 ……………………………………………………… 27

三、水族动物性状选育的特点 …………………………………………… 36

第三节 选择育种的方法 …………………………………………………… 36

一、选择育种的原则 ……………………………………………………… 37

二、选择育种的基本方法 ………………………………………………… 37

复习思考题 …………………………………………………………………… 43

主要参考文献 ………………………………………………………………… 43

第四章 杂交育种 …………………………………………………………… 45

第一节 杂交育种的基本原理 ……………………………………………… 45

一、杂交育种的相关概念 ………………………………………………… 45

二、杂交亲本的选择 ……………………………………………………… 46

三、杂交育种的方式 ……………………………………………………… 47

第二节 杂种优势的概念及特点 …………………………………………… 57

一、杂种优势的概念及特点 ……………………………………………… 57

二、杂种优势的理论基础 ………………………………………………… 58

三、杂种优势的计算 ……………………………………………………… 60

四、杂交亲本种群的选优和提纯 ………………………………………… 60

五、杂交组合方式 ………………………………………………………… 61

六、杂交种的鉴定和观测 ………………………………………………… 62

七、杂种优势利用实例——康乐蚌 ……………………………………… 63

第三节 杂交育种的实例分析 ……………………………………………… 64

一、培育新品种 …………………………………………………………… 64

二、保存和发展有益的变异体 …………………………………………… 67

三、抢救濒于灭绝的品种 ………………………………………………… 67

复习思考题 …………………………………………………………………… 67

主要参考文献 ………………………………………………………………… 68

第五章 诱变育种 …………………………………………………………… 69

第一节 遗传变异的机理 …………………………………………………… 69

一、基因突变 ……………………………………………………………… 70

二、DNA 损伤的修复 …………………………………………………… 70

三、染色体结构变异 ……………………………………………………… 71

四、突变的特点与表型 …………………………………………………… 72

五、表观遗传学机制 ……………………………………………………… 73

六、诱发突变的因素 ……………………………………………………… 74

第二节 诱变育种技术 ……………………………………………………… 74

一、辐射诱变育种 ·············· 74

二、化学诱变育种 ·············· 77

三、突变体的筛选 ·············· 78

复习思考题 ·············· 79

主要参考文献 ·············· 79

第六章　多倍体育种 ·············· 80

第一节　多倍体诱导的原理及方法 ·············· 80

一、生物染色体的多倍性 ·············· 80

二、多倍体的诱导 ·············· 81

第二节　多倍体的鉴定 ·············· 86

一、染色体计数法 ·············· 86

二、DNA 含量测定方法 ·············· 89

三、极体计数法 ·············· 90

四、细胞核体积测量 ·············· 91

第三节　水族动物多倍体诱导的实例 ·············· 92

一、金鱼三倍体诱导 ·············· 92

二、斑马鱼三倍体热休克诱导 ·············· 92

三、静水压休克诱导三倍体水晶彩鲫 ·············· 92

四、人工诱导三倍体锦鲤 ·············· 93

五、人工诱导兴国红鲤三倍体 ·············· 93

六、水晶彩鲫四倍体诱导 ·············· 93

复习思考题 ·············· 94

主要参考文献 ·············· 94

第七章　雌核发育与雄核发育 ·············· 97

第一节　雌核发育 ·············· 97

一、天然雌核发育 ·············· 97

二、雌核发育的人工诱导 ·············· 100

三、雌核发育二倍体的鉴定 ·············· 106

四、雌核发育二倍体的性别 ·············· 109

五、雌核发育二倍体的生长与发育 ·············· 110

六、人工雌核发育在水族动物中的应用 ·············· 111

第二节　雄核发育 ·············· 113

一、人工雄核发育的诱发 ·············· 113

二、人工雄核发育在水族动物中的应用 ·············· 117

复习思考题 ·············· 119

主要参考文献 ·············· 119

第八章　细胞融合及核移植技术 ……………………………………… 122

第一节　细胞融合技术 ……………………………………………… 122
　一、细胞融合的概念 ………………………………………………… 122
　二、细胞融合技术的发展 …………………………………………… 122
　三、细胞融合常用技术及在水族动物中的应用 …………………… 124

第二节　核移植技术 ………………………………………………… 128
　一、细胞核移植的概念 ……………………………………………… 128
　二、鱼类细胞核移植研究的历史 …………………………………… 128
　三、鱼类细胞核移植的方法 ………………………………………… 130
　四、鱼类细胞核移植研究的应用 …………………………………… 132
　五、鱼类细胞核移植的意义 ………………………………………… 135
　六、问题与对策 ……………………………………………………… 136

复习思考题 ……………………………………………………………… 138

主要参考文献 …………………………………………………………… 138

第九章　转基因技术 …………………………………………………… 140

第一节　转基因技术的原理和方法 ………………………………… 140
　一、转基因技术概述 ………………………………………………… 141
　二、转基因技术的一般方法 ………………………………………… 141

第二节　转基因水族动物实例 ……………………………………… 148
　一、转基因鱼的研究 ………………………………………………… 148
　二、转基因虾的研究 ………………………………………………… 153

第三节　转基因的安全性问题 ……………………………………… 158
　一、转基因水族生物的安全性 ……………………………………… 158
　二、转基因水族动物自身安全性的评价 …………………………… 159
　三、拟接受转基因水族动物的水体的调查 ………………………… 159
　四、转基因水生生物与其他水族动物的相互作用 ………………… 160
　五、转基因水族动物释放（逃逸）对水体生态系统的影响 ……… 160
　六、转基因水族动物遗传安全性研究 ……………………………… 160
　七、转基因水族动物生态风险防范对策研究 ……………………… 160

复习思考题 ……………………………………………………………… 162

主要参考文献 …………………………………………………………… 162

第十章　分子标记与育种 ……………………………………………… 165

第一节　分子遗传标记的类型与原理 ……………………………… 165
　一、同工酶标记 ……………………………………………………… 165
　二、分子标记基因和序列 …………………………………………… 166

第二节　分子标记在育种中的应用……………………………………… 174

　一、分子系统发育和亲缘关系的分析 ……………………………… 174

　二、遗传多样性和遗传结构分析 …………………………………… 175

　三、种质鉴定 ………………………………………………………… 175

　四、杂种优势预测 …………………………………………………… 176

　五、遗传图谱的构建 ………………………………………………… 177

　六、数量性状基因位点的定位 ……………………………………… 177

　七、分子标记辅助选育（MAS）…………………………………… 178

复习思考题 …………………………………………………………… 181

主要参考文献 ………………………………………………………… 181

第十一章　水族动物引种与驯化 …………………………………… 185

第一节　引种 ………………………………………………………… 185

　一、确定引种对象 …………………………………………………… 186

　二、生态条件调查与评估 …………………………………………… 186

　三、引种材料的选择 ………………………………………………… 187

　四、引种对象的检疫 ………………………………………………… 187

　五、试引种及推广 …………………………………………………… 188

　六、遗传种质保护 …………………………………………………… 188

第二节　驯化 ………………………………………………………… 189

　一、驯化的理论与方法 ……………………………………………… 190

　二、影响驯化的因素 ………………………………………………… 193

　三、水族动物的驯化 ………………………………………………… 193

复习思考题 …………………………………………………………… 194

主要参考文献 ………………………………………………………… 194

1

第一章

绪 论

在现代社会，人们在追求物质生活富裕的同时，也要求更为丰富多彩、健康的精神生活。水族动物既可以满足人们对美的追求，又可以美化居住环境，因此成为人们生活中的新宠。在美国，12%的人喜爱观赏鱼，15%的家庭（约1 200万户）拥有水族箱（约720万个是恒温水族箱），而其中4%的家庭则拥有1个以上的水族箱。在英国，约14%的家庭（300万～350万户）饲养观赏鱼。除美国、英国外，日本、德国、法国、意大利、西班牙、荷兰和澳大利亚是进口观赏鱼的主要国家，中国、南非及其他国家均盛行饲养观赏鱼。因此，水族动物育种具有巨大的市场潜力和应用价值。

一、水族动物育种学研究的对象和任务

（一）水族动物的种类

水族动物是具有观赏价值和养殖价值的一类水生动物。其种类繁多，主要涵盖了动物界的7个门21个纲：腔肠动物门的水螅纲（Hydrozoa）、钵水母纲（Scyphozoa）和珊瑚纲（Anthozoa）；扁形动物门的涡虫纲（Turbellaria）；环节动物门的多毛纲（Polychaeta）；软体动物门的多板纲（Polyplacophora）、腹足纲（Gastropoda）、瓣鳃纲（Lamellibranchia）和头足纲（Cephalopoda）；节肢动物门的肢口纲（Merostomata）、软甲纲（Malacostraca）、甲壳纲（Crustacea）；棘皮动物门的海星纲（Asteroidea）、海胆纲（Echinoidea）、海参纲（Holothuroidea）、蛇尾纲（Ophiuroidea）、海百合纲（Crinoidea）；脊索动物门的鱼纲（Pisces）、两栖纲（Amphibia）、爬行纲（Reptilia）和哺乳纲（Mammals）。其中鱼纲的种类最多，体形和体色绚丽多彩。

水族动物的分类方法多种多样，除了按照动物统一的标准方法分类外，根据不同需要，还可以按以下方法分类：

① 按水族动物所生活的盐度范围，分为淡水水族动物和海水水族动物。

② 按水族动物对生活水温的要求，分为热带水族动物、温水水族动物和冷水水族动物。

③ 按水族动物对生活水体温度和盐度的要求，分为温带淡水水族动物、热带淡水水族动物和热带海水水族动物。

④ 按水族动物食性的不同，分为肉食性水族动物、草食性水族动物、浮游生物食性水族动物和杂食性水族动物。

⑤ 按人们对水族动物种类的认识程度，分为常见水族动物和野生水族动物。

⑥ 按水族动物在国内外市场上的经济价值，分为普通水族动物和名贵水族动物。

（二）水族动物育种学的定义与基本任务

水族动物育种是指应用各种遗传学方法，改造水族动物的遗传结构，培育出适合人类养殖生产活动需要的品种的过程。品种或品系育成后，采用科学的繁育方法避免近亲交配及遗传性能的衰退，保持品种或品系的稳定遗传，这也是育种学的一个重要任务。所以水族动物育种学是研究水族动物选育和繁殖优良品种的理论与方法的科学。

水族动物育种学与其他生物育种学一样，是一门以遗传学和现代生物技术为基础的综合性应用学科，是研究水族动物育种理论和方法的科学，也是研究野生种类驯化、优良物种引进、水产动物品质改良、杂种优势利用及优良新品种培育的理论和实践的一门科学。其基本任务是：在研究和掌握水产动物性状遗传变异基础上，根据育种目标，发掘和利用各种水族动物资源，采用适当的育种途径和方法，选育出符合生产需要或市场需要的高产、稳产、优质、低耗的优良品种或品系；通过有效的繁育措施，在繁殖、遗传性能的维护和推广过程中保持或提高品种的特性，促进水族养殖业的发展。

育种学涉及的学科较多，并且随着新技术和新方法的应用，育种学中可采用的方法更加多种多样。在育种实践中，多个学科之间相互联系和相互渗透。现代育种工作需要各个学科密切配合，采用多种方法，使用各种现代化工具和检测设备，应用各种新技术和新理论，多部门协同合作。只有这样才能适应育种科学现代化的要求，并达到育种的目的。

二、水族动物育种目标

育种目标就是对育种工作所要解决的主要问题的定性或定量的描述，即所要培育的新品种在一定的自然、生产、经济及技术条件下养殖时，应具备一系列优良性状的指标，它是育种方案的基本内容之一。

育种目标是改良品种的依据，是育种工作中最根本的问题。确定育种目标是制订育种方案和开展育种工作的前提，育种目标适当与否是决定育种方案优劣与育种工作成败的首要因素。育种的总目标是：高产、稳产、优质、低耗。

水族动物种类繁多，育种目标主要涉及体色、体型、生长、繁殖、抗性、适应性及品质等一系列的目标性状。

（一）体色和体型

水族动物育种的主要目的就是培育出体色鲜艳及体型奇异的新品种，培育出具有特殊形态的水族动物家系（图1-1）。一方面，许多水族动物的体色和体型永远是养殖者追求的重要性状；另一方面，作为养殖和游钓对象，体色和体型可以提高其商品价值。同时，体色与体型往往与某些因子相关联，在育种中作为遗传标记识别特定的品种。

（二）生长率和饲料转化率

对于所有水族动物来说，生长率永远是重要的经济性状，也是重要的育种目标。

饲料转化率也称为"饲料报酬"，指消耗单位风干饲料重量与所得到的动物产品重量的比值。饲料转化率在现代集约化养殖中尤为重要，因为在这种生产体系中，饲料成本在总成本中占比较高，但该指标的测定难度较大，在育种中往往采用间接选择的方法测定。

图 1-1 孔雀鱼的体色和体型育种示意

（三）繁殖力

水族动物通常具有很高的繁殖力，特别是在广泛应用人工繁殖技术之后，多数水族动物的产卵量较易满足苗种生产的需要。多数情况下卵子的质量主要取决于亲鱼的培育质量。对于产卵量相对低的种类，可以将其作为一个目标进行选择，提高个体的怀卵量以提高繁殖力。

（四）抗性

抗性是指生物对不良环境（或逆境）的抵抗能力，包括抗病、抗寒、抗重金属毒性、抗高温或低温、抗风浪、抗盐碱及耐低氧等，其中以抗病最为重要。由于国际引种工作的广泛开展，加重了病虫害的蔓延。因此，除了在病虫害防治方面开辟新的途径外，人们特别寄希望于抗病品种的选育，以保证高产与稳产，减少环境污染，并降低生产成本。

（五）适应性

适应性是关系到该品种能否推广的重要经济性状之一。适应性的育种，在引种、驯化的过程中尤为重要，因为在这一过程中，水族动物的生活环境发生剧烈改变。在池塘、网箱或其他人工水体中，水族动物必须适应新的栖息环境、新的饵料和新的繁殖方式。

（六）品质

在现代水族动物育种中，品质已逐渐上升为比产量更为重要、突出的目标性状。所谓品质，就是产品能满足一定需要的特征、特性的总和，即产品客观属性符合人们主观需要的程度。

产品的品质按用途和利用方式大致可分为感官品质、营养品质、加工品质和贮用品质等。感官品质常包括产品的大小、性状、色泽等由视觉、触觉所感受的外质。感官品质的评价受到人们传统习惯的影响，有较多的主观成分，这在水族动物的外观品质评价中尤为突出。

三、水族动物育种学与育种方法的发展

(一) 育种学的发展

育种学是一门古老的学科，每个国家都有其育种历史。培育品种作为生产行为远远早于遗传学和育种学形成的年代，如我国隋代开始培育的金鱼、浙江省培育的瓯江彩鲤、日本培育的锦鲤等都是利用实践经验，在自然突变体的基础上经过选育、扩繁等方法得到的，这些人工培育的品种是以经验和技巧为手段，无意识地利用了遗传学和育种学的知识，获得了可供人类生产生活利用的水族动物。

人们通过获得科学概念和技术手段开展大规模的育种实践，却是始于17~18世纪的欧洲植物杂交实验竞赛。当时到世界各地的殖民者带回大量异地植物特别是观赏植物的种子，他们种植各种名优植物客观上促进了植物杂交实验研究，也提高了人们对遗传现象的认识水平。欧洲植物学会也开始举办每年一度的杂交实验竞赛，遗传学奠基人孟德尔也参与了这样的实验，并最终发现了现代遗传学理论。

现代育种学是以孟德尔遗传学为基础的。遗传学对动植物的改良有巨大的指导意义，是育种学的理论基础。育种工作以现代统计学作为工具以后，在孟德尔遗传理论的指导下，加上世界各国政府因对生产大量粮食、肉类的需求所给予的大力支持，最终促成了《作物育种》(Hayes，Garber) 一书在1927年出版。我国最早的育种学专著是1936年出版的《中国作物育种学》。国内能查到的最早两部水生动物育种学专著是1988年出版的《鱼类遗传与育种学》(李骏珉) 和《鱼类遗传与育种》(张兴忠等)。后来又有1991年出版的《水产生物遗传育种学》(吴仲庆)、1999年出版的《鱼类遗传育种工程》(吴清江、桂建芳等) 和《鱼类育种学》(楼允东)，以及2005年出版的《水产动物育种学》(范兆廷) 等。

育种学涉及的学科比较多，新技术、新方法的使用，使得育种中使用的方法多种多样，在育种实践中多个学科之间相互联系、相互渗透和相互依赖，必将给现代水族动物育种学提出一些新概念、新任务和新方法，并赋予一些新特点。现代水族动物育种学要想取得突破性的重大进展，必须利用现代科学所提出的新理论、新技术和新设备。因此，水族动物育种工作者必须努力提高基础科学水平，掌握比较广泛的现代科学知识和技能。另外，水族动物育种专家还需要与广大水族爱好者密切接触，保持信息互通。只有这样，才能适应育种科学现代化的要求，进而不断攀登世界水族动物育种科学的新高峰。

(二) 育种方法的发展

育种方法是遗传和变异知识在现实生活中应用的实例，从育种的历史讲，首先应用的育种方法是选择育种，包括人工选择和自然选择，其对象是早已存在的自然突变。人工选择可以定向地培育品种的形成方向，其作用是利用生物的自然突变，选留有益的突变、淘汰有害的突变以达到育种目标。

近代真正科学意义上的水族动物人工选择育种始于1848年，清代句曲山农对金鱼进行了有意识地选种。他在《金鱼图谱》中写道：咬子时雄鱼须择佳品，与雌鱼色类大小相称。"宝使奎 (1899) 在《金鱼饲养法》中说："鱼不可乱养，必须分隔清楚。如墨龙睛不可见红

鱼，见则易变。翠鱼尤须分避黑白红 3 色串秧儿。花鱼亦然。红鱼见各色鱼，则亦串花矣。蛋鱼、纹鱼、龙睛尤不可同缸。各色分缸，各种异池，亦令人观玩有致。"拙园老人（1904）在《虫鱼雅集》中写道："养鱼一块，各归各盆。母鱼食白，亦如孕娠。若相掺杂，种类不分。即或出子，必难成文。"当时的人们，不仅知道了选鱼，而且知道了选种，把具有优良性状的前代金鱼选择出来，到了繁殖的季节，即用来进行配种，产生其后代，再在后代中不断挑选，选择优良者，淘汰不良者，或当作商品出售。待到来年春季，再进行配种，这样周而复始，不断反复循环。1848—1925 年的 77 年中，已有了墨龙睛、狮头、鹅头、绒球、朝天眼、蓝鱼、紫鱼、翻鳃、珠鳞、水泡眼等 10 个新品种。

1925 年以后，人们除了有意识地进行人工选择外，还利用金鱼的各种不同品种进行杂交来选育新品种。如陈桢教授（1925、1934）曾利用蓝花睛鱼与紫龙睛鱼杂交，培育出紫蓝龙睛鱼的新品种；五花龙睛是由透明龙睛与各色龙睛杂交而来的；龙珠（龙睛珍珠）是由龙睛鱼与珍珠鱼杂交选育而成的。近几十年来，我国的金鱼饲养者普遍采用杂交方法来培育新品种，使许多性状得到重组，很多新品种得以不断地出现。除了金鱼，世界水族专家以及水族爱好者也将杂交育种技术在神仙鱼、孔雀鱼、罗汉鱼、泰国斗鱼等种类上发挥得淋漓尽致，培育出了许多新品种。

从 20 世纪 60 年代开始，遗传学的发展和生物技术的广泛应用，大大扩大了育种的范围，充实了育种的内容。在水族动物育种实践中，除了传统有效的选择育种和杂交育种方法之外，目前新发展起来的育种方法还有辐射诱变育种、化学诱变育种、单倍体育种、多倍体育种、体细胞杂交、细胞核移植、抗性育种、性别控制以及染色体工程等。

20 世纪 70 年代出现的基因工程是育种技术的一大革命，它使育种工作从个体水平进入分子水平，克服了生物种间杂交不育以及远缘杂交困难等问题，显示出极大优势。1985 年，中国科学院水生生物研究所朱作言等采用显微注射技术成功地将人类生长激素基因导入鲫受精卵，获得了世界上第一例转基因鱼。目前，转基因技术在水生动物上的应用已日益多元化、完善化。到了 21 世纪，随着转基因技术的成熟和观赏鱼产业的发展，已出现转基因技术与观赏鱼行业相结合的趋势，特别是 2004 年转红色荧光蛋白基因斑马鱼在美国观赏鱼市场上市，标志着转基因观赏鱼时代的到来。

引种和驯化也是水族动物育种工作中非常重要的一个手段，通过引种和驯化，可以直接将其他国家或地区优良的品种加以利用。

四、水族动物育种的现状与展望

我国是世界上最早开展水产经济动物育种的国家之一，已经培育出鱼、虾（蟹）、贝等一大批水产养殖动物良种并加以推广应用，有力地促进了产业发展。进入 21 世纪以来，我国水产遗传育种研究领域成果显著，新思维、新技术和新方法不断涌现，育种成果批量显现。水产育种技术正从选择育种、杂交育种、倍性操作等传统的育种技术，向现代分子育种技术迅速发展。

在遗传操作上以动物遗传组成为目标的技术当中，最经济的手段就是杂交。鱼类杂交在苏联开展比较早，大约在 20 世纪 20 年代就开始了鲤种内杂交研究。我国杂交优势的利用和杂交品种培育工作大多开始于 70 年代，较国外晚了几十年。在 1970—1980 年我国开展鱼类杂交育种的种类非常多，包括种内和种间以上的杂交。据沈俊宝等统计，这个时期我国至少进行了 112 个种间杂交组合，较多的是鲤鲫杂交。其中的代表成果是湖南师范大学培育的湘云鲫、湘云鲤等经国家审定的良种，这项研究还在继续培育远缘杂交的杂交种和育成品种。日本对鲤科鱼类的种间杂交研究持续了相当长的时间，早期研究从子代的表型和子代可育等方面做了大量工作，近年来，利用荧光原位杂交技术对可育和不可育的远缘组合做了非常详细的研究，探讨可育与不可育的细胞机制和分子机制。金鱼是我国传统的特色观赏鱼，杂交是金鱼新品种培育最常用的方法，利用这种方法培育出草种金鱼、文种金鱼、龙种金鱼和蛋种金鱼等 200 多个品种。观赏价值较高的血鹦鹉鱼（俗称"发财鱼"），是雌性红头丽体鱼（*Vieja synspila*）（俗称"紫红火口"）和雄性橘色双冠丽鱼（*Amphilophus citrinellus*）（俗称"红魔鬼鱼"）杂交产生的，为属间杂交，其杂交后代不育（图 1-2）。

图 1-2　紫红火口与红魔鬼鱼杂交育成血鹦鹉鱼

　　分子生物技术应用于水族动物育种主要集中在转基因技术育种和分子标记辅助育种。由中国台湾邰港生物科技公司于 2003 年研发成功的 TK-1 绿荧光基因鱼，就是利用显微注射的方式把水母的绿色荧光蛋白基因植入青鳉的胚胎内，经长时间培养、筛选得到全身会发绿色荧光的转基因青鳉。TK-1 绿荧光基因鱼不仅外表会发绿色荧光，而且全身组织都有，甚至于产下的卵、胚胎、稚鱼及仔鱼全身也都有绿色荧光出现。随后，该公司又研制出 TK-2 红荧光基因斑马鱼和 TK-3 红绿荧光基因斑马鱼，2004 年在美国投入市场。见图 1-3。

　　日本东京海洋大学冈本信明教授研究组，从 1989 年开始致力于鱼类分子标记辅助育种研究，在世界上最先构建了虹鳟的微卫星标记连锁图谱，之后又成功构建了牙鲆的微卫星标记连锁图谱，并利用所构建的遗传连锁图谱对虹鳟抗传染性胰脏坏死病、传染性造血器官坏死病、显性白化病和牙鲆抗淋巴囊肿病等性状进行控制位点分析，成功地找到了与性状连锁的分子标记，培育出 100 万尾抗病牙鲆，在同样养殖环境对照组发病的情况下，其所培育的牙鲆在 27 个养殖场发病率为零，显示出分子标记辅助育种技术强大的应用价值。

图1-3　TK-1绿荧光基因鱼（左）和TK-2红荧光基因斑马鱼（右）

水产原良种的生产及管理是关系我国水产生产全局，具有战略意义的基础工作。20世纪90年代以来，我国开始建设水产原良种体系，全国从中央到地方，初步形成了养殖业良种繁育推广、应用相配套的基本框架。我国建立的国家级原良种场，从种质的收集与保存角度看，实际上是一种准基因库（gene bank，living pool）。

五、育种学相关概念

（一）品种

1. 定义　人们创造出来的一种生产资料。品种是由同一祖先经过人工选育而来的、具有一定形态特征和生产性状的群体，可用于生产或作为遗传学研究的材料。品种不是生物学上的一个分类单位，而是人类干预自然的产物，是作为生产上的经济类别而存在的。通常所说的优良品种，就是指那些产量较高、质量较好且具有比较稳定的遗传性状的品种。

2. 品种必须具备的4个基本条件　①必须具有相似的形态特征；②必须具有较高的经济性状；③必须具有稳定的遗传性能；④必须具有一定的数量。

3. 品种的来源

（1）育种。应用传统选育技术或现代生物技术改良原有品种。

（2）引种。将外地优良品种、品系或类型引进本地，经过试验，作为推广品种而直接应用于推广生产。

4. 品种的分类

（1）自然品种。自然品种又称原始品种，是通过长期的自然选择和若干无意识的人工选择而形成的。由于自然品种能很好地适应当地环境条件，所以也称为地方品种。

特点：生产性能可能低些，具有耐不良环境和抗病的能力，是宝贵的生产资料和选育新品种的原始材料。

自然品种是宝贵的生产资料和选育新品种的原始材料，如草种金鱼，德国鱼类学者 Wilhelm C. H. Peters 在委内瑞拉首都加拉加斯的 Rio Guaire（地名）发现的孔雀鱼，"神仙鱼"中的神仙鱼（*Pterophyllum scalare*）、斑马神仙鱼（*P. eimekei*）、长吻神仙鱼（*P. dumerilii*）和埃及神仙鱼（*P. altum*），都属于这一类型。

（2）人工品种。人工品种又称育成品种，主要是通过有意识的人工选择而形成的。

特点：高产或具有某些特殊品质（如观赏性、抗逆性等）。

由于该品种在形成过程中受到了人们的选择和保护以及提供特定的环境，因此在自然条件下就容易发生退化，如金鱼中的许多品种等。

（3）过渡品种。它是介于原始品种与育成品种之间的中间类型，是由原始品种经过某种程度的人工改良而产生的。

特点：在品种特性上还没有达到育成品种的特有产量和质量水平，但它又具有原始品种的一些优良特性。

如金鱼中的铁包金兰寿、牡丹高头、十二红（黑）狮头、十二紫（红、黑）蝶尾等，尽管它们只是具有过渡色的"品种"，但在金鱼市场上因其独特性也颇受欢迎。

上述分类不是绝对的，根据需要，原始品种可以改良为过渡品种，并可强化选育成为人工品种，人工品种应该坚持不断地选择和合理地繁育与饲养管理，否则很难保持其优良性状。

（二）原种

原种指取自模式种采集水域的或取自其他天然水域并用于养（增）殖（栽培）生产的野生水生动植物种，以及用于选育种的原始亲本。

原种必须具有下列条件：

① 具有供种水域中该物种的典型表型，无明显的统计学差异。

② 具有供种水域中该物种的核型及生化遗传性状。

③ 具有供种水域该物种的经济性状。

④ 符合有关水生动植物的国家标准。

（三）种群

同一物种在某一特定时间内占据某一特定空间的一群个体所组成的群集，称为种群。

特点：个体通过交配及一定的亲缘关系发生联系，并享有共同的基因库。

将种群与其分布地区结合起来考虑，即为地理种群。

（四）品系

品系是指起源于同一祖先，性状上大体一致，但尚未达到育成品种标准的育种材料，一般指自交或近亲繁殖若干代后所获得的某些遗传性状相当一致的后代。通过比较鉴定，其中优良者也可作为生产上推广应用的新品种。

如金鱼的品系大体分为草种、文种、龙种、蛋种和龙背种五大类；孔雀鱼的品系有礼服系、马赛克系、草尾系等。

（五）良种

生长快、肉质好、抗逆性强、性状稳定和适应一定地区自然条件并用于增养殖或栽培生产的水产动植物种，称为良种。

良种必须具备下列性状：

① 优良经济性状遗传稳定在 95％以上。

② 其他表型性状遗传稳定在 95％以上。

复习思考题

1. 水族动物包括哪些种类？种类最多的是哪个纲？
2. 什么是水族动物育种学？其基本任务是什么？
3. 何谓育种目标？育种目标在育种工作中有何意义？
4. 什么是品种？品种有哪几类？
5. 什么是良种？良种与品种有哪些区别？

主要参考文献

陈斌，2011. 动物遗传育种 [M]. 重庆：重庆大学出版社.

陈桢，1925. 金鱼的变异与天演 [J]. 科学，10 (3)：304-330.

仇秉兴，李丹，张词祖，2005. 中国金鱼的养殖与选育 [M]. 北京：金盾出版社.

范兆廷，2005. 水产动物育种学 [M]. 北京：中国农业出版社.

李骏珉，1988. 鱼类遗传与育种学 [M]. 北京：中国林业出版社.

刘祖洞，乔守怡，吴燕华，等，2012. 遗传学 [M]. 北京：高等教育出版社.

楼允东，1999. 鱼类育种学 [M]. 北京：中国农业出版社.

孙效文，2010. 鱼类分子育种学 [M]. 北京：海洋出版社.

王金玉，陈国宏，2008. 数量遗传与动物育种 [M]. 南京：东南大学出版社.

王清印，2012. 水产生物育种理论与实践 [M]. 北京：科学出版社.

王绶，1936. 中国作物育种学 [M]. 上海：商务印书馆.

张兴忠，仇潜如，陈曾龙，等，1988. 鱼类遗传与育种 [M]. 北京：农业出版社.

郑曙明，2007. 观赏水产养殖学 [M]. 重庆：西南师范大学出版社.

朱曦，2004. 观赏动物学 [M]. 杭州：浙江科学技术出版社.

Chen Zhen，1934. The Inheritance of Blue and Brown colours in the Goldfish *Carassius auratus* [J]. Jour Genetics，29：61-74.

Gjedrem Trygve，2005. Selection and breeding programs in aquaculture [M]. Berlin：Springer.

Joseph Smartt，2001. Goldfish varieties and genetics：a handbook for breeders [M]. Blackwell.

Kevan L Main，Betsy Reynolds，1993. Selective breeding of fishes in Asia and the United States [M]. The Oceanic Institute.

2
第二章
水族动物种质资源保护与
合理利用

在水族动物观赏业快速发展的今天，许多水族动物的野生资源都在减少。比如七彩神仙鱼，原本数量很多，但是到 20 世纪 90 年代，在亚马孙河流域的多个原产地，已经很难捕捉到野生七彩神仙鱼了，巴西政府不得不宣布对其禁捕禁运。因此，加强水族动物野生资源保护与合理利用已经刻不容缓。

了解和学习水族动物的种质资源保护，学习和掌握水族动物资源保护与合理利用的对策，将为水族动物育种学的学习打下坚实的基础。

第一节　水族动物种质资源的保护

目前水族动物的种类繁多，主要以观赏鱼为主，随着科学技术的发展，越来越多的种类进入人们视野，水族动物新品种在逐年增加，但是与此同时，水族动物种质资源也在遭受严重的威胁。

众所周知，热带海洋有着极高的生物多样性，是孕育生命的摇床，大量极具观赏价值的物种在这里繁衍。全世界有近半的海岸线位于热带，海水观赏鱼作为水族动物的一大类，主要分布在热带海域。同时热带海域的珊瑚资源也相当丰富，全世界 1/3 的海岸线由珊瑚礁组成，世界上有 100 多个国家有珊瑚礁分布。除了辽阔的海域，世界上的几大河流流域和湖泊也是水族动物繁育的温床，如以亚马孙河为中心的广大水域分布着脂鲤科（Characidae）、鲇科（Siluridae）、丽鱼科（Cichlidae）等多种淡水观赏鱼类。

目前全球生态环境的日益恶化，以及人类的一些破坏活动，使得原本丰富的水族动物种质资源呈现出严重的退化趋势。以珊瑚礁资源为例，联合国环境规划署、世界渔业中心和国际珊瑚礁行动组织于 2002 年联合发表的调查报告指出，由于气候变化、过度的渔业捕捞和无节制的海底旅游活动，世界上的珊瑚礁面积逐渐减少，2002 年全球有 400 多处珊瑚礁，主要分布在澳大利亚的大堡礁，以及菲律宾、印度尼西亚、马来西亚和美国佛罗里达州附近海域，出现大面积脱色变白的现象，面临着珊瑚消亡的威胁。由于自然环境的破坏，我国的一些水族动物种类资源也面临着很大的威胁。桃花水母（Craspedacusta）是一类原始低等的无脊椎动物，最早诞生于约 5.5 亿年前，2002 年被正式列为世界最高级别的"极危生物"。研究专家指出，桃花水母是名副其实的"活化石"，具有极高的研究价值和观赏价值，作为生物进化过程形成的物种，其地位丝毫不逊于大熊猫。全世界100多年来只发现桃花水母11种，我国就分布有9种。近年来，由于桃花水母生存的水体水质被污染，自然环境遭破坏，生态失去平衡，目前能采到桃花水母的地方全国也不过二三处。因此我国这一稀有物种已濒临灭绝。我国分布的9种桃花水母中，宜昌桃花水母、信阳桃花水母和短手桃花水母已被列入国家濒危动物红色名录最高级，而杭州桃花水母、乐山桃花水母、四川桃花水母、中华桃花水母和楚雄桃花水母等5种也被列入濒危级物种。由于人类活动增加和活动的不当，以及长江水体污染的日趋严重，导致白鳍豚（*Lipotes vexillifer*）赖以生存的食物资源越来越匮乏，最终使得我国特有的白鳍豚于2007年被正式宣告功能性灭绝。胭脂鱼（*Myxocyprinus asiaticus*），俗称"黄排""火烧鳊""一帆风顺"，是我国的土著种，其幼鱼和成鱼均具有观赏价值。20世纪80年代及90年代初期，胭脂鱼曾被大量贩卖至国外，其时该鱼的野生资源已经很少，现已濒临危亡。

水族动物市场潜力巨大，发展前景广阔，水族动物种质资源的保护关系到这个产业的可持续发展，优良的种质资源能够使水族动物获得更多满足于人类需求的优良性状，创造巨额的经济效益，因此是一个非常值得重视的问题。水族动物种质资源的保护主要涉及4个方面：种群的保护、种群遗传结构的保护、生物多样性的保护、种质资源的合理利用。

一、种群大小的保护

（一）影响种群大小的因素

在自然状态下，种群只能增长到环境的最大容纳量。水族动物观赏业是一个新兴产业，目前影响水族动物种群大小的因素主要为人为因素，表现如下。

1. 水环境污染 工业废水和生活污水的排放、农业水源污染及油船泄漏等是造成养殖水域污染的主要原因。近年来，养殖水域外源性污染事故频繁发生，据《中国渔业生态环境状况公报》报道，据不完全统计，2013年我国共发生渔业水域污染事故343起；大江、大湖、大海等开放性水面，因受各类污水的长期排放影响，水质逐渐恶化，从而对渔业生物造成慢性中毒；非急性水污染对天然渔业资源的影响主要反映在鱼类的产卵场、索饵场受污染而影响鱼卵、仔幼鱼的发育、生长，使得早期补充群体减少，最终导致渔获产量的减少。

2. 水族动物栖息和繁殖区的缩小 拦河（海）筑坝、围湖（海）造田等减少了水族动物的栖息区，同时改变了生态系统和一些种群的小生境，影响水族动物的多样性和生物量。杨健等于1997—1999年对洞庭湖和鄱阳湖湖区及其支流的白鳍豚和长江江豚（*Neophocaena phocaenoides asiaeorientails*）的分布、数量及活动规律进行了系统的调查。调查结果表明，白鳍豚已在洞庭湖和鄱阳湖绝迹。长江江豚随着水位的变化，其分布范围、数量和活动规律也随之而变化。长江江豚在洞庭湖的分布范围主要集中在城陵矶到鲇鱼口一带，其种群数量为100~150头。洞庭湖各支流中已看不到江豚的踪迹。在鄱阳湖主要分布在湖口至龙口一带，老爷庙至小矶山是其集中分布区。赣江南北支、抚河下游及康山河在涨水季节也有少量江豚活动。但大规模的围湖造田、湖区的迅速变浅、大桥的修建、船舶数量的大量增加使得长江江豚迅速减少，两大湖泊中的长江江豚急待保护。

3. 过度捕捞 全世界每年出口观赏鱼数量达10亿尾以上，其中池养淡水鱼占80%，野生捕获的淡水和咸淡水鱼占5%，野生捕获的海水鱼占15%。目前一些野生品种已出现过度捕捞问题，其种群数量不断减少，分布区域也在逐渐缩小。

4. 竞争生物或其他水族动物的盲目引进 食人鲳（学名纳氏锯脂鲤，*Sereasalmus naf-fereri*），又称"水中狼族"，俗称"食人鱼"，是一种外形优美、色彩艳丽的热带小鱼，曾作为一种观赏鱼引进中国广西。食人鲳原产于南美洲亚马孙河流域，性情暴烈，具有较强的攻击性。据报道，在亚马孙河流域，每年就有 1 000 多头水牛被食人鲳吃掉，而且食人鲳攻击人类的事件也时有发生。广西的自然环境与南美洲类似，食人鲳没有天敌，引进之后马上形成优势物种，给当地的土著物种（包括水族动物种类）带来了灭顶之灾，严重破坏生态平衡。

（二）保护种群的措施

为了保护种群，应采取如下措施。

1. 保护水域生态环境 水族动物种群大小与渔业水域环境有密切关系，因此，要严格禁止向水域排放有害的污水、油类、油性混合物等污染物质和废弃物。修建水利工程时要注意保护水域环境，沿海、滩涂及内陆湖泊的围垦要严加控制。对破坏水域环境和生态平衡，有碍水族动物种质资源保护的一切行为，都应进行严格的监督管理。

2. 适度控制捕捞强度 近年来，由于水族动物观赏业的迅猛发展，在大多数水族动物繁育技术不成熟的大背景下，人们对水族动物的捕捞强度不断加大，使得越来越多的原生观赏鱼的种群变得越来越小，因此，在利用水族动物种质资源时，应根据捕捞量低于资源增长量的原则，确定资源总捕捞量。同时要严格实行捕捞许可证、禁渔期和禁渔区等制度，让水族动物资源在天然水域休养生息。

3. 加强水族动物物种资源的监督和信息系统建设 建立水族动物物种资源出入境查验制度，加强对物种资源出入境的监管。携带、邮寄、运输水族动物物种资源出入境的，必须提供有关部门签发的批准证明，并向出入境检验检疫机构申报。出入境检验检疫机构、海关要按各自职责对出入境的水族动物物种资源严格检验、查验，对非法出入境的物种资源，要依法予以没收。根据各地方水族动物分布特点，建立和完善统一的水族动物保护监测网络，按照统一的技术规范，利用先进的技术手段，开展对重要目标生物状况及生态环境的长期动态监测，不断积累和完善水族动物物种数据库、生态系统数据库，建立水族动物地理信息系统，为水族动物的保护、利用和科学管理提供决策依据。

二、种群遗传结构的保护

水族动物种质资源保护的一个重要内容是种群遗传结构的保护，而种群遗传结构的保护的核心内容是维持种群内部的多态性。种群遗传结构多态性表现为外部形态的多态、染色体形态的多态、蛋白质生理生化水平的多态和基因组 DNA 序列的多态。这些多态是物种或种群在漫长历史中积累下来的丰富多彩的遗传变异。种群内部的多态性来源于变异、自然选择、隔离和有性生殖。有性生殖使种群内的基因遵循基因的分离、自由组合和连锁互换规律，一方面继承物种的多态性，一方面在种内产生广泛的变异。随机交配是种群内维护多态性的最佳交配方式。为了保护种群遗传结构，应采取如下措施：①建立水族动物的自然保护区或生态库。在当前水环境污染日趋严重的状况下，为了使水族动物有良好的栖息和繁殖生态环境，维持其变异量和杂合性，建立水族动物的自然保护区或生态库是非常必要的。②维持群体繁育体系的有效大小。维持群体有效大小实际上就是通过防止近交，降低近交系数，来维持群体内部的多样性。群体大小直接影响群体的遗传变异。群体越大，基因库大，近交程度小，杂合性高，能容纳的变异越多，所获得的变异丧失越慢，遗传多样性也越大。有效群体小，近交程度大，容易造成杂合体缺失，出现不利的变异使一些数量性状变差，导致种群退化。群体遗传的有效大小与群体内随机交配的雌、雄亲本的数目呈正相关。影响种群大小的人为因素，如水环境污染、水族动物栖息和繁殖区的缩小及竞争生物或其他水族动物的盲目引进，也都会破坏群体繁育体系的有效大小和遗传结构，应该依法杜绝。③运用人工繁殖技术维持种群多态性。运用人工繁殖技术，提高水族动物育苗和养成的存活率，是在人工养殖条件下维持种群多态性的关键。

三、生物多样性的保护

生物多样性的保护是水族动物种质资源保护的核心内容，众多的保护措施可综合为 3 种途径，即就地保护、易地保护和离体保护。

1. 就地保护（in situ conservation） 是生物多样性保护中最为有效的一项措施。就地保护指在生物繁殖、生长、进化的原栖息地，通过对生态系统和栖息环境的保护来保护生物的群体，乃至群落。这是一种在群体水平上的遗传保护，是一种动态型的保护。在生物的天然资源尚未遭到严重破坏，即其种群大小还能够维持其在自然界的繁衍的情况下，以及在栖息环境尚未严重破坏到种群难于生存的情况下，就地保护是保护种质资源的最佳方法。就地保护的优点是：①被保护对象与大自然同在，协同进化。②可随时观察被保护对象的遗传变化和生态变化。③被保护对象的种群能维持一定大小，可提供成体、幼体乃至精卵等各种规格的生产资料或科学研究材料。④经营费用一般比异地保护低。就地保护主要指建立自然保护区。我国于 1956 年在广东省肇庆市的鼎湖山建立了第一个自然保护区——鼎湖山自然保护区。截至 2010 年 2 月，我国已建立 329 个国家级自然保护区，这对研究水族动物的生物多样性和可持续利用具有重要意义。

2. 易地保护（ex situ conservation） 也称"迁地保护"。易地保护是在物种（种群）原栖息地以外的人工环境下对生物多样性的某种成分，如群体、家系、个体等予以保护或保存。是通过人工驯养、繁殖或养殖，例如在动物园或繁殖中心开展濒危动物的繁殖，增加个体数量，并通过有效的重引入等工作，提高野外种群数量和生存能力的保护行为。这类人工环境有池塘、水泥池、水族馆、动物园等。相对于就地保护而言，易地保护是一种静态型的保护。易地保护因保护环境和方法不同而多种多样：①动物园与繁殖中心。动物园里的动物大多为哺乳类、鸟类、爬行类和两栖类等，水族动物的种类较少。②池塘与水泥池活鱼基因库。我国已建和正建的这类基因库很多。③水族馆。是以保护、繁育、展览水族动物为主要任务的易地保护措施。国外水族馆的定位，着重于海洋生物展示、繁殖保护、科普教育和海洋知识普及。如日本水族馆协会从 1989 年开始进行水生生物的保护活动，选择了 14 种鱼作为保护对象，对其中濒临灭绝的关东鱼专门成立了繁殖研究组。美国的海洋生物海洋馆，进行海豚免疫系统的研究，并对墨西哥湾的海豚进行调查和对海豚、海龟进行救助。英国斯特林大学水产养殖与渔业系利用水族箱保存了来自非洲的十多种罗非鱼。在池塘、水族箱这类人工小水体里保存鱼类若干世代而不改变其遗传特性是件很困难的事。由于水族箱的体积一般较小，所能容纳数量有限，要特别注意繁育群体的有效大小。

3. 离体保护（isolated conservation） 是指使用胚胎移植、冷冻精液和克隆等新的繁殖技术，使动物的遗传物质脱离动物的身体得到保存。离体保护的主要方法是建立冷冻基因库，即在低温或超低温环境下，一般在－196 ℃的液氮中，保存配子、胚胎、细胞核、染色体或 DNA 的基因库。在这一温度下，细胞活性可在遗传上保持稳定，进行解冻后，被保存的配子和受精卵仍具有很强的生物活性，可用于繁殖，使动物遗传资源的多样性重现于后代的动物体中。将来也可以在冷冻基因库取出种质细胞，重新培养出濒危或灭绝的动物。种质细胞以及受精卵的超低温保存，为物种的保存、利用、群体进化的研究等提供了新手段。冷冻基因库的突出优点是把保护对象的进化"冻结"起来，排除了外界生物与非生物环境因子的干扰。

四、种质资源的合理利用

水族动物种质资源的利用要顾及水族动物观赏业的可持续发展，不能因眼前一时利益而破坏大局，例如盲目引种、过度近交、酷渔滥捕等，应该在各级政府及其法规的指导下，合理地开发和利用。种质资源评估可以为种质资源的保护和合理利用提供理论依据，因此搞好水族动物种质资源评估是非常必要的。种质资源的评估是从表型和遗传型两方面着手，从不同的水平上予以检测，具体包括表型分析、蛋白质水平分析、染色体水平分析及分子水平分析。

1. 运用形态学方法进行表型分析　形态学方法是从个体水平上来鉴定的。形态特征通常分为可数性状和可量性状两类，可数性状是不连续性数值，可量性状是连续性数值。例如，就鱼类来说，主要可数性状有侧线鳞数、侧线上鳞数、侧线下鳞数、鳍条数、鳃耙数、脊椎骨数及咽齿数等，可量性状包括鱼体的各特征部位或点之间的直线距离。如全长、体长、头长、吻长、体高、眼径、尾柄长等。长期以来，形态学方法一直是种质资源鉴定的一种主要方法，此法简单直观，省时省力。但其标记数有限，易受环境条件影响。

2. 同工酶、蛋白质电泳分析　同工酶电泳分析法是检查分析种质的生化遗传标记的一种比较经济有效的方法，曾被鱼类种群遗传学者、分类学者、育种学者广泛应用于物种鉴定和养殖种群遗传差异的度量。蛋白质电泳分析可从蛋白质亚基分子质量的大小分离蛋白质，再通过组织化学染色法显示其有无存在和活性强弱。该方法的局限性是费用较高，操作要求也较复杂，且有些种群的遗传差异难以用这种方法测定。

3. 染色体水平分析　一个物种的染色体核型特征的稳定性是绝对的，种内染色体存在着广泛的多态性现象。不同地理种群间的染色体存在多态现象，个体发育中的不同阶段、同一个体不同细胞的染色体都存在多态现象。因此，可用染色体的多态性来检测水族动物的种质。染色体多态性的检测方法除了染色体的数目及分带特征外，还有荧光原位杂交法，它是利用某一物种特异的染色体探针，经荧光标记后与其他物种进行原位杂交，即可显示其同源性。

4. 分子水平分析

（1）线粒体 DNA（mtDNA）分析法。mtDNA 的遗传方式是细胞质遗传，子代的遗传物质与母体保持一致。mtDNA 进化速度快，是核 DNA 的 5～10 倍，其主要进化方式是碱基替换，包括转换和颠换。mtDNA 的快速进化使得种群间和相近种之间的遗传差异被增大了，便于检测。由于具有以上特点，mtDNA 被迅速发展为分子标记来构建物种系统发生中的进化分支。

（2）核 DNA 分析法。对于 mtDNA 来说，母系遗传的特性有它的特点，但由于它没有发生重组，其遗传信息的含量少，估算的遗传多样性值的标准差大。

目前常用的检测遗传多样性的分子标记技术有限制性片段长度多态性（RFLP）、随机引物扩增多态性DNA（RAPD）、扩增片段长度多态性（AFLP）、微卫星DNA（SSR）分析技术和单核苷酸多态性（SNP）等。

近年来，随着水族市场对水族动物需求的日益增长，人们对其种质资源更加依赖，这也导致了多种水族动物种质资源被过度捕捞和开发，呈现出严重衰竭的现状。为了长期可持续地利用水族动物种质资源，必须对其进行合理的利用。现有的水族动物种质资源合理利用的主要途径有：①大力开发水族动物的人工繁育和养殖技术，减少人们对野生水族动物资源的依赖。同时积极开展水族动物的增殖工作，恢复珍稀水族动物的种质资源，保护水族动物生物多样性，提高水族动物观赏业经济效益。②依靠科技进步，培育出多种水族动物新品种，大力推进水族动物观赏业的发展。

第二节　我国水族动物种质资源保护与合理利用的对策

水族动物种质资源保护与合理利用具有时间长、工作复杂、投入大、人才要求高等特点，是一项长期而艰巨的工程，需要政府以及行业主管部门的组织和参与，在相关政策的支持下，全社会的共同参与下，以科学发展观为指导，以现有管理、科研、生产机构为依托，以执法部门为保障，重点抓好以下工作。

1. 加强政策宣传，提高水族动物保护意识　通过媒体，利用公益性广告、广播、报纸、电视等方式，开展水族动物保护宣传活动，宣传国家法律法规及其相关政策，宣传当前我国重点保护水族动物现状、濒危程度、科学价值和保护水族动物的重要性等，宣传珍稀水族动物的种类、生物学特性、识辨知识，提高人们对自然水域环境、水域生态和水族动物的保护意识，增强水族动物从业者和社会公众遵纪守法的观念。

2. 开展资源调查，建立相应的自然保护体系　定期开展水族动物资源调查，建立我国水族动物资源库，掌握其自然资源的分布，种群存量和养殖的品种、数量、产量，及时掌握珍贵或濒危水族动物的存量动态。同时，对特有水族动物物种、濒危物种的资源量和种群动态及生存能力、受威胁程度进行评估分析，制定保护实施措施，对濒危水族动物资源应积极开展拯救工作，加大增殖力度。在充分论证的基础上，结合各地实际，统筹规划，建立布局合理、类型齐全、层次清晰、重点突出、面积适宜的各类珍稀水族动物自然保护体系，在一些珍稀水族动物自然产区建立区域性救护中心或增殖站，在有条件的地方建立自然资源保护区，落实各项具体保护措施，加大对濒危、珍稀水族动物的保护力度。

3. 开展救护、放生和增殖放流工作　成立水族动物救护机构，及时对受伤或人为误伤的个体进行救护，并加大资金投入，加大驯养保护基础设施建设，完善救护设备，保证有效救治。同时，加大救护人才队伍建设，通过驯养、救治水族动物，并实行放生，通过人工放流增殖，使水族动物种群得以恢复。

4. 开展驯养繁育与开发　坚持以市场为导向，转变单纯保护观念，协调好水族动物保护、增殖和开发利用的关系，鼓励人工驯养，加大对珍稀、名优水族动物品种的驯养、繁育、开发利用。鼓励和支持有条件的单位与个人有计划、有目的、有规模地驯养繁殖及开发利用水族动物，加大驯养、保护基础设施和繁殖、开发设施的建设，创造环境友好型的健康养殖模式，解决珍稀水族动物的开发利用与保护的矛盾，保护与开发并举，在有效保护的前提下合理利用水族动物资源，开发一些经济价值较高的物种，满足人们生活需要，推动经济的发展。以此为契机，做大做强水族动物观赏业，提高水族动物的社会地位。

5. 做好科学研究工作，提高科研的支持力度　做好科学研究工作，加大水族动物基础性研究工作。加大水族动物人工驯养繁育的科技攻关和支撑力度，发挥科研单位和相关龙头企业的作用，大力开展水族动物饲养、人工繁殖、疾病防治等新技术的研究与应用，通过科研，促进保护。

6. 加强水族动物栖息环境保护管理，加大水域环境污染的处罚力度　加强水域环境污染物治理工作，对污染物排放总量进行控制，对重要水域环境进行经常性的调查监测监视工作，对违法排污造成渔业水域污染的要从重处理。

7. 加强水族动物监督管理　加强水族动物物种管理，完善生态安全风险评价制度和鉴定检疫控制体系，建立水族动物物种监控和预警机制，做好有益外来水族动物物种的保护，防止有害外来物种对本地水族动物的侵害，防范和治理外来物种对水域生态造成的危害。

8. 加强法制建设，加大执法力度　完善配套水族动物保护的法律法规，健全各项规章制度和可操作性。加强执法队伍建设，加强执法培训，提高执法队伍的业务知识和法律意识，增强水族动物保护的使命感和紧迫感，提高执法水平，通过统一监督管理，完善管理制度，使水族动物保护"有法可依、有法必依、执法必严、违法必究"，提高执法效果。同时，加强渔政管理，加大执法力度，除定期巡查、突击检查外，还应对保护情况进行实时监控，开通救护电话，接受群众举报，查处电、毒、炸等违法行为。加强与公安、海关、铁路、民航等部门的配合，严厉打击非法捕捞、收购、运输、经营、利用、走私水族野生动物的违法行为，以及各种破坏和危害水族野生动物资源的行为。

复习思考题

1. 水族动物种质资源现状如何？
2. 水族动物种质资源保护主要涉及哪 4 个方面内容？
3. 水族动物种质资源的评估方法有哪些？
4. 简述水族动物种质资源合理利用的途径。
5. 简述我国水族动物种质资源保护和合理利用的对策。

主要参考文献

曹文宣，2008. 长江流域水生态环境与经济可持续发展［J］. 长江流域资源与环境，17（2）：163-164.

陈斌，2011. 动物遗传育种［M］. 重庆：重庆大学出版社.

陈德荫，2013. 中国南方野生鲮鱼（*Cirrhinus molitorella*）遗传多样性研究［D］. 广州：暨南大学.

陈思行，2010. 全球观赏渔业发展概况［J］. 水产科技情报，37（1）：24-28.

关飞，2001. 世界珊瑚礁生存报告［J］. 沿海环境（11）：12-13.

何杰，施建军，杨阳，等，2008. 我国观赏渔业发展现状分析及对策研究［J］. 渔业经济研究（4）：36-39.

金万昆，2003. 观赏鱼新品种兰花长尾鲫选育研究［J］. 天津水产（4）：19-22.

梁华，2013. 我国观赏鱼的育种方法及其发展前景［J］. 中国水产（8）：54-55.

林浩然，2004. 重要海水养殖鱼类遗传多样性与种质基因组的研究［J］. 科技导报（9）：4-6.

楼允东，2009. 鱼类育种学 ［M］. 北京：中国农业出版社.

彭刚，2006. 长江江苏段渔业资源现状及保护对策 ［J］. 渔业经济研究（5）：18-21.

邱建军，屈宝香，王立刚，等，2006. 西藏种质资源的保护与可持续利用 ［J］. 中国农学通报，22（12）：253-257.

石振广，王云山，李文龙，等，2002. 我国鲟类资源状况及保护利用 ［J］. 上海水产大学学报，11（4）：317-323.

苏建国，兰恭赞，2002. 中国淡水鱼类种质资源的保护和利用 ［J］. 家畜生态，23（1）：64-66.

孙效文，2010. 鱼类分子育种学 ［M］. 北京：海洋出版社.

汪学杰，2012. 观赏水族 ［J］. 森林与人类（5）：34-45.

汪学杰，李小慧，牟希东，等，2009. 中国原生观赏鱼类简析 ［J］. 水产科技（1）：35-36.

王权，谢献胜，2005. 观赏鱼养殖新技术 ［M］. 北京：中国农业出版社.

杨健，肖文，匡新安，等，2000. 洞庭湖、鄱阳湖白鳍豚和长江江豚的生态学研究 ［J］. 长江流域资源与环境，9（4）：444-450.

张澜澜，高士杰，王进，等，2009. 关于黑龙江鲟鳇鱼开发利用及资源保护情况的报告 ［J］. 渔业经济研究（5）：35-38.

章之蓉，2003. 七彩神仙鱼的饲养与鉴赏 ［M］. 上海：上海科学技术出版社.

赵永聚，2007. 动物遗传资源保护概论 ［M］. 重庆：西南师范大学出版社.

赵忠添，张益峰，黄玉玲，等，2011. 广西水生野生动物资源现状及保护对策 ［J］. 广西水产科技（2）：13-17.

Gjedrem T，2005. Selection and breeding programs in aquaculture ［M］. Berlin：Springer.

Ostrowski A C，Laidley C W，2001. Application of marine foodfish techniques in marine ornamental aquaculture：reproduction and larval first feeding ［J］. Aquarium Sciences and Conservation（3）：191-204.

3

第三章

选 择 育 种

第一节 选择育种的原理

一、选择

选择即选种，是人们利用生物固有的遗传变异性，按照预定的育种目标选优去劣，从群体中把优秀的个体选拔出来留作种用，淘汰较差的个体，使后代群体得到遗传改良。遗传和变异的现象普遍存在于生物中，前者使物种保持相对稳定，后者使物种发生变化。生物遗传物质的改变引起的变异是可遗传的变异，环境引起的变异是不遗传的变异。选种的基本要点就是选择可遗传的变异性状，将出现合乎人们意愿的性状的个体选作亲本，并在相传的世代中持续不变地按照同一育种目标进行人工定向选择，以获得优良品种。

选择是人类最早使用的育种方法，在范蠡著的《养鱼经》中就曾提到鲤的选育、配对。选择既可作为独立的育种途径来创造新品种，也是其他育种方法培育新品种的必经之路，任何育种方法最终都要经过挑选亲本进行繁殖这一步骤，从这个意义上来说选择是育种工作的一个最基本的手段。一个定型的优良品种也可能出现混杂退化现象，通过选择就能提高品种纯合性，达到提纯复壮的目的，因此选择也是良种保持其优良性状的有效方法。

按照作用于选择的外界因素，可将选择分为两类：自然选择和人工选择。

（一）自然选择

即通过自然界的力量完成的选择过程。在整个物种进化的过程中，自然选择起主要的导向作用，它控制着变异积累的方向并引起适应性的形成。而遗传变异是自然选择的基础，只有群体内预先存在着足够的遗传变异，自然选择方可改变一个群体的组成。在自然界中的各种生物群体中普遍存在着大量的遗传变异，即便是在小群体中也不例外。引起群体变异的遗传效应主要来自于突变、迁移、随机漂变和选择。

自然选择大致可分为 3 种类型：稳定选择、定向选择和歧化选择。如果自然群体长期处在同一环境条件下，大多数个体都能很好地适应这种环境，则处于正态分布曲线两端的个体与近于群体表型均数的个体相比，其适应性较差，在这种情况下，选择有利于接近性状表型均数的基因型，这种选择称为稳定选择。如果选择有利于分布一端的表型，则选择是定向的，称为定向选择。在这种情况下只要存在遗传变异，通过选择群体平均数会发生变化。如果选择有利于一种以上的表型，则称为歧化选择。

（二）人工选择

按照人类的意愿，对自然界现存生物的遗传变异进行选择，定向改变种群的基因频率，进而改变生物类型，打破种群在自然界中繁殖的随机性，形成符合人类需求的新种或品系。

一般说来，人工选择是在自然选择的基础上进行的，但结果不一定符合自然意愿。由于人工选择控制了交配对象和交配范围，所以选择效果比自然选择快得多。据估计，在自然界形成一个新种要 50 万～100 万年，而人工选择只要几十年，或几年就可以创造出一个新品种。人工选择的创造性作用，已被金鱼的家化与变异史所证实，现在的金鱼是由鲫演化来的。从北宋初年到现在已经历了 1 000 多年的家养驯化和人工选择，在较短的时间内，由原来的野生红黄色鲫培育出了 160 多个新品种。金鱼的演变史说明，对鱼类进行人工选择育种，可以在较短的时间内产生较多的新品种，使我们能够主动地、及时地发现和选用有益的变异，使水族动物的遗传性沿着人们所需要的方向发展，培育新品种。

（三）人工选择与自然选择的关系

人工选择是一项重要的育种措施，它是水族动物品种培育与品种改良的主要手段。然而，在实施人工选择的同时，总是伴随着自然选择，并且，两者的作用方向往往是对立的。通过人工选择，水产育种工作者希望水族动物有经济意义的性状不断地改进提高，而自然选择的作用则是对具有中等生产性能且适应性较强的个体更为有利。从某种意义上来讲，人工选择又是不断克服自然选择的过程。在一个群体中，当停止了人工选择措施，群体的生产性能水平会在自然选择的作用下出现一种"回归"，即群体均数向着自然群体的水平回落。所以，在水族动物育种的全过程中均应坚持不懈地实施人工选择。在品种培育阶段，需要通过人工选择固定已经获得的优良性状，提高群体生产性能的遗传稳定性和品种特征的一致性。当品种育成后，仍然需要通过人工选择充分利用新品种内的遗传变异，使生产性能得到进一步改进和提高。对某些性状而言，即使人工选择效果并不明显，但不间断的选择至少可以保证性状不退化。

二、选择育种

选择育种又称系统育种，是一种经典的新品种培育方法，按照选育目标，以孟德尔遗传规律和数量遗传学理论为依据，对一个原始材料或品种群体实行有目的、有计划的反复选择淘汰，从中分离出一些经济性状表现显著优良而又稳定的新品种。任何一种育种方法最终都要经过挑选亲本进行繁殖这一步骤，可以说选择育种是育种工作中最根本的方法，也是我国鱼类品种遗传改良的传统方法。目前，鱼类选择育种的常用方法有：家系选择、亲本选择、混合选择和综合选择等。

在水族动物育种工作中，选择育种是最根本的手段，多以一些经济性状和质量性状，如体色、外形特征、生长率、成活率、抗病力、抗逆力等为指标，按照预定的育种目标，一代一代地选择优良表型的个体，选优汰劣，培育新品种。中国早在南宋年间，就从鲫中选育出金鱼。到明代末年，已是金鱼发展的全盛时期，培育出了双尾鳍鱼。1726 年以前，已有无背鳍为特征的金鱼。以后产生了朝天眼、水泡眼、狮头、鹅头、翻鳃、绒球和珠鳞等品种。人工选择在金鱼品种的形成过程中起的重要作用，早已被金鱼的家化史所证实。金鱼在早期的变异很少，一直到清代中叶，"欲求好鱼，须择好种"的养殖方式使人们从无意识地选育发展为有意识地选种，从而促进金鱼的变异。这表明选择育种可明显改进金鱼的遗传性状。

鱼类选育中最成功、成效显著的是虹鳟的选育。美国、日本等国从 20 世纪初就开始对虹鳟进行选择育种，其中最成功的是美国华盛顿大学的道纳尔逊经 23 年研究育成的"超级虹鳟"。目前经过选育的虹鳟形成了多个品系。挪威国家水产研究所将分子标记技术与传统的选择育种相结合对大西洋鲑进行选择育种，提高了幼鱼的成活率、生长率和饲料转化率，获得了巨大的经济效益。20 世纪 50 年代以来，我国水产科技人员在水产动物选择育种方面进行了大量的研究工作，选育出众多的优良品种。目前已成功选育出了荷包红鲤、兴国红鲤、荷包红鲤抗寒品系、澎泽鲫、德国镜鲤选育系 F_4、团头鲂"浦江 1 号"、甘肃金鳟、"夏奥 1 号"、奥利亚罗非鱼、新吉富罗非鱼、松浦镜鲤、德黄鲤等多个新品种和新品系。长期以来，水产动物育种只注重经济鱼类，严重忽视水族动物，使得水族动物的育种工作严重滞后。

但选择育种也有其两面性，既有优点也有缺点。优点：保证各种水族动物性状的优良性，有利于其增殖，能正确地选择出具有优良性状的特性的系统。缺点：破坏了水族动物的基因多样性，不利于生物的进化。因而需要对水族动物的后代进行遗传性优劣的鉴定，消除环境饰变引起的选择误差；并且由于会发生性状的分离，需要多代筛选育种和选出优良性状。

三、选择育种的原理

选择育种的原理往往随育种目的、育种对象和性状等的不同而有差异，但是，就其一般原理而言，有其共同点。

（一）人工选择的创造性作用

达尔文的进化论认为，生物进化的主导力量是自然选择，自然选择所保留下来的生物符合自然界的要求，实现了生物与环境相统一，但不一定符合人们的意志。在自然界里，一个新物种的起源大多要用 50 万～100 万年的时间。

人工选择是人们按照自己的意愿，对自然界现存生物的遗传变异性进行选择，使那些对人类有益的变异巩固和发展，形成符合人们要求的新品种或新品系。由于控制了交配的对象，效果要比自然选择快得多，几年或几十年创造一个新品种。

（二）可遗传的变异是选择的基础

生物共同的选择基础是生物可遗传的变异。生物性状的遗传是相对的，变异是绝对的。变异分为可遗传的变异和不可遗传的变异两种。体细胞的变异只能在个体内增殖或者在体细胞水平上遗传，不能通过有性生殖传给子代。环境所引起的变异如果不涉及性细胞遗传物质的变异，也不能遗传。只有发生在性细胞上遗传物质的变异才能遗传。例如，我国著名动物学家、遗传学家陈桢在研究金鱼变异时发现，正常鳞的雌性金鱼和正常鳞的雄性金鱼交配，其后代例外地出现了 6 尾鳞片有变异的子代，它们身上的一部分鳞片变为透明鳞片。为了测定这种变异能否遗传，他做了两个试验，一是用这些夹杂有透明鳞的金鱼与正常鳞的金鱼杂交，二是让这些出现变异的雌、雄鱼相互交配，结果两个试验中的后代都表现为正常鳞，透明鳞在子代中并没有出现。当时，陈桢判定这些例外的透明鳞的金鱼的基因型与正常的基因一样，但是部分鳞片细胞发生变异，这种变异属于体细胞突变，不能遗传给后代。可见，由于存在可遗传和不可遗传的变异，事关育种工作的成败，所以需要对变异的遗传与否进行考查。

在选择育种工作中，遗传、变异、选择三者的关系是：变异是选择的基础，提供所选择的材料，没有变异，生物界就会一成不变，选择也就无从谈起；遗传是选择的保证，没有遗传，选择就失去了意义；有了有益的变异和这些变异的遗传，通过不断地选择把它们保留和巩固下来，使变异能够有效遗传下来。

（三）选择的依据是表型

从理论上说，根据基因型选择才能收到好的选择结果，获得可遗传的变异。但是，基因型看不见，必须通过表型来区别认识或估测。

质量性状的基因型和表型的关系比较简单，选择的依据也相应较简单。在显性不完全的情况下，杂合体表型不同于任何纯合体，容易识别，根据表型可以直接判断任何一种基因型，并进行选择。在显性完全时，对于隐性纯合子的判断和选择也较容易，因为隐性纯合子的基因型和表型相一致，只需依据表型就可选准隐性纯合体。但是对于显性纯合子的选择和判断则较麻烦，因为显性纯合子和杂合子的表型相同，还需借助子二代或测交才能区别基因型。因此，质量性状的选择只需一代或两三代的个体表型选择就可选准、选好。

数量性状的基因型和表型的关系比较复杂，一方面，性状容易受环境影响，个体的表型值不能如实地反映基因型。另一方面，数量性状受多基因控制，影响数量性状的每一基因的表现值比环境的影响小得多，因而，不可能单独把单个基因检测出来，更不可能将影响数量性状的全套基因型检测出来。所以数量性状的选择较麻烦，只经一代或两代的表型选择不可能将基因型选准，还需若干代的近交和定向选择。在这种情况下，基因型是未知的，选择的依据只能是表型值。

（四）定向选择加近交是选择育种的基本方法

定向选择就是按照育种目标，在相传的世代中选择合意表型的个体作亲本，以求选出合意基因型个体作亲本。

定向选择并不产生新基因，而是让下一代增加合意基因的频率，降低不合意基因的频率，使入选个体的基因型和表型趋于一致，从而保留或选出所需要的基因型。

近交可为合意基因和不合意基因的分离与纯化提供最佳的交配方式，以使合意基因型尽快地纯合、固定和发展，早日形成新品种。因而，近交是定向选择所需的最好交配方式。近交的极端形式是自交或同胞交配。因此，将入选为亲本的优良个体相互交配，在它们的后代中定向选择和近交，将是实现这一目标的最有效的方法，也是选择育种的基本方法。近交能够加速基因的纯合，不仅对于质量性状的选择有益，而且对于数量性状的选择也有益。

（五）选择要依据育种目标和性状发育特点适时进行

选种不但要适时，而且要参照它们的前期和后期性状表现情况。过早选择，则基因型尚未表达，容易埋没本质好但发育稍迟的优良个体。过晚选择则造成巨大的养殖困难且耗费大。例如，金鱼的一个品种（和金）和野生鲫杂交，产生的杂种一代是红色的鲫，可是红色要在3～4个月以后才从腹部开始出现，6～9个月后才完全变为红色。金鱼的另一个品种（龙金）和鲫杂交的一代，体色也要3～4个月以后才变红。张建森等（1981）在研究鲤主要数量性状的遗传时指出，鲤体长性状指标的选择适宜在生长早期或初期进行，但是体高性状的选择应放在稍后一些的时期进行，因为体高性状往往在生长后期（鱼种阶段以后）才逐渐明显地表达出来。

第二节　性状选育

性状是生物体所表现出来的形态结构特征、生理特征和行为方式特征的总和，同种生物的同一性状常常有不同的表现。遗传学家把同一性状的不同表现形式称为相对性状。水族动物之所以具有观赏价值，主要是其缤纷艳丽的色彩、奇特的形状、千变万化的花纹或奇异的行为等性状吸引了人们的眼球。如接吻鱼具有"接吻"绝活，且能在水中翻腾跳跃，犹如优秀体操运动员表演翻筋斗一样的游泳技术；蝴蝶鱼色彩艳丽，全身有数目不等的纵横条纹或花色斑块，体色能随外界环境的变化而改变；神仙鱼具有多姿多彩的体色，高雅的体态，优美的游姿；锦鲤具有健美有力的体形、活泼沉稳的游姿。这些观赏鱼特异的性状（图3-1）都令人拍手叫绝，赏心悦目。

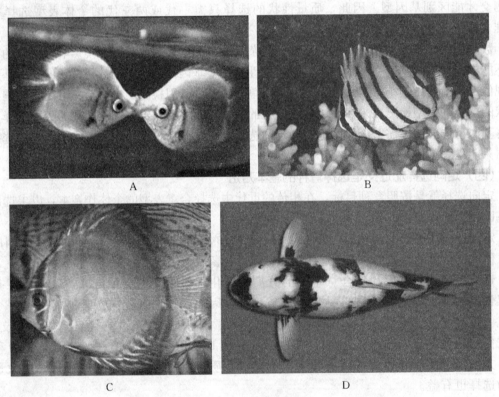

图3-1　水族动物观赏鱼所表现出的奇特性状
A. 接吻鱼　B. 八带蝴蝶鱼　C. 棕七彩神仙鱼　D. 白写锦鲤

由于质量性状一般是由一对或几对基因的差别造成的，等位基因间有显隐关系，表型一般不易受环境影响。因此，对水族动物的质量性状的选择一般较容易。而数量性状的基因型和表型的关系比较复杂，且性状易受环境的影响，个体的表型值不能如实地反映基因型，因此在水族动物的育种中很少采用这种方法。在对一个性状进行选择时，必须首先了解要选择的性状是受显性基因还是隐性基因控制。如金鱼品种中，蓝鱼的自交繁殖中所得到的后代全部为蓝色，从而证明蓝色鱼是不分离的，属纯种。而蓝鱼与灰色鱼（野生鲫）做正交、反交时，所得后代都具有与鲫完全相同的灰色，这表明灰色是显性（在杂交子一代中表现出某一亲代的性状称为显性），蓝色是隐性（在杂交子一代中不表现出某一亲代的性状称为隐性）。

一、质量性状的选择

（一）质量性状选择的遗传效应

对质量性状选择的基本工作是对特定基因型的判别。鉴于大多质量性状的不同基因型均有界限分明的表型效应，所以判别个体基因型的主要依据是其表型分类。对于不同遗传方式的基因，判别其基因型的方法和难易度有所不同，除了体现现有群体的表型分析和系谱分析外，必要时还需要组织测交试验，以期基因型出现更典型的分离，然后再进一步做统计分析。随着科学技术的发展和高新技术的应用，近年来，在判别质量性状基因型方面，发展了许多生化遗传学、免疫遗传学和分子遗传学的分析技术。通过上述新技术，可望提高判别基因型的准确性，从而提高质量性状选择的效率。

选择并不产生新的基因，但它可增加一个群体中某些理想基因的频率，同时降低不理想基因的频率。举例说明（图3-2），假设一个基因座上有两个具有显隐性遗传关联的等位基因 A 和 a，其中 A 为理想的基因，再假设初始群体均为杂合体，若在子一代中淘汰所有的 aa 个体，其后代群体中 A 基因频率由 0.5 上升到 0.67，而 a 的频率由 0.5 下降到 0.33。由此也将使下一代世代群体中 AA 基因型个体的频率由 0.25 增加到 0.499。

亲代	Aa	$\times$	Aa
		$\downarrow$	
子一代	$\frac{1}{4}AA$	$\frac{2}{4}Aa$	$\frac{1}{4}aa$

图3-2　基因遗传方式

综上所述，质量性状选择的遗传效应在于，提高被选择基因的频率，并降低被淘汰的基因的频率。随着合意基因频率的提高，有利基因的纯合个体的频率也提高。

（二）对隐性基因的选择

当选择的性状受隐性基因控制时，选择的目的在于培育该隐性性状的优良品种，就必须对隐性基因进行选择，保留隐性性状的个体。若显性基因的外显率是100%，而且杂合子与显性纯合子的表型相同，则可以通过表型鉴别，一次性地将显性基因全部淘汰掉。

例如对金鱼龙眼基因的选择，由于龙眼相对正常眼来说为隐性，因此，在金鱼群体中一旦出现龙眼个体，无疑是隐性龙眼基因的纯合体，可以真实遗传。若是将它们选作亲本，并与具有龙眼的金鱼品种交配，下一代的隐性基因频率就可达到1，再近交繁衍若干代，即可培育出新的龙眼品种。可见，外显率为100%时，选择隐性基因和淘汰显性基因是同一回事，是比较容易的。

在逐步选择隐性基因的过程中，育种者应在每一代选择时，注意群体内基因频率和基因型频率的动态。以鲤选择红色、青灰色为例，混合群体的基因型为 AA、Aa、aa。A 对 a 为完全显性，均表现出青灰色的个体。假设原始群体的两基因的频率分别为 p 和 q，则3种基因型的频率为

$$D = p^2 \tag{3-1}$$

$$H=2pq \qquad (3-2)$$
$$R=q^2 \qquad (3-3)$$

再设淘汰率为 s，$1-s$ 即为留种率，于是得出选择种群的基因型频率如表 3-1 所示。

表 3-1　隐性基因选择种群的基因和基因型频率

基因型	AA	Aa	aa
选择前基因型频率	p^2	$2pq$	q^2
留种率	$1-s$	$1-s$	1
选择后基因型频率	$\dfrac{p^2(1-s)}{1-s(1-q^2)}$	$\dfrac{2pq(1-s)}{1-s(1-q^2)}$	$\dfrac{q^2}{1-s(1-q^2)}$

在表 3-1 中选择后的基因型频率是按下列公式计算的：

$$选择后的基因型频率 = \frac{原始基因型频率 \times 留种率}{\sum(原始基因型频率 \times 留种率)} \qquad (3-4)$$

设选择后的基因型频率分别为：D'、H'、R'，则选择后下一代的基因型频率（q_1）为

$$q_1 = \frac{1}{2}H' + R' = \frac{q-sq+sq^2}{1-s(1-q^2)} \qquad (3-5)$$

如果 $s=1$，则 $q_1=1$，如果 $s=0$，则 $q_1=q$。

即当把全部显性个体 100% 淘汰，且不考虑突变，又假设所有含显性基因型的表型率为 100%，则选择后子一代的隐性基因频率就可达到 1。如果显性个体全部留下，不淘汰时，其基因频率就不会变。按照这两个极端的淘汰率来看，选择隐性基因是比较容易的。但是，如果表现为显性的个体不能完全淘汰，还留有一部分进行繁殖，这样子一代的隐性基因频率就达不到 1，即不能彻底清除显性基因。

对隐性基因选择时，若基因的外显率较低，直接通过表型淘汰显性基因的效果不理想。为了提高选择的效率，除了依据个体本身的表型外，还必须参照系谱、后裔或全同胞、半同胞的表型。

(三) 对显性基因的选择

若优良性状是受显性基因控制的，对该性状的选择实际上就是对显性基因的选择。在这种情况下，必须选择显性基因纯合体。显性基因可能以纯合体的形式存在，也可能以杂合体的形式存在，两者在表型上并无差异，因而对显性基因的选择，不仅需要淘汰隐性性状的个体，还需要区分显性纯合体和杂合体，以淘汰杂合体。于是对显性基因的选择需要分两步进行。第一步：根据表型淘汰隐性纯合体，将具有显性性状的个体选作亲本。第二步：将选作亲本的显性个体进行自交，然后根据自交结果，淘汰杂合体，选出显性纯合体。

如自交结果获得 3/4 的显性个体和 1/4 的隐性个体，则这对亲本是显性杂合体。

$$Aa \times Aa \longrightarrow 1/4\,AA + 2/4\,Aa + 1/4\,aa$$

如自交结果获得 1/2 的显性个体和 1/2 的隐性个体，则其中有一亲本是显性杂合体。

$$AA \times Aa \longrightarrow 1/2\,AA + 1/2\,Aa$$

只有当自交的结果获得全部为显性的个体，没有隐性性状的后代时，这对亲本才是显性纯合体，保留下来作为纯种繁殖用。

$$AA \times AA \longrightarrow AA$$

由此可见，质量性状的选择只需一代或两三代的个体表现选择就可以选好。但必须指出，若是自交后代的个体数有限，且都呈显性性状，没有表现出隐性性状的个体，那么仍不能就此轻易地推断其亲本就是显性纯合体，因为隐性纯合体可能因成活率低而不存在，也可能是由于分离定律和受精的随机机理使杂合体亲本交配后产生显性个体。因此，后代的个体数量必须足够多，才能做出正确的判断。

如果控制质量性状的等位基因在杂合体中无明显的显隐性关系，而是等显性、不完全显性或镶嵌性，那么区分纯合体和杂合体的工作相对就容易得多。这种情况下，只经一步就可完成选择，因为等位基因的纯合体（AA、aa）或杂合体（Aa）各有其对应的独特性状，借助表型即可完成区分和选择。如金鱼中的透明鳞鱼和五花鱼，正常鳞金鱼因鳞片有反光层和色素细胞存在，呈现各种颜色。透明鳞金鱼只有少数正常鳞，身体的其余部分像是裸露，但是实际上"裸露"的部分是被有鳞片的，只是这种鳞片内侧缺乏一层反光层，体表无色素细胞，所以透明如玻璃一样。以这两种金鱼进行杂交实验，结果发现：在正常鳞的自交繁殖中，只能产生正常鳞的后代，没有透明鳞产生；在透明鳞的自交繁殖中，所有的后代都是透明鳞。当以透明鳞和正常鳞做正交、反交实验时，其后代皆为五花鱼。当以五花鱼雌、雄鱼交配时，其后代除产生五花鱼之外，还有一些正常鳞和一些透明鳞的鱼，其比例是 1（透明鳞）：2（五花色）：1（正常鳞）。这表明五花色无纯种繁殖。如以五花鱼和正常鳞回交，其后代大约 1/2 为五花鱼、1/2 为正常鳞。如以五花鱼和透明鳞回交，也同样。由此可见，透明鳞（TT）和正常鳞（tt）的遗传是受一对基因所控制的，在这对等位基因之间没有明显的显隐关系，表现为等显性。这两类鱼的杂合体为五花鱼（Tt）。这种性状是不能真实遗传的。

以上提到的性状都是受一对基因控制的，在水族动物的性状中，还有很多是受几对或多对基因控制的情况，如在金鱼中，紫色鱼的紫色是受 4 对基因支配的，只有 4 对基因隐性纯合子时，才可以发育成紫色（$aabbccdd$）。如 4 种显性等位基因有任何一种参加，鱼的颜色就要发育成灰色、黑色或非紫色。而且紫色与非紫色的正交、反交实验产生了相同的结果，证明这 4 对基因并不是伴性遗传的。其遗传方式如图 3-3 所示。

图 3-3 金鱼紫色性状的遗传方式

（四）对杂合子的选择

如果控制质量性状的等位基因在杂合体中无明显的显隐性关系，性状的表型是受杂合基因（Aa）控制的，其等位基因是共显性、不完全显性或镶嵌性，区分纯合体和杂合体的工作就非常容易。纯合子（AA、aa）的表型与杂合子（Aa）的表型各有其独立的性状，只需通过直观观察即可选出。

例如，正常鳞片的金鱼（AA）和基因突变的透明鳞片的金鱼（aa）进行杂交实验，结果发现：当透明鳞片金鱼和透明鳞片金鱼繁殖时后代全是透明鳞片鱼。正常鳞片鱼和正常鳞片鱼繁殖后代全是正常鳞片鱼。但当正常鳞片鱼和透明鳞片鱼杂交时，后代全部是五花鱼。如果用五花鱼和正常鳞片鱼繁殖，后代没有透明鳞，1/2 为五花鱼，1/2 为正常鳞片鱼。五花鱼和五花鱼繁殖后代，1/2 为五花鱼，1/4 为正常鳞片鱼，1/4 为透明鳞片鱼（图 3－4）。由此可见，透明鳞（*aa*）和正常鳞（*AA*）的遗传是受一对基因所控制的，在这对等位基因之间没有明显的显隐关系，表现为不完全显性。这两类鱼的杂合体为五花鱼（*Aa*）。这种性状是不能真实遗传的。这样在子二代中出现的 3 种表型就代表了 3 种基因型 *AA*、*Aa*、*aa*。无论在子一代还是在子二代中，凡是出现的五花鱼，其基因全为杂合子。因此，选择了五花鱼就是选择了杂合子，这就减少了必须通过对基因型的鉴定来确定是否选择杂合子这一烦琐的环节，可以在选择的第一步完成选择目标，更不必自交或测交了。

正常鳞*AA* × 透明鳞*aa*

↓

五花鱼*Aa*

↓

五花鱼*Aa* × 五花鱼*Aa*

↓

$\frac{1}{4}$ 正常鳞*AA*∶$\frac{2}{4}$ 五花鱼*Aa*∶$\frac{1}{4}$ 透明鳞*aa*

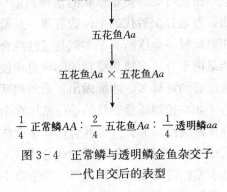

图 3－4　正常鳞与透明鳞金鱼杂交子一代自交后的表型

（五）对伴性基因的选择

在某些水族动物中，性别受性染色体控制。目前，伴性遗传在水族动物生产中的应用已日益广泛，有关伴性基因与重要经济性状的相关关系的研究也逐渐增多。随着生产的发展和科学的进步，更多的不合意伴性基因及重要经济性状与性连锁的关系将被发现，对伴性基因的选择将会引起人们的广泛重视。

在性染色体上，除了有决定性别的基因外，还有控制其他一些性状的基因，位于 X 染色体上，被称为伴性基因。它们位于 X 染色体上，因雄鱼也有一条 X 染色体，所以这类基因在雄、雌鱼身上都会有表现，如孔雀鱼的尾色或尾纹主要受这类基因影响，对体色及体纹基本没有多少影响。伴性基因所决定的多是表型等级分明的质量性状。因此，对某一伴性基因的判别和选择，主要通过对个体的表型辨别来实现。

蕾丝、礼服、马赛克、草尾、色素体等是典型的 *XX*、*XY* 伴性遗传表型形式的观赏鱼类，如图 3－5 所示（蕾丝 *X* 为隐性基因，非蕾丝 X^L 为显性基因）。

P　　♀ X^LX^L非蕾丝 × ♂ *XY*蕾丝

↓

F_1　　♀$\frac{1}{2}X^LX$ 非蕾丝 ∶♂$\frac{1}{2}X^LY$非蕾丝

♀ X^LX非蕾丝 × ♂ X^LY非蕾丝

↓

F_2　　$\frac{1}{4}X^LX^L$ 非蕾丝∶$\frac{1}{4}X^LX$ 非蕾丝∶$\frac{1}{4}X^LY$ 非蕾丝∶$\frac{1}{4}XY$ 蕾丝

图 3－5　蕾丝孔雀鱼伴性遗传方式

伴性基因频率的计算，要比常染色体上的基因复杂。在同型配子中，基因型频率间的关系与常染色体上的相同；异型配子只有两种基因型，并且每一个体仅载有一个基因，而不是两个。因此，在群体中有 $\frac{2}{3}$ 的伴性基因是由同型配子的性别所载有，$\frac{1}{3}$ 是由异型配子的性别所载有。雌性为同型配子，如果有两个基因 A_1 和 A_2，A_1 的基因型频率为 p，A_2 的基因型频率为 q，则选择种群的基因型频率如表 3-2 所示。

表 3-2　显性基因选择种群的基因和基因型频率

群体	雌性群体			雄性群体	
基因型	A_1A_1	A_1A_2	A_2A_2	A_1	A_2
基因型频率	D	H	Q	R	S

在雌性群体中 A_1 的频率为

$$p_{\mathrm{f}}=D+\frac{1}{2}H \tag{3-6}$$

在雄性群体中 A_1 的频率为

$$p_{\mathrm{m}}=R \tag{3-7}$$

在整个群体中 A_1 的频率为

$$p=\frac{2}{3}p_{\mathrm{f}}+\frac{1}{3}p_{\mathrm{m}}=\frac{1}{3}(2D+H+R) \tag{3-8}$$

若在雌雄群体中基因型频率不同，则群体未达到平衡。基因型频率在作为一个整体的群体内并不变动，但当群体趋向于平衡时，它在两性间来回摆动。有些群体只从母性群体中获得伴性基因，则 $p_{\mathrm{f}}=p_{\mathrm{m}}$。雌性群体从它们的双亲群体中均能对等地获得伴性基因，则 $p_{\mathrm{f}}=\frac{1}{2}(p_{\mathrm{f}}+p_{\mathrm{m}})$。上一代的 $p_{\mathrm{f}}'=p_{\mathrm{m}}$，$p_{\mathrm{f}}=\frac{1}{2}(p_{\mathrm{f}}'+p_{\mathrm{m}}')$，则 $p_{\mathrm{f}}-p_{\mathrm{m}}=\frac{1}{2}(p_{\mathrm{f}}'-p_{\mathrm{m}}')$，此差值 $p_{\mathrm{f}}-p_{\mathrm{m}}$ 为上代（$p_{\mathrm{f}}'-p_{\mathrm{m}}'$）的 1/2，但多与少倒置。由于相互继承世代两性基因频率的差值一次一次的减半，使群体很快近于平衡，其中两性频率就会接近相等。

二、数量性状的选择

数量性状是指在一个群体内的各个个体间表现为连续变异的性状，如动植物的高度或长度等。数量性状在生物全部性状中占有很大的比重，一些极为重要的经济性状（如观赏鱼类的体长、体重、生长量等，观赏贝类的壳长、壳宽、壳高、活体重等）都是数量性状。数量性状是育种的目标性状，在一个群体内各个个体的差异一般呈连续的正态分布，难以在个体间明确地分组。选择育种通常是对该分布的某一极端附近的个体进行定向选择，淘汰平均数附近至另一极端的表型个体，选择偏离平均数一端的合意个体，以定向改变群体的遗传组成，提高或降低某一数量性状的平均值。

数量性状较易受环境的影响，在某种环境条件下选出的优秀者，到另一环境条件下不一定仍然是优秀者，因为环境条件改变了，环境对性状的直接作用值及环境与基因型的相互作用的表型值也随之改变。

数量性状表型的连续性是下列两个现象的结果。第一，一种基因型并不只表达为一种表型，而是影响一组表型的表现。其结果模糊了基因型所决定的不同表型之间的差异，因而不能将一个特定的表型归属于一个特定的基因型。第二，许多不同基因座的等位基因都能使某一种被观察的表型发生改变。许多不同的基因型可能有相同的表型。

数量性状的选择效果受性状的变异程度、性状的遗传力和人工选择情况三方面因素的影响。变异程度和遗传力是生物的内部属性，也是影响选择效果的主要因素。选择情况是影响选择的外部因素，在一定条件下对选择效果起决定作用。

为了提高选择效果，必须了解可能影响数量性状选择的诸多因素及其所涉及的一些基本参数。

（一）表型方差分析的数学模型

数量性状变异中，从观测值难以推算其基因型。遗传学理论认为，基因型值（G）和表型值（P）之间存在以下数量相关关系：

$$P=G+E+I_{GE} \tag{3-9}$$

式中，G 是由控制某个体的某一数量性状基因型所决定的部分；E 是由某个体的性状受到环境作用而产生的偏差；I_{GE} 是基因型和环境的互相偏差效应值。

对于大多数的数量性状而言，基因型效应和环境效应之间没有互作，或互作很小，为简化对数量性状遗传规律的探讨，一般假设 $I_{GE}=0$，则上述模型简化为

$$P=G+E \tag{3-10}$$

另外，由于遗传性决定部分基因型值（G）可分为基因加性效应值（A）、显性效应值（D）和上位效应值（I），所以 $P=G+E$ 可变为 $P=A+D+I+E$。

了解表型的方差并知道各成分的比例，对 $P=A+D+I+E$ 式中的各成分各自单独列出来，表型方差就是由各成分的方差构成的，表示为

$$V_P=V_G+V_E=V_A+V_D+V_I+V_E \tag{3-11}$$

式中，V_G 为基因型方差；V_E 为环境方差；V_A 为基因加性效应方差；V_D 为显性效应方差；V_I 为上位效应方差。

表型方差的组分及比例，一般可用方差分析法计算，这种方差分析也是分析数量性状的基本方法。特别是基因加性效应方差分析，在某种程度上对于水族动物育种来说是极其重要的。利用纯系或其他相近似的近亲系与杂交群体的比较，利用平行组的资料和试验设计的交配方法等可以对相加性遗传进行解析，还能求得各种类群的方差值的比例表。但是，基因型值和环境值存在互作效应时，不能使用这些方差比例，而更多的是采用遗传力分析与选择参数估计。

（二）遗传力分析

遗传力（h^2）是指群体某一性状的表型方差（或表型变异量）中遗传成分所占的比例，又称遗传率。遗传力分为广义遗传力和狭义遗传力，广义遗传力是指数量性状基因型方差占表型方差的比例，它反映了一个性状受遗传效应影响有多大，受环境效应影响有多大。狭义遗传力是指数量性状育种值方差占表型方差的比例。广义遗传力和狭义遗传力通常用公式表示如下。

广义遗传力：

$$h^2=V_G/V_P \tag{3-12}$$

狭义遗传力：

$$h^2=V_A/V_P \tag{3-13}$$

在育种实践中常使用狭义遗传力。

遗传力指标可以评定数量性状的变异的遗传程度，也可表示种群的性状特征。遗传力值较高的性状，人工选择效果较好，适用于个体选择。一般认为，具有 0.2 以上的遗传力值的性状就有选择效果。根据种群遗传背景、种群所处环境的不同推断出特定的种群在特定的环境下的遗传力，综合考虑生物种群、生产设施、管理方法等因素，应用于选择育种工作实际，可作为判断特征性状选择育种成功与否的重要指示。

估算遗传力的方法有很多种，基本上采用方差分析法、相关分析法和回归分析法，具体可分为：①利用亲子（亲本与子代）资料的回归或相关估计遗传力；②利用同胞（半同胞、全同胞）资料的方差分析；③选择实验结果分析；④求平行组的方差分析。

(1)	(2)	⋯	(x)
$P_1 \times P_2$	$P_3 \times P_4$	⋯	$P_{2x-1} \times P_{2x}$
1·1 1·2 1·y	2·1 2·2 2·y	⋯	x·1 x·2 x·y

图 3-6 全同胞关系图

（x 为交配组合数，y 为 1 个组合中的子代个数）

目前，在水族动物中多采用全同胞或半同胞的方差分析方法进行推断（图 3-6、图 3-7、表 3-3、表 3-4）。

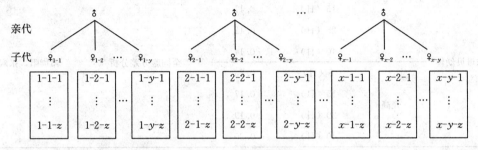

亲代

子代

图 3-7 半同胞关系图

（x 为父本，y 为每个父本的母本数，z 为每一个组合子代的个性性状测定）

表 3-3 全同胞资料的方差分析和均方构成

因素	自由度	均方	均方构成
同胞间	$x-1$	MS_s	$\sigma_w^2 + y\sigma_s^2$
同胞内	$x(y-1)$	MS_w	σ_s^2

遗传力：

$$h_s^2 = \frac{2\sigma_s^2}{\sigma_s^2 + \sigma_w^2} \tag{3-14}$$

式中，σ_w^2 为同胞内的方差组分；σ_s^2 为同胞间的方差组分。

表 3-4 半同胞资料的方差分析和均方构成

因素	自由度	均方	均方构成
父本间	$x-1$	MS_s	$\sigma_w^2 + z\sigma_D^2 + yz\sigma_s^2$
母本间	$x(y-1)$	MS_D	$\sigma_w^2 + z\sigma_D^2$
完全同胞间	$xy(z-1)$	MS_w	σ_w^2

父本的遗传力：

$$h_N^2 = 4\sigma_s^2 / (\sigma_w^2 + \sigma_s^2 + \sigma_D^2) \tag{3-15}$$

母本的遗传力：

$$h_N^2 = 4\sigma_D^2 / (\sigma_w^2 + \sigma_s^2 + \sigma_D^2) \tag{3-16}$$

父母双方的遗传力：

$$h_N^2 = 2(\sigma_s^2 + \sigma_D^2) / (\sigma_w^2 + \sigma_s^2 + \sigma_D^2) \tag{3-17}$$

式中，σ_w^2 为全同胞内的方差组分；σ_s^2 为父本间的方差组分；σ_D^2 为母本间的（父本内的）方差组分。

可见，根据全同胞或半同胞的方差分析得到的遗传力，实际上是狭义遗传力。另外，根据选择实验结果推断出的遗传力，被称为现实遗传力。已推断出遗传力的水族动物有鱼类、贝类、蟹类、虾类等（表3-5）。

表3-5　几种水族动物的遗传力

品　名	性　状		遗传力	推断法	参考文献
合浦珠母贝幼体	壳长	5（日）	0.22	全同胞方差分析	郭华阳，张殿昌
		15（日）	0.17		
		25（日）	0.12		
		40（日）	0.14		
	壳高	5（日）	0.23		
		15（日）	0.17		
		20（日）	0.19		
		40（日）	0.20		
中国对虾	体长	150（日）	0.51	父系半同胞方差分析	何玉英，王清印
		150（日）	0.36	母系半同胞方差分析	
		150（日）	0.43	全同胞方差分析	
	体重	150（日）	0.29	父系半同胞方差分析	
		150（日）	0.04	母系半同胞方差分析	
		150（日）	0.16	全同胞方差分析	
长牡蛎幼体	壳长	25（日）	0.139	父系半同胞方差分析	王庆志，李琪
		25（日）	0.570	母系半同胞方差分析	
		25（日）	0.354	全同胞方差分析	
	壳高	25（日）	0.161	父系半同胞方差分析	
		25（日）	0.461	母系半同胞方差分析	
		25（日）	0.311	全同胞方差分析	
哲罗鱼幼体	体长	11（月）	0.624	父系半同胞方差分析	王俊，匡友谊
		11（月）	0.608	母系半同胞方差分析	
		11（月）	0.616	全同胞方差分析	
	体重	11（月）	0.558	父系半同胞方差分析	
		11（月）	0.545	母系半同胞方差分析	
		11（月）	0.542	全同胞方差分析	
仿刺参	肉刺数目	4（月）	0.320	父系半同胞方差分析	孟思远，常亚青
		4（月）	0.191	母系半同胞方差分析	
		4（月）	0.255	全同胞方差分析	
	肉刺长度	4（月）	0.211	父系半同胞方差分析	
		4（月）	0.131	母系半同胞方差分析	
		4（月）	0.171	全同胞方差分析	

（续）

品　名	性　状		遗传力	推断法	参考文献
"黄海1号"中国对虾	抗高氨氮	3（月）	0.21	父系半同胞方差分析	黄付友，李健
	抗高氨氮	3（月）	0.22	母系半同胞方差分析	
		3（月）	0.23	全同胞方差分析	
	抗高氨氮	4（月）	0.15	父系半同胞方差分析	
		4（月）	0.22	母系半同胞方差分析	
		4（月）	0.18	全同胞方差分析	
	抗高 pH	3（月）	0.29	父系半同胞方差分析	
		3（月）	0.31	母系半同胞方差分析	
		3（月）	0.30	全同胞方差分析	
	抗高 pH	4（月）	0.26	父系半同胞方差分析	
		4（月）	0.36	母系半同胞方差分析	
		4（月）	0.28	全同胞方差分析	

影响遗传力估计的因素有以下几个方面。

（1）遗传力是性状、群体和环境三者特性的综合体现。因此，群体遗传结构和环境条件的改变，都会影响性状遗传力本身。

（2）共同环境造成亲属间的环境相关，造成亲属间环境相关最主要的是母体效应。不同性状的母体效应影响是不同的，如果它的影响很大，则不宜采用全同胞相关和半同胞相关等估计遗传力。

（3）选择对遗传力的影响。从理论上讲选择将导致遗传基础一致性增强。所以用于估计遗传力的资料应是由群体抽取的一个随机样本。然而，实际的估计资料，如全同胞和半同胞资料，它们的父母亲一般均是经过选留的。

（4）配种方式对遗传力的影响。一般对于杂交而言，由于杂交亲本难以达到较强的遗传基础一致性，因而不宜采用这种资料估计遗传力。从效应上讲，近交个体对环境敏感，σ_w^2增大；而且近交导致群体分化，加大了群体变异，σ_D^2也增加，h^2相应地降低。

不同的遗传力估计方法，其应用条件和估计准确度都有所不同。样本含量对遗传力估计有很大的影响。一般而言，参数的构成越复杂，其估计越难达到统计显著，需要的样本含量也越大。

（三）选择参数估计

1. 选择差　选择差（S）是指在自然和人工选择中，被选择亲代的表型平均值和未被选择的群体平均表型之间的差异。假定Y_P代表被选个体的平均表型值，$\overline{Y}$为选择前整个群体性状的平均值，则选择差（S）为

$$S = Y_P - \overline{Y} \tag{3-18}$$

选择差的大小取决于：①留种率（留种个数/全群总个数×100%），留种率小，选择差S大。②表型标准差σ，当留种率相同时，标准差大，选择差也大。

选择差越大，可供选择性状和已供选择性状的变异程度就越大，则选择的潜力也就越

大。例如选择红白锦鲤的体重时，选择前群体平均体重为 500 g，而被选择的个体平均体重为 800 g，则选择差（S）为：800 g－500 g＝300 g。

2. 选择强度 选择强度（I）是标准化的选择差，即以标准差为单位的选择差。它是衡量人工选择情况的另一个指标，在数值上等于选择差（S）除以被选择群体的表型值标准差（σ），即 $I=S/\sigma$。群体的表型值标准差（σ）是描述群体性状表型值变量离中程度的一个指标，反映群体性状表型值变异的大小。

假定红白锦鲤选择育种时，选择差（S）为 300 g，表型值标准差（σ）为 100 g，则选择强度（I）为

$$I=\frac{S}{\sigma}=\frac{300\ g}{100\ g}=3 \tag{3-19}$$

3. 选择压力 选择压力（P）是指选作育种对象的个体数（n）占选择前个体数（N）的百分比，用公式表示为

$$P=\frac{n}{N}\times100\% \tag{3-20}$$

式中，n 为选为育种对象的个体数；N 为选择前群体的个体数；P 为选择压力。

假定每 1 000 尾鱼中选出 1 尾育种，那么选择压力 P＝1/1000×100%＝0.1%，每 10 000 尾鱼中选择 1 尾，选择压力为 0.01%，每 100 尾鱼中选择 1 尾，选择压力为 1%。

P 值越小，选择压力越大，被淘汰的个体越多，因而选择强度就越大。选择压力与选择强度成正比。水族动物大多繁殖力大，这对于降低中选比例、淘汰更多的个体、加大选择强度是十分有利的。研究表明，当 P 值小于 0.1% 时，选择强度几乎再无明显提高。在实际工作中常以 0.1%~0.2% 作为最大选择压力，此时选择强度为 3.4~3.2；当选比例提高到 1%~2% 时，选择强度为 2.66~2.40；对于低繁殖力水族动物可以采用 5% 的选择压力，选择强度约为 2.55；但是当选择压力很大时，再加强选择压力，几乎不影响选择强度，却对于群体数量很多的水族动物是必要的。

4. 选择反应 选择反应（R）也称选择效应或选择进展，是一种衡量选择效果的指标，指受选性状经一个世代的选择后，性状平均值的变化情况。在数值上等于选择亲本繁殖子代的表型平均值（Y_f）减去选择时原来群体的表型平均值（Y），用公式表示为

$$R=Y_f-Y \tag{3-21}$$

例如：某养殖场对大正三色锦鲤体重进行选择时，从养殖池捕获的群体平均重 500 g，被选择的个体平均重 725 g，则选择差等于 225 g。被选择个体经过相互交配后，所繁殖的后代在同等条件下饲养同样长的时间，子代平均体重为 522.5 g。因此，选择效应是 R＝522.5 g－500 g＝22.5 g。这就是说，在一个世代中，平均每尾鱼增重 22.5 g。

在对于选择性成熟的鱼类研究育种时，还必须确定以年为单位的选择反应。选择的年反应（R_y）等于一个世代的选择反应（R）除以一个世代的间隔年数（I）所得的商，用公式表示为

$$R_y=\frac{R}{I} \tag{3-22}$$

假如大正三色锦鲤的世代间隔为 3 年，选择反应为 22.5 g，即 I＝3，R＝22.5 g，则选择的年反应为：R_y＝22.5 g/3＝7.5 g。

5. 现实遗传力 现实遗传力是选择差可以传给下代的百分比，因此，现实遗传力（h^2）

可以表示为

$$h^2 = \frac{R}{S} \tag{3-23}$$

由公式推知，现实遗传力是每单位选择差在一个世代所取得的选择反应。

由公式推知，选择反应在数值上可以表示为

$$R = h^2 S \tag{3-24}$$

可见，选择差和现实遗传力是影响选择效果的两大要素。

由于选择强度 $I = S/\sigma$，所以，$S = I\sigma$，因此，选择反应还可以按下式计算：

$$R = I\sigma h^2 \tag{3-25}$$

式中，R 为选择反应；I 为选择强度；σ 为选择性状的表型值标准差；h^2 为现实遗传力。

该公式说明，影响选择效果的三要素是性状的遗传力（h^2）、性状的变异程度（用标准差 σ 表示）和人工选择的情况（用选择强度 I 表示）。遗传力强的性状，选择容易见效，遗传力弱的性状，选择不容易见效或见效较慢。被选择个体的性状变异量大小对选择效果有很大影响，变异大的，表型值标准差也大，选择也就越有效。选择强度直接影响选择效果。选择强度大的，选择反应就大。因此，人工选择要以变异量大的群体作为育种对象，并加大选择差以增强选择强度。

知道了选择性状的现实遗传力，就可以根据选择过程的各项指标，预测选择反应。例如：鱼的体重现实遗传力（h^2）很低，设它为 0.1，又假设选种时，群体平均体重 500 g，被选择作为育种对象的个体平均体重 725 g，则可以按照 $R = Sh^2$ 计算，预测其选择反应为 22.5 g，计算步骤如下：

$$h^2 = 0.1 \qquad S = 725 \text{ g} - 500 \text{ g} = 225 \text{ g}$$

则

$$R = Sh^2 = 225 \text{ g} \times 0.1 = 22.5 \text{ g}$$

6. 相关系数 某一数量性状的表型值大小常常与另一（些）数量性状的表型值大小相关。如果某一性状的表型值随着另一（些）性状表型值的增大（或减少）而增大（或减少），那么这种相关称为正相关。反之，则称为负相关。

假定两个性状的表型值分别用 X、Y 表示，那么在 n 个观测值中，其相关系数（r）的计算公式如下：

$$r = \frac{\sum XY - \dfrac{(\sum X)(\sum Y)}{n}}{\sqrt{\sum X^2 - \dfrac{(\sum X)^2}{n}}\sqrt{\sum Y^2 - \dfrac{(\sum Y)^2}{n}}} \tag{3-26}$$

相关程度常用相关显著、不显著或非常显著 3 种表示。判断相关必须依据相关系数（r）和（d_f），然后查相关系数表，进而综合比较和判断。自由度是指预期值确定之后可以自由变动的测试值个数，在这里自由度为 $d_f = n - 2$，n 为相关数据的组数或统计生物的个数。若相关系数的绝对值大于或等于表中（d_f, 0.01）的相应值，则相关非常显著；若相关系数的绝对值大于或等于表中（d_f, 0.05）的相应值，但小于（d_f, 0.01）的相应值，则相关显著；若相关系数的绝对值小于（d_f, 0.05）的相应值，则相关不显著或弱相关。即：

若 $r(d_f, 0.01) \leqslant |r| \leqslant 1$，相关极显著；

若 $r(d_f, 0.05) \leqslant |r| \leqslant r(d_f, 0.01)$，相关显著；

若 $0 \leqslant |r| \leqslant r(d_f, 0.05)$，相关不显著。

相关程度还可以用 t 检验判断其显著性，该方法的自由度仍为 $d_f = n - 2$，t 值计算如下：

$$t = \frac{r\sqrt{n-2}}{\sqrt{1-r^2}} \qquad (3-27)$$

然后根据 t 值和 d_f 值，查 t 值表，求出值范围，判定相关程度。

一般来说，r 值越大，相关越密切，但若小于 $r(d_f, 0.05)$ 均应视为相关不显著或呈弱相关。相关不显著有可能是统计的两系列数据间本来就无相关可言，也可能是统计的样品数少，还可能是存在其他相关。

在选择育种中，如果对某一性状的直接选择有困难，常常可以借助相关显著的另一性状的选择来进行，这就是所谓的间接选择。张建森等在研究鲤体形的相关中看到，体长与体重的相关系数为 $0.69(t=10.95, P<0.01)$，体高与体重的相关系数为 0.74，经 t 检验（$t=18.65, P<0.01$），均呈非常显著的正相关。

7. 同类相关系数 同类相关也称组内相关或同类相像性，是指同类变量之间存在相关。同类相关的程度常用同类相关系数表示，同类相关系数的计算公式为

$$t = \frac{MS_b - MS_w}{MS_b + (k-1)MS_w} \qquad (3-28)$$

式中，MS_b 为组间均方；MS_w 为组内均方；k 为各组成员数。

其中 MS_b 和 MS_w 计算公式为

$$MS_b = \frac{\sum\limits_{i=1}^{n}(\overline{X_i} - \overline{X})^2}{n-1} \qquad (3-29)$$

$$MS_w = \frac{\sum\limits_{1}^{n}\sum\limits_{1}^{k}(X - \overline{X_i})^2}{n(k-1)} \qquad (3-30)$$

式中，X 为某性状的变量；n 为实验组数。

由同类相关系数公式可知，随着组内均方 MS_w 增大，式中的分母增大，分子减小，因而同类相关系数减小。如果组内各观测值是同一个体的不同记录，则组内相关系数表示的是个体内不同次记录的相关，这种相关程度又称为重复力。

同类相关系数的大小可以说明同一家系不同成员间的相似程度，也可以说明全同胞、半同胞成员间的相似程度，还可以说明同一个体不同成熟期产卵量的相似程度，因而对于综合评定某些育种方法的前景和育种值是有价值的。据吴仲庆等（2004）报道，日本对虾在体长为（4.4008±1.0419）cm，体重为（1.1170±1.0331）g 时，体长的同类相关系数为 0.203 5，体重的同类相关系数为 0.028 3；长毛对虾体长和体重的全同胞相关系数分别为 0.324 2 和 0.080 5。

由于同类相关系数的计算没有排除一般环境方差，因而，同类相关系数和重复力往往高于遗传力。但是，就一般环境而言，组内相关系数大的，遗传力也大。

如果同类相关系数不含或者忽略一般公共环境方差的组分，那么，全同胞家系的同类相关系数等于遗传力的 $1/2$，即 $t(F, S) = \frac{1}{2}h^2$。半同胞家系的同类相关系数等于遗传力的

$1/4$，即 $t(F、S)=\dfrac{1}{4}h^2$。

8. 直线回归系数　回归系数是指回归分析中度量因变量对自变量的相依程度的指标，它反映当自变量每变化一个单位时，因变量所期望的变化量。在水族动物中有些性状的表型值在亲本和后代之间不但存在着相关，而且呈一定的数量关系，例如甲壳类动物体重和体长的关系有线性关系式、二项式关系式、对数关系式、指数关系式、幂函数关系式。统计学上把求解两个变量之间关系的表达式称为建立回归方程。依据回归方程一个变量的变异去估测另一个变量的变异，称为回归分析。

当两个变量存在直线回归关系时，其数据在坐标上的点式图趋近于一条直线，并可表示为：

$$Y=bX+a \tag{3-31}$$

式中，a 为回归截距；b 为斜率，称为回归系数。

回归系数越大表示 X 对 Y 影响越大，正回归系数表示 Y 随 X 增大而增大，负回归系数表示 Y 随 X 增大而减小。

回归系数的计算公式：

$$b=\frac{\sum XY-\dfrac{\sum X\sum Y}{n}}{\sum X^2-\dfrac{(\sum X)^2}{n}}=\frac{\sum (X-\overline{X})(Y-\overline{Y})}{\sum (X-\overline{X})^2} \tag{3-32}$$

截距 a 的计算公式：

$$a=\frac{\sum Y-b\sum X}{n}=\overline{Y}-b\overline{X} \tag{3-33}$$

回归系数的显著性检验可以按 F 检验进行，其中，大均方值的自由度为 1，小均方值的自由度为 $n-2$，F 值的计算式为

$$F=\frac{b^2\sum (X-\overline{X})^2}{\dfrac{\sum (Y-\overline{\overline{Y}})^2}{n-2}} \tag{3-34}$$

式中，$\overline{\overline{Y}}$ 表示 X 所对应的 Y 的总体平均数的回归估计值。

因此

$$\sum (Y-\overline{\overline{Y}})^2=\sum (Y-\overline{Y})^2-\frac{\left[\sum (X-\overline{X})(Y-\overline{Y})\right]}{\sum (X-\overline{X})} \tag{3-35}$$

也可以用 t 检验对回归系数做显著性检验，其中，自由度为 $n-2$，t 值为 F 值的平方根，即

$$t=\sqrt{F} \tag{3-36}$$

回归方程可以用来表达两个变量之间的数量关系，王红勇（1989）对斑节对虾成熟产卵的研究表明，产卵量（y）与体长（x）的关系用回归方程可以表达为

$$y=1.145x-187.72 \ (r=0.98) \tag{3-37}$$

产卵量（y）与体重（x）的关系用回归方程可以表达为

$$y=0.7194x-44.2583\ (r=0.98) \tag{3-38}$$

式中，体长单位为 mm，体重单位为 g，产卵量单位为 10^4 个。

回归系数可以说明亲子代之间同一性状的表型值关系，从而说明子代育种值对亲本表型值的回归情况。因而，现实遗传力又可定义为育种值对表型值的回归系数。

假如回归系数（b）是应用双亲性状的平均值求解的，则遗传力与回归系数一致，即

$$h^2=b \tag{3-39}$$

假如回归系数是由一方亲本性状的表型的平均值推算的，则遗传力等于回归系数的 2 倍，即

$$h^2=2b \tag{3-40}$$

三、水族动物性状选育的特点

（一）水族动物性状选育具有操作简单、周期短的特点

大多数淡水观赏鱼的繁殖都较经济食用鱼容易，在一个小小的水族缸内即能完成，不需要养殖者花费太多的资金，而且一些观赏鱼性成熟周期短，不需要花费太长时间即可选育下一代，如孔雀鱼两三个月就可以完全成熟，以后每 30 d 也许更短就能繁殖一次，且每次繁殖都有数十至上百小鱼不等；斑马鱼 4 月龄进入性成熟期，繁殖周期约 7 d，一年可连续繁殖 6～7 次，而且产卵量高；"观赏鱼之王"锦鲤是鲤的变种，也具有生命力强、繁殖率高、适应性好等特点。这样即使新性状需要 3 代甚至 5 代才能够稳定遗传，其选育过程与经济食用鱼相比，也大大节省了人力、物力和财力。目前淡水观赏鱼 95% 是人工繁殖的，而海水观赏鱼主要为野生捕捞，只有 2% 是人工繁殖，大大限制了市场上海水观赏鱼的数量，所以未来海水观赏鱼的人工繁殖、性状选育应用技术应大有可为。

（二）水族动物性状的选育还存在着普遍性和偶然性

正是由于大多数观赏鱼人工繁殖具有易操作性，观赏鱼爱好者往往会在家里尝试对自己喜欢的特异性状进行选育，赋予了其普遍性。在一些观赏鱼博览会上经常会出现让人惊叹的鱼种，这里面有可能不是出自水族专家的培育，而是来自普通的水族爱好者培养，他们缺乏对性状遗传学知识的了解，是不经意间培育出了具有奇特性状的偶然品种。

（三）水族动物性状的选育集中于质量性状的选育

这跟水族动物育种学技术的发展有关，因为数量性状的基因型和表型的关系比较复杂，且性状易受环境的影响，个体的表型值不能如实地反映基因型，所以对数量性状的选育有很大的难度。目前国际上已经开展了很多对食用鱼类数量性状（如生长、存活、抗寒等）的研究，并对其遗传力进行了评估。而对于水族动物，还没有这方面的相关研究报道。随着人们对水族动物的关注越来越多，对其数量性状选育的研究工作必将很快开展。

第三节　选择育种的方法

选择育种是指从现有的种质资源群体中，选出优良的自然变异个体，使其繁殖后代来培育新品种的一种育种方法，它是育种工作的一个最基本的手段。选择育种的主要目的，是从某一原始材料或某一品种群体中，选出最优良的个体或类型。水族动物大多为雌雄异体，并

且多数是杂合度较高的群体品种，目前还没有人采用单一个体选择的方法获得成功。因此不用单一个体的选择方法，而是选择一对性状相近的优良个体获得后代。选择育种的方法通常依据被选择性状值的来源，分为如下几种：个体选择、同胞选择、家系内选择、间接选择、家系选择、后裔测定、复合选择和分子标记辅助选择。

一、选择育种的原则

（1）选择适当的原始材料，这是进行选择育种的基础。

（2）在关键时期进行选择，这是确保选择育种成功的最重要一步。

（3）按照主要性状和综合性状进行选择。

二、选择育种的基本方法

（一）个体选择

个体选择又称混合选择或群体选择，是以个体为单位，以每一个体的表型值大小为准绳的选择方法。该方法不仅简单易行，而且对于遗传力较高的性状采用该方法是有效的，且容易成功。因此，在不太严格的育种方案中往往使用这一选择方法。具体方法如下。

从原始群体中选择符合育种目标性状的个体，将入选个体混养在一起，任其交配，繁殖子一代，再从后代中选择表型好的个体繁殖子二代，如是反复选择，经过数代选育，入选的个体在目标性状上表现整齐一致，目标品系初步形成。品系稳定遗传以后，经过大群体繁殖，参加对比试验。对个别表现优异但尚有分离的个体，可继续对其进行选择，以后仍参加优良个体性状的选择。例如，金万昆等采用个体选择和定向选育相结合的方法，用 9 尾彩鲫杂交的后代亲本自交，从繁殖的后代群体中按选育指标严格选择，选留的个体培育成亲鱼后，再从亲鱼群体中挑选达到选育指标、观赏品位高的亲鱼进行群体繁殖，并从繁殖后代的群体中，严格按选育目标选择，如此连续选育 5 个世代到 F_5，达到选育指标的红白长尾鲫在群体中的比例已达到 90.2%。

目标性状品系小面积适应性试验是对初步形成的品系的养殖试验与进一步检测。试验条件应与大面积生产条件接近，以保证试验的代表性。根据小面积养殖和目标性状的进一步检测鉴定结果，选出对照组显著优越的品系进入中试。中试是测定其适应性和适宜推广的地区，达到对其在大面积生产条件下的表现进行更为客观实际的鉴定的目的。经上述试验表现优异的品系在达到一定规模后可申报品种的初步审查。申报审查品种经全国水产原种和良种审定委员会审定合格后，即可设置亲本繁殖场所，进行大面积推广生产（图 3-8）。

图 3-8　水族动物个体选择育种工作程序

许多数量性状的遗传力不高，容易受环境影响，个体的表型不完全代表基因型，因而，这种选择往往带有较大的盲目性，被选择或被淘汰个体基因型不清楚，选择效果不可靠。

水族动物的个体选择比较容易进行，因为水族动物具有很高的繁殖率和很大的表型方差，即使遗传力很低的性状，个体选择也可能奏效。Newkirk 等对欧洲牡蛎进行个体选择，在第一代中得到平均 23% 的遗传获得，2 龄的欧洲牡蛎就已经适合用作选育亲本。

个体选择对于遗传力高的性状选育效果好，且在选育过程中，作为亲本的数目可以较大，平均每个个体对后代群体的遗传贡献相对较低，能更好地维持群体的遗传变异度，但缺点是不能准确知道亲本的有效数目，并难以评估量化每个个体的遗传贡献。

个体选择的效应为

$$R = Sh^2 = I\sigma h^2 \qquad (3-41)$$

由效应方程可知，增加变异指标，增大选择差，提高遗传力，均可以增加选择效应。

增大选择差实际上包括了增加选择强度和性状变异指标，同时也意味着加强选择压力。因为选择强度、表型值标准差、遗传力都直接或间接地与选择差成正的相关变化。增加选择差比增加其他指标更简便，可以减少一些不必要的运算。但是，鱼类育种的实践表明，过分地增加选择差和选择强度反而会导致有害后果，高选择强度下的优良个体往往是环境引起的，不少属于非遗传性质的变异。另外，任何性状非常显著地偏离平均值时，往往引起一些不良的相关性变化，影响正常的生活力。

鉴于狭义遗传力等于基因相加效应的遗传方差除以表型方差，为了提高选择效果，增加遗传力必须着重增加基因相加效应所造成的变异性，减少非遗传变异（包括显性作用和环境影响）。一般说来，近亲繁殖降低遗传方差，非亲缘交配可增加基因的加性遗传方差。初选过程中，应该避免在亲缘极近的近交中进行。增加遗传力的方法还有杂交和人工诱变等。

在育种中减少非遗传的变异很重要，可以通过减小表型方差来提高遗传力。对于观赏鱼类一般采取措施如下：

① 在相同的条件下饲养亲鱼；
② 为选择育种所设计的杂交实验应该同时进行；
③ 选择前，供选群体的养殖条件应该尽量一致和稳定；
④ 减少饵料竞争所造成的表型差异，放养密度要适宜；
⑤ 鱼种放入水体的日期要尽可能接近，最好能在同一天进行；
⑥ 重要性状的选择主要应在性状充分表现后进行；
⑦ 缩短世代间隔。

（二）家系选择

家系选择是以家系为单位，根据各家系受选择性状的平均值为标准所进行的选择。家系选择强调的是以家系为选择单位，不是以家系的个别个体，当然不排除在家系的繁衍过程中选优除劣。家系选择所保留的是生产性能最好的家系，但并非这个家系的全部成员，而是这个家系的代表者和优良者。

家系可以是全同胞或半同胞的家系。全同胞家系是由同父同母所繁衍的若干家系。半同胞家系是由同母异父所形成的若干家系。

家系选择的选择效应为

$$R_f = (P_s - \overline{P})h_f^2 \qquad (3-42)$$

式中，P_s 为已入选家系的性状平均值；$\overline{P}$ 为选择前各家系性状的平均值；h_f^2 为家系选育性状的平均遗传力。

因为
$$S = P_s - \overline{P} \qquad I_f = \frac{S}{\sigma_f}$$

所以家系选择的选择效应：
$$R_f = I_f \sigma_f h_f^2 \qquad\qquad (3-43)$$

式中，I_f 为家系选择强度；σ_f 为家系群体表型值的平均标准差；h_f^2 为家系选育性状的平均遗传力。

这表明家系选择的效应大小同样取决于选择强度（I_f）、性状的变异（σ_f）和性状的平均遗传力（h_f^2）的共同作用。家系选育中只能培育出较少的家系数，I_f 值相对较小；家系的平均变异性常比个别个体的变异小，σ_f 减小；但家系性状的 h_f^2 提高，当所有家系饲养条件相同时，遗传力接近于1。因此，鉴于家系选择的环境方差小、现实遗传力大和各家系的个体数多等原因，如果针对遗传力较低的性状进行家系选择，就会较其他选育方法获得更理想的选择效应。

选育观赏鱼类家系应注意以下几点：

（1）产卵前，要在同样良好的条件下饲养各家系亲鱼，最好在同一时间内交配产卵或人工授精。

（2）在相同的条件下孵化。

（3）养殖条件要一致。

（4）饲养在不同池塘（水池或网箱）的不同品系，在测定前不许混养。

（5）对子代质量鉴定须在母性影响完全消失之后。

（6）对优良家系的评定和选择应在达到商品规格之后进行。

（7）对各家系进行同塘混养时，要尽可能做到放养的数量相同、规格相同，以最大限度地减小放养鱼种间的差异。

（8）各家系单养时，要有足够数量的鱼池、网箱，以保证每个家系有 3～4 次重复。

总之，为了使家系选择卓有成效，对选择的家系必须在尽可能相似的条件下进行。

家系选择存在费空间、世代间隔长、可比条件要求苛刻等缺点。但是，对于遗传力低的性状，家系选择比个体选择更有效，因为家系选择的环境方差小，现实遗传力大，各家系的个体数多。此外，家系选择还有促使亲本群体遗传基础纯合的作用。

（三）同胞选择

同胞选择是指有些性状不能在那些入选亲本的个体上直接度量，选样只好借助同胞或半同胞的表型值作依据，这种以同胞表型情况为判据的选择称为同胞选择。同胞选择实际上属于家系选择，所不同的是中选单位不是家系，而是家系中的一些有代表性的个体，这些中选个体的表型值未经度量，不参与它们所在家系表型值平均数的估计，但是，中选个体表型值是由其同胞或半同胞的表型值的平均数来代表的。该选择的特点是，根据现有全同胞或半同胞来估计入选对象的育种值。因此，同胞选择无论在什么群体中都较易做到。

同胞选择的选择效应为
$$R_s = (P_s - \overline{P}) h_s^2 \qquad\qquad (3-44)$$

式中，P_s 为入选个体的同胞该性状表型平均值；$\overline{P}$ 为供选择群体该性状的平均表型值；h_s^2

为该性状同胞选择的现实遗传力。

同胞遗传力选择的现实遗传力（h^2）可借助个体选择的现实遗传力（h^2）进行推估（法尔康纳，1960）：

$$h_s^2 = \frac{nr}{1+(n-1)t}h^2 \qquad (3-45)$$

式中，n 为入选个体代表的同胞数；r 为同胞亲缘关系，在全同胞下为 0.5，在半同胞关系下为 0.25；t 为入选个体的组内同胞表型值的相关系数，在全同胞时为 $0.5h^2$，在半同胞时为 $0.25h^2$。

当全同胞或半同胞越多时，同胞均值的遗传力越大，所以，对一些遗传力低的性状，用同胞资料进行选种也是可取的。但是，所选的个体不一定能完全代表其同胞的表型平均值。

（四）后裔测定

后裔测定是指凭借子代表型平均值的测定来确定并选择亲本和亲本组合的选择育种，又称为亲本选择。该方法实际上借鉴子代表型情况进行选择，属于家系选择的范畴（法尔康纳，1960）。但选留的只是能繁殖优质后代的亲本或亲本组合。

测定较好亲本要通过一些选配试验，目前所采用的选配体系有以下 5 种。

每一雌一雄为一交配组，比较各组后代，择优录取（图 3-9A）。

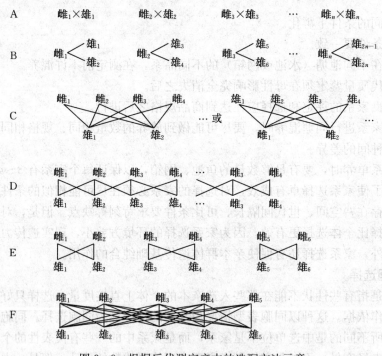

图 3-9 根据后代测定亲本的选配方法示意

A. 成对交配图　B. "一窝"交配（雌雄比为 1∶2）　C. 雌性或雄亲鱼的测验
D. 不完全多系交配　E. 2 雌×2 雄完全多系交配　F. 5 雌×5 雄完全多系交配

每一雌分别与两雄交配，比较各窝后代，择优录取（图 3-9B）。

每一雌（雄）分别与多个雄（雌）交配，比较各自的半同胞的性状和生产能力，从而比较其配合力，测出好的雌雄个体作亲本，这种方法称为简单的多系相互交配（图 3-9C）。

每个亲本与 3 个异性亲本交配，比较出配合力好的优秀父母本繁殖后代，这种方法称不完全多系相互交配（图 3-9D）。

完全的多系交配，使 2 个或 2 个以上父本中的每一个体分别与 n 个母本的每一个体杂交，同时也使 n 个母本的每一个体分别与 n 个父本的每一个体杂交，从而选择较好的不同性别亲本（图 3-9E、F）。因此，后代组合数为杂交的组合数，等于 n^2，例如父本、母本各 5 个时，后代组合数为 25。

后裔测定的原理虽然简单，但在生产实践中的应用却很麻烦，主要困难是必须在相同环境中同时饲养很多组合的后代，才能得出可比的结果。

由后裔测定法选择亲本的选择效应为

$$R_p = (P_s - \overline{P})h_p^2 \tag{3-46}$$

式中，P_s 为入选亲本后裔性状表型平均值；$\overline{P}$ 为所有亲本（包括入选与不入选亲本）后裔的性状表型均值；h_p^2 为后裔测定的现实遗传力。

后裔测定的现实遗传力若以个体选择的现实遗传力进行推估，大约为

$$h_p^2 = \frac{0.25nh^2}{1+(n-1)0.25h^2} \tag{3-47}$$

式中，n 为入选亲本的后裔数；h^2 为该性状个体选择的现实遗传力。

可见，入选亲本所代表的后裔数（n）越多，后裔表型均值的遗传力越大，选择效应也越人。

后裔测定适用于：①低遗传力性状的选择；②限性性状的选择。

后裔测定的可靠性高于其他鉴定方法，其缺点是费事费时且延长了世代间隔，在生产实践中需要在相同的环境中同时饲养很多组合的后代，才能得出可比的结果。实际情况是池塘间有差异，这后一种差异往往引起竞争的差异，从而掩盖生长速度和成活率的遗传差异。

（五）家系内选择

家系内选择是从家系内选留表型值高的个体培育优良品种。家系内选择是一种家系内的个体选择。当共同环境使家系内差异很大时，在每个家系内选优除劣可以收到较好的结果。

家系内选择的选择效应（R_w）为

$$R_w = (P_s - \overline{P})h_w^2 \tag{3-48}$$

式中，P_s 为家系内受选择性状的表型值；$\overline{P}$ 为家系内该性状的平均表型值；h_w^2 为家系内选择的现实遗传力。

家系内选择的现实遗传力可以借助个体选择的现实遗传力（h^2）推估为（法尔康纳，1960）：

$$h_w^2 = \frac{1-r}{1-t}h^2 \tag{3-49}$$

式中，r 为家系内的遗传相关，全同胞家系内 $r=0.5$，半同胞家系内 $r=0.25$；t 为家系内表型组内相关系数，全同胞时 $t=0.5h^2$，半同胞时 $t=0.25h^2$。

由于大部分数量性状所具有的全同胞表型相关在 0.5 以下（因为 $t=0.5h^2$，$h^2<1$），所以家系内选择的效应往往不及个体选择法。

家系内选择的一个重要优点是，育种空间较小，只及个体选择法所需 1/2 就可使近交率保持在一定数值之下（法尔康纳，1960）。

家系内选择主要应用于群体规模较小，家系数量较少，既不希望过多地丢失基因，又不希望近交系数增量过快，而且性状遗传力偏低，家系内表型相关较大时。因此，家系内选择的使用价值主要在于，小群体内选配、扩繁和小群保种方案中。

（六）复合选择

复合选择是将个体选择、家系选择、混合选择和后裔鉴定等选择技术结合起来所进行的选择育种方法，也称综合选择、配合选择或合并选择。复合选择的主要特点是能结合每一选择方法的优点，克服单一选择方法的一些技术难点。其实施程序如下。

（1）构建家系。采用非亲缘关系的品种、种群等杂交建立一定数量的家系。

（2）挑选家系。按照家系选择法进行养殖对比试验，对这些家系做出生产性能（如体色、体形、存活率、繁殖力、生长速度等）鉴定，选出表现较好的家系。

（3）家系内个体选择。在较好的几个家系（2～3个）中进行个体选择，每个家系的数量达到几千个个体时，可以采用较大的选择强度和较高的选择压力。

（4）选出优良亲本。根据后裔测定法对雌亲或雄亲进行测验，选出优良亲本。

复合选择的选择效应（R_c）在理论上等于所利用的每种选择方法效应的总和，即

$$R_c = R_f + R_m + R_p \tag{3-50}$$

式中：R_f 为家系选择效应；R_m 为个体选择效应；R_p 为后裔测定效应。

复合选择的优点是能在一个世代间连续进行家系选择和个体选择，有些性状甚至可以紧接着进行后裔测定，因而可以摆脱养殖上的技术困难，减少大量后代的比较工作，克服后裔测定中世代间隔长的缺点。

（七）间接选择

间接选择就是根据性状之间的相关关系，通过对一个性状（即辅助性状Y）的选择来达到改良另一个性状（即目标性状X）的目的的选择方法。其基本原理是如果一个性状与另一个性状有很高的遗传相关，选择了这个性状就间接地选择了另一个性状。

间接选择的选择效应为

$$R_x = b(x, y)R_y$$

式中，R_y 为性状Y的直接选择效应；$b(x, y)$ 表示性状X育种值对性状Y育种值的回归，即

$$b(x, y) = \frac{\sum YX - \dfrac{\sum Y \sum X}{n}}{\sum Y^2 - \dfrac{(\sum Y)^2}{n}} = \frac{\sum (X - \overline{X})(Y - \overline{Y})}{\sum (Y - \overline{Y})^2} \tag{3-51}$$

间接选择的机理就是性状的相关性，主要有两种。

（1）基因多效性。某一性状的基因能同时决定或影响另一性状，由此造成永久性相关而真实遗传。

（2）基因连锁。控制不同性状的基因位于同一条染色体上，进行连锁遗传。如果不同性状的基因在同一条染色体上相距较近，由于交换频率较低，这些基因所控制的性状倾向于紧密连锁，相关程度较高。如果控制不同性状的基因在同一条染色体上相距较远，由于互换频率高，这些基因决定的性状连锁就不紧密，容易发生交换而分离，使相关成为一种非永恒的暂时效应。所以，由同一条染色体上的基因所发生的相关遗传往往是暂时的、可分离的，只

有基因的多效性所造成的相关，才能在间接选择中真实遗传。

两个数量性状间的遗传相关大小，与影响这两个性状基因的多少有关，相关低意味着对两个性状都有影响的基因少，相关高说明对两个性状都有影响的基因多。

选择育种除了以上几种方法外，还有遗传标记辅助选择，如形态标记、细胞学标记、生化标记、分子标记等，其中分子标记辅助选择育种将在第十章介绍。

复习思考题

1. 名词解释：

选择　自然选择　人工选择　选择育种　质量性状　数量性状　遗传力　选择差数　选择强度　选择压力　选择反应　现实遗传力　个体选择　家系选择　同胞选择　家系内选择　复合选择

2. 选择育种的优点和缺点有哪些？

3. 人工选择与自然选择的关系如何？

4. 在选择育种工作中，遗传、变异、选择三者是什么关系？

5. 某养殖场对大正三色锦鲤体重进行选择时，从养殖池捕获的群体平均重 500 g，被选择的个体平均重 725 g。被选择个体经过相互交配后，所繁殖的后代在同等条件下饲养同样长的时间，子代平均体重为 522.5 g。求选择差和选择强度。

6. 红白锦鲤选择育种时，选择差（S）为 300 g，表型标准差（σ）为 100 g，求选择强度（I）。

7. 选择育种的原则是什么？

8. 影响遗传力估计的因素有哪些？

主要参考文献

陈锚，吴长功，相建海，等，2008. 凡纳滨对虾的选育与家系的建立 [J]. 水产科学，3 (11)：5-9.

陈桢，1925. 金鱼的变异与天演 [J]. 科学，10 (3)：304-330.

陈桢，1930. 金鲫鱼的孟德尔遗传 [J]. 清华大学学报 (2)：1-22.

仇潜如（译）.1982. 观赏鱼类的遗传 [J]. 国外淡水渔业 (1)：11-29.

范兆廷，2005. 水产动物育种学 [M]. 北京：中国农业出版社.

郭华阳，张殿昌，李恒德，等，2011. 合浦珠母贝幼体生长性状的遗传力及其相关性分析 [J]. 湖北农业科学，50 (21)：4441-4444.

郭淑新，郑宝亮，2004. 金鱼的繁殖与选育技术研究 [J]. 齐鲁渔业，21 (10)：40-41.

黄付友，李建，2007. "黄海1号"中国对虾生长性状和对高 pH、高氨氮抗性遗传力的估计 [D]. 青岛：中国海洋大学.

金万昆，朱振秀，王春英，2003. 红白长尾鲫选育技术研究 [J]. 中国水产 (8)：64-65.

李祥龙，1991. 伴性基因的选择原理 [J]. 河北农业技术师范学院学报，5 (2)：18-25.

楼允东，1999. 鱼类育种学 [M]. 北京：中国农业出版社.

孟思远，常亚青，李文东，等，2010. 仿刺参幼参阶段4个生长性状遗传力的估计 [J]. 大连海洋大学学报，25 (6)：475-479.

瞿虎渠，2001. 应用数量遗传 [M]. 北京：中国农业出版社.

佟曦然，岩川政海，2005. 孔雀鱼的限性遗传和伴性遗传 [J]. 水族世界（2）：66-69.

王春元，2009. 金鱼的变异何其多 [J]. 水族世界（1）：26-32.

王红勇，1989. 摘除眼柄诱导斑节对虾成熟产卵的研究 [J]. 海洋科学（5）：53-57.

王俊，匡友谊，佟广香，等，2011. 不同温度下哲罗鲑幼鱼生长性状的遗传参数估计 [J]. 中国水产科学，18（1）：75-82.

王庆志，李琪，刘士凯，等，2009. 长牡蛎幼体生长性状的遗传力及其相关性分析 [J]. 中国水产科学，16（5）：736-743.

吴仲庆，2000. 水产生物遗传育种学 [M].3 版. 厦门：厦门大学出版社.

吴仲庆，黎中宝，蒋文君，2004. 日本对虾体长和体重同类相关系数的研究 [J] //2004 年甲壳动物学分会会员代表大会暨学术年会论文摘要集. 青岛：中国动物学会甲壳动物学分会.

伍惠生，傅毅远，1983. 中国金鱼 [M]. 天津：天津科学技术出版社.

徐伟，白庆利，刘明华，等，1999. 彩鲫与红鲫杂交种体色遗传的初步研究 [J]. 中国水产科学，6（1）：33-36.

闫喜武，张跃环，霍忠明，2010. 不同地理群体菲律宾蛤仔的选择反应及现实遗传力 [J]. 水产学报，34（5）：704-710.

殷康俊，1996. 伴性遗传、限性遗传与从性遗传 [J]. 生物学通报，31（11）：26.

张建森，王楚松，潘光碧，等，1981. 鲤鱼主要数量性状遗传力的研究 [J]. 淡水渔业（2）：44-46.

张建森，孙小异，王建新，1994. 不同年龄不同世代建鲤子代生长的比较研究 [J]. 中国水产科学，1（1）：20-24.

张绍化，郁倩辉，赵承萍，1990. 金鱼、锦鲤、热带鱼 [M]. 北京：金盾出版社.

张沅，2001. 家畜育种学 [M]. 北京：中国农业出版社.

赵朝阳，殷缘，邴旭文，等，2010. 中国金鱼品种选育的研究进展 [J]. 生物学通报，45（11）：7-9.

HE Y Y，WANG Q Y，TAN L Y，et al.，2011. Estimates of heritability and genetic correlations for growth traits in Chinese shrimp *Fenneropenaeus chinensis* [J]. Agricultural Science & Technology，12（4）：613-616.

Newkirk G F，Haley L E，1982. Progress in selection for growth rate in the European oyster *Ostrea edulis* [J]. Mar Ecol Prog Ser，10：77-79.

第四章

杂 交 育 种

第一节　杂交育种的基本原理

杂交育种是最经典的育种方法。尽管新技术、新方法不断涌现，但杂交育种仍是目前国内外动植物育种中应用最广泛、成效最显著的育种方法之一。

一、杂交育种的相关概念

（一）杂交及其重要性

1. 定义　遗传学上，通过不同基因型个体之间的交配而产生后代的过程称杂交。只要有一对基因不同的两个个体进行交配，便是杂交。育种实践中，一般是指不同品系、品种间甚至种间、属间、亚科间个体的交配。由杂交而得的子代个体，称为杂种。

2. 重要性

（1）杂交可以实现基因重组，获得变异类型，从而为优良品种的选育提供更多的机会，实现综合亲本的优良性状，改善基因位点间的互作关系，产生新的性状，打破不利基因间的连锁等优势。

（2）有性杂交可广泛应用于各种受精方式和繁殖方式的动植物。

3. 不良后果　杂交也会引起不良后果，表现如下。

（1）基因污染。杂种由于结合了双亲的有利基因，可产生杂种优势，提高杂种的生活力和进化的可能性，但同时双亲基因型重组的结果会产生大量非适宜性的基因型，造成物种退化甚至消亡。

（2）遗传漂变。是种群中不能解释为自然选择的基因频率的变化，是基因频率的随机变化，仅偶然出现，在小种群中更为明显。

（二）杂交育种

1. 定义　使杂交亲本的遗传基础通过重组、分离和后代选择，育成有利基因更加集中的新品种，这种有性杂交结合系统选育的育种方法称为杂交育种。

杂交育种从个体水平上分两种方式：组合育种（杂交育种）和优势育种（杂交优势利用）。

2. 杂交育种的理论基础　组合育种（杂交育种）从根本上讲是运用遗传的分离规律、自由组合规律和连锁互换规律来重建生物的遗传性，创造理想变异体。利用的基因作用主要是加性效应。

优势育种（杂交优势利用）是杂种一代优势的利用。主要利用基因的加性、显性和上位效应。

3. 杂交育种的基本步骤

（1）杂交。通过杂交把不同品种的不同基因型综合在一起。

（2）连续自交。通过连续自交产生后代的多样性，并且向纯合体方向发展。

（3）选择。通过不断选择，选出符合要求的纯合体。

杂交育种先杂后纯，优势育种先纯后杂。

4. 杂交育种的目标任务

（1）通过杂交和选育育成新品种。

（2）通过杂交，利用杂种一代优势的经济性状。

5. 优势育种较组合育种的优点

（1）利用多种基因效应，从而较易育成在数量性状上超过定型品种的一代杂种。尤其是遗传力低的性状。

（2）显性有利基因与隐性不利基因连锁时，组合育种只能期待发生交换，才能育成集合有利品种于一体的品种，优势育种不受此限制。

（3）某些基因的杂合体优于纯合体时，只能采用优势育种。

二、杂交亲本的选择

杂交亲本的选择是杂交育种的关键，因为杂交亲本的各项遗传性状是组成杂种后代的物质基础，关系到杂种后代能否得到优良、高产及非加性效应大的基因，进而决定杂交能否取得最佳效果，因此意义非常重大。

亲本的选择原则有以下几方面。

（1）根据育种的目标选择亲本。如果我们育种的目标是选育抗病、高产的品种，那么必须选择一个抗病力强或产量高的品种作为亲本材料，若亲本都不抗病或产量不高，指望在后代中选出抗病或高产的品种是非常困难的。虽然杂交后代中可能出现有超越亲本的现象，但在主要育种目标的性状上，应该对亲本的选择提出严格的要求。总之，在主要育种目标上靠遗传，在其他育种目标上靠变异。

（2）正确分析亲本的性状及其遗传规律。首先要了解育种性状的遗传基础是单基因遗传（如金鱼的龙睛眼、透明鳞和珍珠鳞等）还是多基因遗传（如金鱼的背鳍、体色等），是质量性状（如眼型、头型等）还是数量性状（如鳃耙数、侧线鳞数等）遗传。对这些性状遗传规律的了解，有助于选择杂交亲本。

其次，需了解亲本各性状之间连锁或相互关系。因为当两个或多个优良性状有连锁或相关性存在时，根据一个性状选择亲本，就可兼顾到另一个优良性状。但当一个优良性状和一个不良性状有连锁或相关性存在时，则尽可能不选择这类材料作为亲本，因为组合优良性状的同时，不可避免地将不良性状也组合进去，以致得不到预期的结果。

（3）亲本间性状互补，优良性状突出。首先，杂交亲本应具更多的优良性状，较少的缺点，使亲本间优缺点能够在子代中得到互补。因为水族动物的许多经济性状多数属于数量性状，存在明显的剂量效应。杂交后代在较多的性状上，双亲的平均值大体上决定了杂交后代性状表现的趋势，所以优良亲本的后代多数是好的。

其次，要求亲本间优缺点互补，即亲本间若干优良性状综合起来基本能符合育种目标，一方的优点很大程度上能克服另一方的缺点，亲本双方应具有共同的优点，但没有相互助长的缺点。因为水族动物养殖品种生产上要求目标是多方面的，既要求抗病，又要求色泽好等，所以育成综合性状比较优良的家养品种，更应注意亲本之间的互补条件。

（4）亲本间差异大或亲缘关系比较远。用生态类型不同或远缘品种作杂交亲本，可使后代出现多种多样的类型，比较容易从中获得符合要求的新类型。

（5）选择配合力好的品种作亲本，且材料必须纯正。配合力指一个亲本（纯系、自交系或品种）材料在由它所产生的杂种一代或后代的产量或其他性状表现中所起作用相对大小的度量，又称结合力、组合力。亲本的配合力并不是指其本身的表现，而是指与其他亲本结合后它在杂种世代中体现的相对作用。在杂种优势利用中，配合力常以杂种一代的产量表现作为度量的依据；在杂交育种中，则体现在杂种的各个世代，尤其是后期世代。

配合力有一般与特殊之分，最早由 G. F. Sprague 和 L. A. Tatum 提出。一般配合力（general combining ability，GCA）指一个亲本在与一系列亲本所产生的杂交组合的性状表现中所起作用的平均效应。特殊配合力（special combining ability，SCA）指一个亲本在与另一亲本所产生杂交组合的性状表现中偏离两亲本平均效应的特殊效应。一个亲本的 GCA 及 SCA 是相对于一组特定亲本而言的，同一个亲本在另一组亲本中所表现的 GCA 及 SCA 可能与在原亲本组中不同。

三、杂交育种的方式

杂交育种的方式很多，依据育种目标的不同，可分为育成杂交和经济杂交（杂种优势利用），根据杂交亲本亲缘关系远近不同，可分为远缘杂交（种间、属间、亚科间、科间及目间的杂交）和近缘杂交（品种内杂交和品种间杂交）。楼允东（2009）等对杂交育种的分类方式如图 4-1 所示。

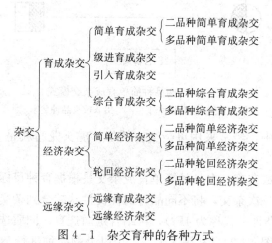

图 4-1　杂交育种的各种方式

本节重点介绍育成杂交和远缘杂交，经济杂交详见第二节。

（一）育成杂交

育成杂交是指分属于不同品种（品系或自然种）、控制不同性状的基因随机结合，形成不同的基因组合，再通过定向原则育成集双亲优良性状于一体的新品种的育种方法，其遗传机理是基因重组和互作。

根据杂交的方式，育成杂交分为4类：简单育成杂交（二品种简单育成杂交及多品种简单育成杂交）、级进育成杂交、引入育成杂交、综合育成杂交（二品种综合育成杂交及多品种综合育成杂交）。

1. 简单育成杂交　又称增值杂交或创造杂交，是根据当地、当时的自然条件、生产需要及原地方品种品质等条件的限制，从客观上来确定育种目标，应用相应的两个或多个品种，使它们各参加杂交一次，并结合定向选育，将不同品种的优点综合到新品种的一种杂交育种方法。

根据引入杂交品种的多少和所用的技术条件、各品种的生物学特性等，又可分为两品种简单育成杂交和多品种简单育成杂交。

（1）两品种简单育成杂交。两品种简单育成杂交是两个品种之间的杂交，大致相等地将双方的优良特性综合到杂种一代（$2F_1$），并结合定向选育而育成新品种。这种只涉及一次杂交和两个品种的交配也称为单杂交。这种方法是由于当地生产发展，原来的地方品种已不能满足生产发展的需求，但又不能从外地引入相应的品种来取代，于是就以当地原有品种与一个符合育种目标的改良品种进行杂交，以获得两品种的一代杂种，然后从中选择较理想的杂交个体，进行与育种目标相应的定向培育，并以同质选配为主进行自群繁育，以确保所获得的优良性状能稳定遗传，育成新品种。此法需要年限短，见效快，应用较广泛（图4-2）。

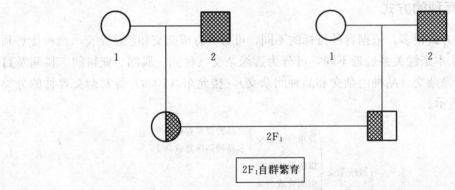

图4-2　两品种简单育成杂交模式
1. 当地被改良品种母本　2. 引入改良品种父本

在金鱼品种的杂交中，经常采用单杂交。例如，虎头龙睛就是虎头金鱼和龙睛金鱼的杂种。

（2）多品种简单育成杂交。多品种简单育成杂交是根据育种目标，使相应的3个或3个以上的不同品种各参加一次杂交，将不同品种的优良性状综合到杂交一代（三品种的杂种一代称为$3F_1$，四品种的杂种一代称为$4F_1$），再结合定向选育、同质选配等技术获得综合多品种优良性状的新品种（图4-3）。利用3个或3个以上的品种进行杂交，有可能综合更多亲本的优良性状于杂交后代中，也有可能比两品种杂交产生更具有优势的子代，达到杂交改良的目的。

采用这种杂交方法，是由于当地的养殖水平有了很大的提高，而当地品种的生产性能与其很不适应，又找不到适当的替代品种，同时考虑到现有优良品种中，任何单一品种都很难

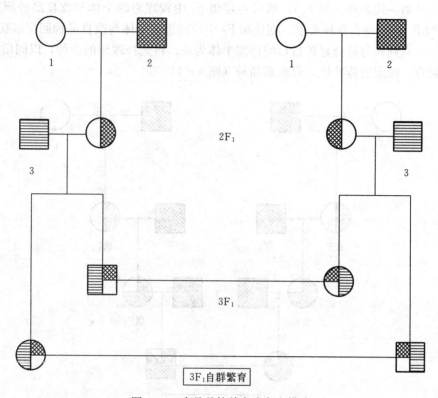

图 4-3　多品种简单育成杂交模式

1. 当地被改良品种母本　2. 次要改良品种父本　3. 主要改良品种父本

达到改良目的，而需要引进两个以上的改良品种，于是通常以当地原有品种与符合育种目标需要的两个改良品种各杂交一次，以获得三品种一代杂种。然后选择其中比较理想的个体进行与预定目标相适应的培育，并以同质选配为主进行自群繁育，育成新品种。一般情况下尽量不采取此法，如不得已，也尽可能只采用三品种简单育成杂交，由于参加的品种越多，育成新品种的时间越长，而且将来育成的新品种，很难找到与它没有血缘关系的、异质性大的其他适当品种进行有效的经济杂交。

在三品种简单育成杂交时，必须注意不要将两个引入的品种先杂交而后与当地被改良品种杂交，应当先将一个改良品种（雄）与当地被改良品种（雌）杂交，再让第二个改良品种（雄）与它们的 $2F_1$（雌）杂交，获得符合育种目标所需要的 $3F_1$。先杂交的第一改良品种是次要品种（在 $3F_1$ 中含遗传性 25%），后杂交的第二改良品种为主要改良品种（在 $3F_1$ 中含遗传性 50%）。

伍慧生等（1997）应用多品种杂交培育出具有很高观赏价值的金鱼新品种——虎头龙背灯泡眼金鱼。具体杂交过程是：首先用水泡眼和龙背金鱼杂交，选出龙背灯泡眼个体，再与狮头金鱼杂交，形成虎头龙背灯泡眼杂交种，经过几代选留，长期培育而成。

2. 级进育成杂交　又称吸收杂交、改造杂交或渐渗杂交，是根据当地的自然条件、经济条件和生产需要，以及原有地方品种品质等客观条件所确定的育种目标，将一个品种的基因逐渐引进到另一个品种的基因库中的过程。

具体做法：以当地原有地方品种为被改良者，与一个符合育种目标需要的改良品种杂交，获得级进第一代杂种（级 F_1）。然后再使级 F_1 中较理想的个体与改良品种回交，获得级 F_2。如级 F_2 还不符合育种要求，则使级 F_2 中较理想的个体与改良品种回交以获得级 F_3。如此下去，一直到获得符合育种目标的理想个体为止。再选择理想的杂种，以同质选配为主进行自群繁育，固定遗传特性，育成新品种（图 4-4）。

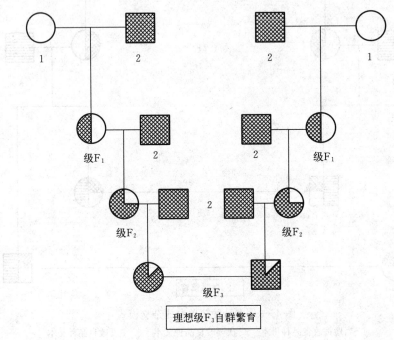

图 4-4 级进育成杂交模式
1. 当地被改良品种母本 2. 改良品种父本

这种杂交方法的实质是通过杂交改变当地品种的遗传特性，并使当地品种一代又一代与改良品种回交，以使遗传性随着代数的增加，一级又一级地向改良品种靠近，最后使其发生根本性的变化。引进代数要根据级进后代的生产性能和当地饲养管理条件来确定。一般级进到第四代（级 F_4）时，杂种所含父本（改良品种）的遗传性达到 93.75%，而含母本（当地被改良品种）的遗传性只有 6.25%。因此，如果对级 F_4 给予符合改良品种遗传特性所需的培育条件，并结合定向培育，是完全有可能使级 F_4 的生产性能达到与改良品种相似的生产水平的。

3. 引入育成杂交 又称改良杂交、导入杂交，是为获得更高的经济效益或根据当地的自然条件、经济条件和生产需要及原有地方品种等客观条件所确定的育种目标，引入一个相应的改良品种与当地被改良品种进行杂交获得引 F_1，然后用引 F_1 再与当地被改良品种回交，如此各代杂种连续与当地被改良品种回交若干代，并结合定向培育，以获得生产性能方面稍有某些改良的符合育种目标的理想杂种育成新品种（图 4-5）。

引入品种必须具有原有地方品种所需要改进的优点，同时不能损害原来品种的优良性状。引入育成杂交代数应根据实际情况确定，一般以获得引 F_2 为宜。如果要进行 3 代以上的引入杂交，改良是非常微小的，也是没必要的。因为只需对引 F_2 自群繁育时注意培养和选择，很容易达到目的。引入育成杂交所需要改良品种的数量，一般以一个为好，且引入品

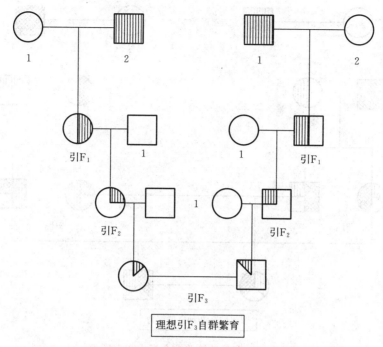

图 4-5 引入育成杂交模式
1. 当地被改良品种 2. 改良品种

种与被改良品种的差距不能太大。如果要引入两个以上的品种，应使引入的两个品种先杂交再与被改良品种杂交，获得杂种后再与被改良品种回交，最后育成新品种。

4. 综合育成杂交 根据当地的自然条件、经济条件和生产需要，以及原有地方品种品质等客观条件所确定的育种目标，引入相应的改良品种与当地被改良品种进行多种育成杂交的育种方法。其主要特点：综合采用两种以上不同的育成杂交方法，引入相应的改良品种对当地被改良品种进行改良，以获得改良品种一定的遗传性比例和具有一定生产水平的理想杂种，从中选育出新品种。根据参加杂交的品种数目的不同，又分为二品种综合育成杂交育种法和多品种综合育成杂交育种法。

（1）二品种综合育成杂交育种法。是由两个品种（包括改良品种与被改良品种）参与杂交，采用两种以上单一的育成杂交法综合起来获得符合育种目标的理想杂种，再经选育以育成新品种的方法。这种方法通常是对在某种计划采用的单一育成杂交育种法下获得的部分不理想杂种进行某种程度遗传性修正，以获得符合育种目标的理想杂种而采用的。

（2）多品种综合育成杂交育种法。通常由三个或三个以上的品种参与杂交，采用两种以上单一的育成杂交法综合起来获得育种目标的理想杂种，以育成新品种。它常常是根据客观条件确定的育种目标，为了获得改良品种和被改良品种一定的遗传性比例的理想杂种以育成一定的新品种，采用其他任何单一的育成杂交法都不能达到目的时采用。此法的组合方式有 3 种。

① 多品种简单综合育成杂交育种法：用两种不同的三品种简单育成杂交育种方法组合在一起（图 4-6）。

② 多品种简单、级进综合育成杂交育种法：是将简单育成杂交法和级进育成杂交法组合一起（图 4-7）。

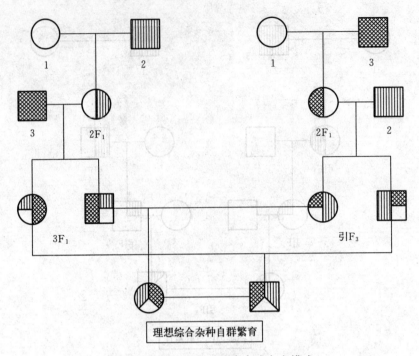

图 4-6 多品种简单综合育成杂交模式

1. 当地被改良品种，理想杂种含其遗传性 25%　2. 第一改良品种，理想杂种含其遗传性 37.5%

3. 第二改良品种，理想杂种含其遗传性 37.5%

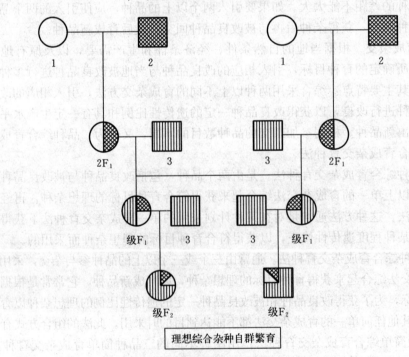

图 4-7 多品种简单、级进综合育成杂交模式

1. 当地被改良品种，理想杂种含其遗传性 12.5%　2. 次要改良品种，理想杂种含其遗传性 12.5%

3. 主要改良品种，理想杂种含其遗传性 75%

③ 多品种级进综合育成杂交育种法：由多种参加的两种不同级进育成杂交育种法组合一起（图4-8）。

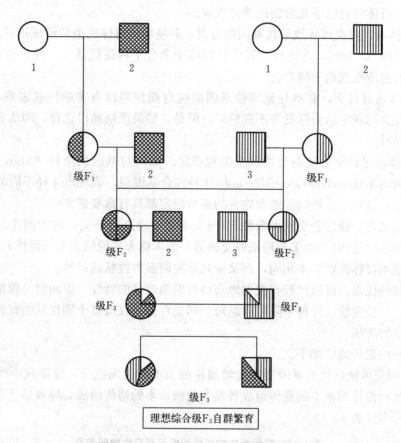

图4-8 多品种级进综合育成杂交模式
1. 当地被改良品种，理想杂种含其遗传性12.5% 2. 第一改良品种，理想杂种含其遗传性43.75%
3. 第二改良品种，理想杂种含其遗传性43.75%

日本锦鲤和德国锦鲤基本上都采用了上述方法。

5. 育成杂交后代的选育 上述的育成杂交，不管哪种方法都要经过两个阶段：一是通过杂交获得理想的杂种；二是通过自群繁育固定理想杂种的遗传性，建立新品种。为了获得理想杂种，采用异质选配，即改良品种与被改良品种间，或进一步在其杂种与原始杂交亲本品种间的异质选配，以动摇遗传性并综合育种目标所要求的来自不同亲本的优异种质。在当地的气候条件和适应的饲养水平下，对杂种进行定向培育，并结合定向选配，以获得所要求的理想杂种。同时，理想杂种一旦获得，就必须采用措施固定理想杂种的遗传性，使其成为新的独立品系或品种。否则，由于杂种的遗传性可塑性大，会很快使理想杂种的优秀品质丧失。固定理想杂种遗传性的最基本方法是同质选配，甚至是亲缘选配，即自交繁殖，以固定和发展理想杂种的优良特性，同时结合适当的异质选配以改进个别缺点。因此，这一阶段工作的特点和目的，实质是一种纯种繁殖，由杂交繁殖向纯种繁殖过渡，一般要连续2～3代的同质选配才能达到目的。所采用的主要方法是近交选育和回交选育。

（1）近交选育。在育种学上把有亲缘关系的个体间的交配称为近交。在水族动物养殖中，通常简单地将 6 代以内双方具有共同祖先的雌雄个体交配称为近交，包括自交、全同胞交配（亲兄妹）、半同胞交配（同父异母或同母异父）、表兄妹交配。杂合体通过自交或近亲繁殖，其后代群体将有以下几方面的遗传效应。

① 杂合体通过自交可导致后代基因的分离，并使后代群体的遗传组成迅速趋于纯合化。以一对等位基因 Aa 为例，连续自交其后代群体中杂合子将逐代减少，纯合体将相应增加，使自交群体的遗传组成趋于纯合化。

② 杂合体通过自交，必然导致等位基因的纯合而使隐性有害的性状表现出来，因此，自交后代往往会出现生活力降低等不良后果。但是，如果严格加以选择，淘汰有害基因，也可育成优良品种。

③ 杂合体通过自交可使遗传性状重组和稳定。如两对基因的杂种 AaBb，通过长期自交，就会出现 AABB、AAbb、aaBB、aabb 4 种纯合基因型，表现出 4 种不同的性状，而且逐代趋于稳定，这对于品种的保纯和物种的相对稳定都具有重要意义。

（2）回交选育。通过杂交获得杂种 F_1 与亲本之一再进行杂交，称为回交。用来回交的亲本称轮回亲本（受体），而未被用来回交的另一亲本称为非轮回亲本（供体）。这样就可能育出和轮回亲本目标性状基本相同，而又兼具非轮回亲本性状的品种。

回交育种的优点：可以比较有把握地获得所期望改良的特性，而同时又保留轮回亲本的大部分优点，且稳定快，育种年限可以缩短。回交育种是仅改良个别性状的育种方法，多个性状要用逐步回交法。

回交育种的遗传效应如下。

① 连续回交可使后代的基因型逐代增加轮回亲本的基因成分，逐渐减少非轮回亲本的基因成分，从而使轮回亲本的遗传组成替换非轮回亲本的遗传组成，导致后代群体的性状逐渐趋向轮回亲本（表 4-1）。

表 4-1 轮回亲本的遗传组成与回交次数的关系

回交次数	0	1	2	3	4	5	6
轮回亲本的遗传组成比例（%）	50.00	75.00	87.50	93.75	6.88	98.44	99.22

② 回交可以导致基因型纯合。回交子代基因型的纯合是定向的，它将逐渐趋于轮回亲本的基因型。子代的基因型在选定轮回亲本的同时，就已经确定。而自交子代基因型的纯合不是定向的，将出现多种多样的组合方式，即子代基因型无法事先控制，只能等到已经纯合之后才能加以选择。

（二）远缘杂交

远缘杂交一般是指在分类学上物种以上分类单位的个体之间交配。不同种间、属间，甚至亲缘关系更远的物种之间的杂交，可以把不同种、属的特征、特性综合起来，突破种属界限，扩大遗传变异，从而创造新的变异类型或新物种。

远缘杂交育种是动物育种的基本方法之一。在古希腊亚里士多德的著作中就有狼和狗杂交产生狼狗的记述。早在 2 400 年前我国的春秋战国时期，就有马（♀）和驴（♂）杂交产生骡子的记载，杂种一代表现出体格大、耐劳苦、不易得病等优点，兼具马和驴的特点，具有明显的杂种优势。

远缘杂交可以使一个遗传群体的基因转移到另一个遗传群体，因而在育种中具有积极作用：①增加异质性；②出现可利用的杂种优势；③产生双亲所没有的某些新性状；④综合双亲的优良性状。

1. 水族动物远缘杂交的特点　鱼类的远缘杂交至今已有 500 余年的历史。在一些情况下，远缘杂交表现为杂种不育，但有时亲缘关系相当远的杂交中，精子往往可使卵核受精并产生两性原核，且发育成杂种胚胎，因此存在着远缘杂交可孕性和可育性两种情况。

（1）远缘杂交可孕性。总的来说，水族动物远缘杂交比较容易进行，主要原因可能是大多为体外排放精卵，体外受精容易操作。在水族动物育种实际应用上的主要问题是由于"生殖隔离"机制所造成的杂交不孕和杂种不育。

杂交不孕指不可交配性，即由于亲缘关系远，使两个物种的生殖细胞产生配子隔离而不能正常受精、胚胎不能正常发育，因而不能获得有生活力的后代。

杂种不育指亲缘关系较远的物种彼此杂交能够产生杂种，但因其生理功能不协调，生殖系统遭受干扰而发生杂种不能繁殖后代或繁殖力低的现象。

远缘杂种后代通常表现为生活力降低，完全或部分丧失生活力。造成杂交不孕和杂种不育的原因是物种间的生殖隔离。造成生殖隔离的原因一般分为：地理隔离、季节隔离和生理隔离。

① 地理隔离：同一种生物由于地理上的障碍而分成不同的种群，使得种群间不能发生基因交流的现象。群体生活在不同的栖息地，彼此不能相遇。如海洋、大片陆地、高山和沙漠等，阻碍了生物的自由迁移、交配、基因交流，最后就形成独立的种群。地理隔离导致生殖隔离，不同物种之间不能交配，并根据具体的地理环境不同，逐渐向不同方向进化。这是形成物种多样性的一个关键因素。

② 季节隔离：又称时间隔离，新种形成过程中，合子形成前的隔离机制之一。生物一般都有一定的生育季节和时间，如动物的发情期、交配期，植物的开花期和授粉期等，如果同种群体间的生育季节和时间不同，就会造成季节隔离或时间隔离，阻止基因的交流，从而导致生殖隔离的形成。

③ 生理隔离：动物交配后，由于生理上的不协调而不能完成受精作用的现象。如绿果蝇的精子在美洲果蝇的受精囊内很快就丧失游动能力，而同种精子则可较长时间保持活动能力。

无论哪种类型生殖隔离，均可通过人工授精打破。地理隔离可以通过移殖驯化增加远缘杂交的机会和可能性，季节隔离可通过精液冷冻保存和人工授精方法来解决。

（2）远缘杂交可育性。远缘杂交的后代有的是完全可育的，有的完全不育，有的是单一性别可育。远缘杂交的可育性主要与杂交亲本的亲缘关系有关。依据发育程度、能育程度及亲缘关系远近，远缘杂交可分为以下几种。

① 种间杂种：同属不同种间杂交，比属间杂交可育性大，有许多完全可育的种类，如七彩神仙鱼。

② 属间杂种：不同属间的远缘杂交，情况比较复杂，有完全可育、完全不育和单性可育。完全可育即杂种一代无论雌雄均能发育，可全部达到性成熟。完全不育即杂种性腺不发育。单性可育即杂种只有雌性或雄性能发育到性成熟，另一性腺不发育，如血鹦鹉鱼只有雌性正常发育。

③ 亚科间杂种：不同亚科间的远缘杂交，至今未见报道能育的杂种，一般认为是不育的。亚科间杂种的完全不育可能与杂交不亲和性，很难产生二倍体的杂种有关。

2. 不相容性的主要原因 对远缘杂交的研究结果分析发现，大多数远缘杂交不能成功的原因在于：绝大多数属间以上的杂交亲本相容性都很低。由于亲缘关系远，生殖细胞之间不相容，虽然杂种胚胎可以发育，但是发育不正常，大部分远缘杂种胚胎在孵化期前后大量死亡，孵化率极低或甚至完全不能通过孵化期。

引起杂交不相容的主要原因有以下 3 个方面。

(1) 双亲染色体数目或染色体组型差别过大。杂交亲本的染色体数目和类型不同，染色体配对困难，且其等位基因之间在形成合子时不协调，基因调控的紊乱致使正常发育受阻，最终导致死亡。大多数远缘杂交胚胎发育不正常或不能出苗属于这类情况。如染色体数目相差太大，双亲在很多基因座位上没有相应的等位基因，这种杂交组合很少见过真正成活的二倍体。如染色体数目相同，但染色体组型不同，同样会引起两亲本中某些等位基因的组合紊乱。一般认为，双亲间的染色体组型越相近，杂交越能成功；双亲间染色体组型差异越大，杂交不亲和性越强，胚胎发育越难正常进行。研究发现，一些相容性较强的远缘杂交组合，它们的染色体数目相等，组型也相似。因此，染色体数目和组型的研究结果对于分析、预测远缘杂交的相容性具有重要的意义。

(2) 基因位点及基因表达的差异。研究表明，酶的位点随着进化程度而增多，在胚胎发育后期出现的位点是那些分化历史较短的同工酶，它们表达的时空性也就越强。因此，杂交两亲本的亲缘关系远，父、母本的等位基因的时空顺序可能不同步或出现相互抑制。酶的这种不相容性导致胚胎的严重畸形，以致死亡。

(3) 核质不相容。对两栖类、鱼类的种间杂种等位基因酶研究发现，母本细胞质控制杂种胚胎基因的迟滞或加速。如鲤（♀）×鲫（♂）受精率高，反之，鲫（♀）×鲤（♂）受精率低。许多水族动物远缘杂交正反交结果不同也许都可用核质是否相容来解释。

3. 促使远缘杂交可孕及克服远缘杂种不育的方法

(1) 亲本的选择和配组。选择杂交亲本时，首先要考虑它们的亲缘关系的远近，正确选择远缘杂交亲本并进行合理的配组是远缘杂交成功的关键。要考虑到地理隔离、生态类型不同，及亲本间的亲和性、核质相容性等因素。

(2) 混精授精。混精授精有时可以克服远缘杂交的不孕性。

(3) 诱发多倍体和单性发育。远缘杂交即异种受精，在亲和力较强的配组中杂种可育，但当核型存在差异时可能产生两种结果：诱发多倍体和单性发育。在鱼类人工远缘杂交实验中，出现多倍体、雌核发育和雄核发育的现象较为常见。

4. 远缘杂交的实例及应用 与近缘杂交相比，远缘杂交可以显著地扩大和丰富动植物育种的基因库，促进种间基因的交流，引入异种的有利基因（特别是各种抗性基因等），因而能够创造出前所未有的新变异类型，甚至产生新的物种。水族动物与其他脊椎动物相比，是遗传上分化比较低等的动物，因此，水族动物远缘杂交存在着广泛的可育性。

(1) 鱼类远缘杂交。自 Genner 在 1558 年用金鱼和鲤杂交获得世界上第一个有记录的杂种起，据统计，从 1558—1980 年，世界上已经有 56 科的 1 080 种鱼类做过杂交试验，其中主要为淡水鱼类（楼允东，2001）。我国的鱼类育种工作始于 20 世纪 50 年代，之后在淡水鱼领域进行了大量的鱼类杂交试验，但多集中于同种的不同亚种或不同品系之间，20 世纪

70～80 年代杂交育种进入高峰期，但是主要集中在淡水领域。据不完全统计，我国迄今已经做了 100 多个杂交组合，涉及 3 个目、7 个科共 40 多种鱼类。其中多数是鲤科鱼类亚科之间或属间的远缘杂交，并产生了杂种后代，有一些杂交组合表现出了杂种优势。如在生产上广泛应用的异育银鲫，利用天然雌核发育方正银鲫为母本，兴国红鲤为父本杂交产生后代，异育银鲫具有生长快、个体大、抗逆性强等特点，在养殖生产中显示出良好的经济性状。草鱼♀×团头鲂♂形成的草鱼杂种，F_1 抗病性强，是提高草鱼抗病力的途径之一，但是由于后代成活率低，大部分在胚胎时期出现畸形而夭亡，且杂种性腺不能正常发育，故目前难以在生产上推广。

（2）贝类远缘杂交。水生动物贝类的一些种间杂交已经实现，在扇贝方面，获得栉孔扇贝♀×虾夷扇贝♂、栉孔扇贝♀×海湾扇贝♂的杂种，但栉孔扇贝♀×海湾扇贝♂的杂交胚胎发育至壳顶后期即滞育。对鲍开展的遗传育种研究中，已开展了杂色鲍与盘鲍、杂色鲍与皱纹盘鲍等种间杂交组合十几个，王仁波等对引进的美国红鲍与皱纹盘鲍进行杂交试验，幼体及稚鲍成活率均为 50% 左右，抗病能力强，个体差别小，生长良好，但受精率较低，介于 1.8%～2.1%。王立超、孙振兴分别利用日本盘鲍和日本大鲍与我国的皱纹盘鲍进行远缘杂交，显示出良好的杂种优势和生产性状。1983 年魏贻尧等开展了合浦珠母贝、长耳珠母贝和大珠母贝种间杂交研究，发现合浦珠母贝和大珠母贝正反交组合的受精卵在卵裂中都出现大量破裂现象，因而孵化率非常低，合浦珠母贝与长耳珠母贝的正反交组合杂交后代多数发育停留在直线铰合期而死亡。苗种成活率低，说明海水珠母贝种间杂交配子亲和力低，因而相关研究未进一步开展。

（3）虾蟹类的远缘杂交。虾蟹类的远缘杂交育种目前仅限于虾类的种间杂交，如中国对虾和斑节对虾、普通长臂虾和短刀长臂虾的种间杂交等，在蟹类尚未见报道。主要原因是虾类精荚移植人工授精技术已获得成功。虾类种间杂交的受精率和孵化率均较正常种内交配时低，杂种后代的形态特征、生长发育速度大多为父、母本的中间型，长毛对虾×斑节对虾的杂种后代虽然成活率较低，但生长速度却明显较快。杂种后代的育性也有报道，摘除南美白对虾×南方对虾杂种后代的眼柄，能促进精巢和卵巢发育，但育性不详，美洲螯龙虾的杂种后代雄体不能产生精子，长毛对虾×斑节对虾的杂种后代即使摘除雌虾眼柄，卵巢也不能成熟。由此可见，虾类种间杂种后代大多是中性不育的。

由于杂交的不亲和性，故并不是所有杂交均能成功，Sandifer 等分别在长臂虾亚科（Palaemoninae）沼虾属和长臂虾属进行过 4 个种类（5 个杂交组合）和 2 个种类（2 个杂交组合）的种间杂交，仅沼虾属 1 个组合获得杂种后代。台湾沼虾♀×粗糙沼虾♂杂交虽然不能产生杂种后代，但一只雌虾却能同时产下少量大型受精卵（似父本）和大量小型受精卵（似母本），其中小型受精卵不能继续发育而夭折，而大型受精卵却能发育至卵内无节幼体期。

第二节 杂种优势的概念及特点

一、杂种优势的概念及特点

（一）杂种优势的概念

杂种优势是指两个遗传组成不同的亲本杂交产生的杂种第一代，在长势、生活力、繁殖力、抗逆性、产量和品质上比其双亲优越的现象。杂种优势表现为许多性状综合地表现突出，杂种优势的大小，往往取决于双亲性状间的相对差异和相互补充。一般而言，亲缘关系、生态类型和生理特性上差异越大的，双亲间相对性状的优缺点能彼此互补的，其杂种优势越强，双亲的纯合程度越高，越能获得整齐一致的杂种优势。

杂种优势往往表现于有经济意义的性状，因而通常将产生和利用杂种优势的杂交称为经济杂交，目前鱼类杂交育种应用得最多的即为经济杂交。经济杂交只利用杂种子一代，因为杂种优势在子一代最明显，从子二代开始逐渐衰退，如果再让子二代自交或继续让其各代自由交配，结果将使杂合性逐渐降低，杂种优势趋向衰退甚至消亡。

最早报道杂种优势现象的是 Shull，他发现杂交 F_1 与纯合的双亲性状的算术平均值相比更具有优势，他把这种现象定义为杂种优势（Shull，1908）。杂交可以依据双方的亲缘关系分为种间杂交和种内杂交。种间杂交包括科间、亚科间和属间杂交。种内杂交又可分为近亲交配和非亲缘交配。近亲繁殖能导致后代纯合性增加，提高遗传稳定性，但也能使某些有害隐性基因从杂合状态转变为纯合状态从而产生近交衰退。通常所说的杂交是指种间杂交、种内不同居群的杂交、不同品种或品系的杂交，以及一切非近亲关系的交配。

（二）杂种优势的特点

（1）杂种优势不是某一两个性状表现突出，而是许多性状综合地表现突出。因此，凡是表现杂种优势的组合，其生长势、抗逆性、产量和适应性等方面通常都有优势。

（2）杂种优势的大小大多取决于双亲性状间的相对差异和互补程度。在一定范围内，双亲的差异越大，往往杂种优势越强，反之，杂种优势越弱。

（3）亲本基因型的纯合程度不同，杂种优势强弱也不同。双亲的纯合度越高，F_1 的杂种优势越强，反之，杂种优势越弱。因此，自交系间杂种优势比品种间的优势强。

（4）杂种优势在杂种第一代表现最为明显，第二代优势显著下降，而杂种优势越强的组合，其优势下降程度越大。因此在生产上只用杂种第一代。

杂种优势现象在自然界普遍存在，在水族动物也不例外。从生产角度考虑，只有杂种表现比亲代有显著优势的情况下，这个杂交组合所产生的第一代杂种才具有应用价值。

二、杂种优势的理论基础

关于杂种优势的解释，主要有以下几个学说。

（一）显性说

显性说也称突变有害说，最先是由布普斯（Bruce）等在 1910 年提出显性互补假说，后由琼斯（Jones）于 1917 年补充，称显性连锁假说。

该学说的主要观点：显性基因多为有利基因，而有害、致病以及致死基因大多是隐性基因；显性基因对隐性基因有抑制和掩盖作用，从而使隐性基因的不利作用难以表现；显性基因在杂种群中产生累加效应。如果两个种群各有一部分显性基因而非全部，并且有所不同，则其杂交后代可出现显性基因的累加效应；非等位基因间的互作会使一个性状受到抑制或者增强，这种促进作用可因杂交而表现出杂种优势。

不完善之处：显性学说认为杂种优势的大小直接取决于亲本中纯合隐性基因数目，这些基因座在杂交时可能成为杂合状态而表现杂种优势，因此在每个基因座至少有一个显性基因的个体和群体具有最高的杂种优势，而在其他情况下获得的杂种优势将小于该值。然而，在亲本群体中维持许多隐性有害的不利基因纯合子的可能性是不大的。

（二）超显性说

超显性说也称等位基因异质结合说，由舒尔（Shull）和易斯特（East）在 1918 年分别提出，并由易斯特于 1936 年用基因理论将其具体化。该学说认为杂种优势来源于双亲基因的异质结合，是等位基因间相互作用的结果。由于具有不同作用的一对等位基因在生理上相互刺激，故杂合子比任何一种纯合子在生活力和适应性上都更优越。据此，设一对等位基因 A、a，则有 $Aa > AA$ 和 $Aa > aa$。胡尔（Hull）于 1945 年将这一现象称为"超显性"现象。

易斯特后来进一步认为每一基因座上有一系列的等位基因，而每一等位基因又具有独特的作用，因此杂合子比纯合子具有更强的生活力。此后，人们还认为基因在杂合状态时可提供更多的发育途径和更多的生理生化多样性，因此杂合子在发育上即使不比纯合子更好，也会更稳定一些。

（三）上位说

这一假说是由 Hayman 和 Mather（1955）提出的，主要强调的是非等位基因间的互作，杂交增加群体杂合程度，非等位基因间互作加强，使杂种优于双亲。其产生的杂种优势可分为两种类型：一种是"子一代上位"，即两个亲本品系的基因共同作用得到；另一种是"亲本上位"，即结合在亲本品系中的不同纯合子上位基因以类似显性模式传递到杂种，这种基因互作存在于亲本品系之中。重复基因的互作属于亲本上位。认为杂种优势产生于各种非等位基因间的互作。

（四）遗传平衡说

这一假说是 Turbin（1964、1974）在 Mather（1942、1955）提出基因平衡假说的基础上进一步发展完善起来的，该假说认为任何性状的形成，都是这个性状在选择过程中，受多种遗传因素及外界环境条件对该性状不同方向影响的结果，在基因不同的个体间杂交时，杂种后代将具有不同比例的遗传平衡，其大小与亲本相比将出现增大或减小的变化，即出现正的或负的杂种优势。对于自花授粉的植物，选择的对象是纯合子，遗传平衡是指每个基因组（单套染色体）内的状况，只有在这种情况下，有机体才能呈现正常的活力。在异体受精的动物或异花授粉的植物，显然有机体正常的活力取决于杂种这个或那个位点的杂合性。由此可见，群体内基因型的遗传平衡性具有很大意义，遗传上平衡的杂合子才有可能正常繁殖，为了获得杂种优势，根据遗传平衡理论，决定这样或那样性状的遗传因子具有平衡性是必要的，当大量杂合位点相互联系时，杂种优势较稳定，但遗传因素决定的杂种优势现象可受外界环境条件影响，可被环境因子增强或削减。

显性说、超显性说和上位说在对杂种优势的成因解释上都不是完整和全面的。因为杂种优势往往是显性和超显性共同作用的结果。有时一种效应可能起主要作用，有时则是另一种效应起主要作用。在控制一个性状的许多对基因中，有些是不完全显性，有些是完全显性，还有的是超显性；有些基因之间有上位效应，另一些基因之间则没有上位效应等。遗传平衡理论虽然提供了解释杂种优势原因的一个途径，但不具体，因此很难掌握和预测。由于杂种优势是一个复杂的现象，各种理论都有各自的实验证据，但都不能完善地说明杂种优势现象原理，现在还没有比较完善的遗传学解释，还需要不断地通过生产实践和科学实验来进一步修改与完善。

三、杂种优势的计算

假设群体 A、B 之间杂交，A 为父本、B 为母本，产生杂种 AB，则对任一数量性状而言，杂种优势即为 AB 杂种群体均值超过 A、B 两个亲本群体均值平均的部分，即

$$H = \bar{y}_{AB} - \frac{1}{2}(\bar{y}_A + \bar{y}_B) \tag{4-1}$$

式中，H 表示杂种优势；$\bar{y}_{AB}$ 是 AB 群体的均值；$\bar{y}_A$ 为 A 群体的均值；$\bar{y}_B$ 为 B 群体的均值。

这一部分也可同两个亲本群体均值的平均相比，我们称其为杂种优势率，具体公式为

$$H' = \frac{H}{\frac{1}{2}(\bar{y}_A + \bar{y}_B)} \times 100\% = \frac{2H}{\bar{y}_A + \bar{y}_B} \times 100\% \tag{4-2}$$

这是杂种优势和杂种优势率的常用度量办法。但对实际杂交而言，由于母体效应、性连锁，以及父、母本群体因选择强度不同导致基因频率差异等原因，同样两个种群间的正交与反交所得到的杂种平均生产性能可能不同。所谓正交与反交，如对 A 为父本、B 为母本的杂交称为正交，则对 B 为父本、A 为母本的杂交称为反交。因此，为了消除这一影响，有时杂种优势和杂种优势率度量公式变换为

$$H = \frac{1}{2}(\bar{y}_{AB} + \bar{y}_{BA}) - \frac{1}{2}(\bar{y}_A + \bar{y}_B) = \frac{1}{2}(\bar{y}_{AB} + \bar{y}_{BA} - \bar{y}_A - \bar{y}_B) \tag{4-3}$$

$$H' = \frac{H}{\frac{1}{2}(\bar{y}_A + \bar{y}_B)} \times 100\% = \frac{\bar{y}_{AB} + \bar{y}_{BA} - \bar{y}_A - \bar{y}_B}{\bar{y}_A + \bar{y}_B} \times 100\% \tag{4-4}$$

若把用正交所求的杂种优势记为 H_{AB}，而把用反交所求的杂种优势记为 H_{BA}，则两者分别与用正交和反交平均所求的杂种优势的差异为

$$H_{AB} - H = \bar{y}_{AB} - \frac{1}{2}(\bar{y}_{AB} + \bar{y}_{BA}) = \frac{1}{2}(\bar{y}_{AB} - \bar{y}_{BA}) \tag{4-5}$$

$$H_{BA} - H = \bar{y}_{BA} - \frac{1}{2}(\bar{y}_{AB} + \bar{y}_{BA}) = \frac{1}{2}(\bar{y}_{BA} - \bar{y}_{AB}) \tag{4-6}$$

四、杂交亲本种群的选优和提纯

杂种优势的获得首先取决于杂交亲本的基因优劣和纯度，所以杂交亲本种群的选优和提纯是杂交育种的一个最基本环节。杂种必须能从亲本获得优良的、高产的、显性的和上位效应的基因，才能产生显著的杂种优势。"选优"就是通过选择使亲本群体原有的优良高产基因的频率尽可能增大。"提纯"就是通过选择和近交，使亲本群体在主要性状上纯合子基因频率尽可能增加，个体间差异尽可能减小。提纯的重要性并不亚于选优，因为亲本种群越纯，杂交双方基因频率之差才能越大，杂种群体才能越整齐、越规格化，这是杂种优势利用好坏的关键。选优与提纯并不是两个截然分开的措施，选优就是要增加优良基因的频率，而只有优良基因的纯合子基因型频率提高了，其基因频率才能有较大的增加。所以"优"和"纯"虽然是两个不同的概念，但选优和提纯却是相辅相成的，可以同时进行和同时完成。

五、杂交组合方式

为了利用杂种优势，通常采用的杂交方式有经济杂交、轮回经济杂交又经济杂交。

（一）经济杂交

经济杂交即杂种优势利用，包括单杂交、双杂交、三杂交和四杂交。即每一个参加杂交的亲本只杂交一次，一代杂种无论雌雄，都不作用于继续繁殖。依据参加亲本的多少，又可分为二品种经济杂交（又称单杂交）和多品种经济杂交（又分双杂交、三杂交、四杂交等）。

1. 二品种经济杂交 即 2 个品种（自交系或品系）的杂交（图 4-9），也称单杂交。这种杂交方式比较简单，是目前水族动物杂交中最常用的一种方式。

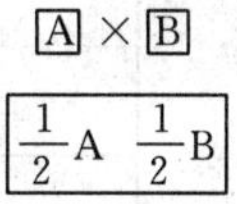

2. 多品种经济杂交 即 3 个或 3 个以上品种（自交系或品系）各参加杂交一次，以获得多品种的一代杂交种。多品种经济杂交有双杂

$$A \times B$$
$$\frac{1}{2}A \quad \frac{1}{2}B$$

图 4-9 单杂交

交、三杂交和四杂交（图 4-10、图 4-11、图 4-12），其杂交种又称多元杂交种，包括双杂交种、三杂交种和四杂交种。

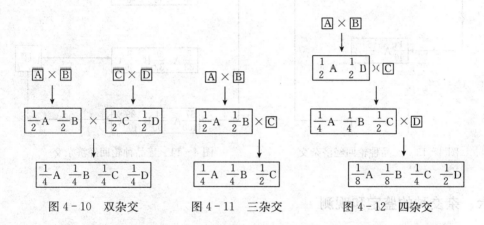

图 4-10 双杂交　　　　图 4-11 三杂交　　　　图 4-12 四杂交

先把同品种内的两个不同的品系进行交配制成单交种，然后单交种再进行杂交，其杂种称为双杂交种。

双杂交种比四杂交种更接近一代杂交种，各项经济性状和生产性能与 F_1 相仿，性状的一致性也好，组合方式也比四杂交简单可行。

双杂交一般需经过近亲交配、单交和双交 3 个阶段。

（二）轮回经济杂交和交叉经济杂交

这种杂交是将参加杂交的各原始亲本品种轮流地（或交叉地）与各代杂种进行回交，以在各代都获得经济杂种，并保留一部分作种用，以再与另一原始亲本品种回交的一种周而复始的经济杂交方式，以保证后代的杂交优势。

根据参加品种数目的多少，可分为二品种轮回经济杂交和多品种轮回经济杂交。

二品种轮回经济杂交：两个品种轮流不断杂交，以在各代都获得经济杂种，并在各代都保留一部分杂种作种，再轮流与两原始亲本回交（图 4-13）。

多品种经济杂交是 3 个以上品种轮流参加杂交，以在各代都获得经济杂种并在各代保留一部分杂种作种，再轮流与参加杂交的各亲本回交。如图 4-14 所示为三品种经济杂交。

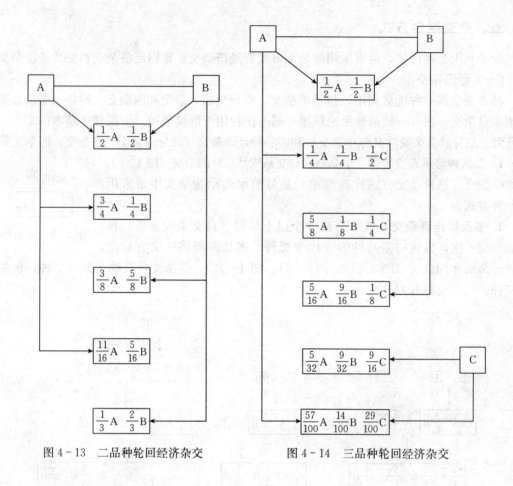

图 4-13　二品种轮回经济杂交　　　　　图 4-14　三品种轮回经济杂交

六、杂交种的鉴定和观测

（一）杂种的核型或分子标记

并不是所有种间杂交的后代都是杂种，也可能是雌（雄）核生殖单倍体，还可能是多倍体，因此搞清楚杂交子代的遗传组成对于了解杂交成果，正确利用和培育 F_1 都是十分重要的。

核型就是把生物的某一个体或某一分类群体细胞染色体按它们相对稳定的特征，配对找出同源染色体，再按染色体的长短、形态或着色粒的位置等特征，给染色体分组和编号，排成一定的图形。一般来讲，种内杂交的子代仍是本种的遗传属性，但杂合度提高了。种间杂交的遗传分析就很难得出一般的结论。因为不同的种间杂交，子代的遗传结构可能不同。

（二）杂交子代的个体发育

杂交子代的个体发育，包括受精、胚胎发育、生殖力等内容，是杂交育种必不可少的观测内容。必须细心观察、记录、分析，以作为研究和利用杂种子代的依据。

（三）形态特征

形态特征包括内部特征和外部特征，涉及质量性状和数量性状。一般而言，杂交后代若为雌核生殖，形态特征全偏向母本或与母本相同；若是雄核生殖，形态特征一般会偏向父本或与父本相同；若是由父、母本共同构成的杂种，形态特征常常介于双亲之间，但有的性状偏向于一个亲本，或者与一个亲本相同，有的甚至与两个亲本的性状完全不同。

七、杂种优势利用实例——康乐蚌

从 1998 年开始，上海海洋大学联合浙江有关珍珠养殖企业着手新品种培育，经过多年的研究和试验，获得了杂交优势显著的杂交组合——池蝶蚌（♀）×三角帆蚌（♂），被全国水产原种和良种审定委员会认定为新品种，定名为康乐蚌。

1. 三角帆蚌配套系的建立   诸暨养殖群体是从鄱阳湖收集的三角帆蚌原种繁育的后代，为最初采用的三角帆蚌配套系。20 世纪末，通过对我国五大湖三角帆蚌优异种质评价与筛选的研究工作，获得三角帆蚌优秀种质 3 个：鄱阳湖群体、洞庭湖群体和太湖群体。其中鄱阳湖群体最好，具有遗传多样性高、生长快、抗逆性好、产珠性能好等优点。从 2003 年开始，选择鄱阳湖群体代替原来的诸暨繁育群体，作为三角帆蚌配套系。同年为获得更优异的三角帆蚌父本，将 3 个优秀种质进行群体间杂交，结果发现以鄱阳湖群体为母本、以洞庭湖群体为父本所得的 F_1 在体重和壳宽（两个主要选育性状）方面的杂种优势最大，分别达到 17.08％和 7.99％。从 2006 年开始，以鄱阳湖♀×洞庭湖♂的杂交组合作为三角帆蚌配套系。目前，以鄱阳湖♀×洞庭湖♂的杂交组合为基础群体，以体重和壳宽两个性状进行逐代选育，不断更新三角帆蚌杂交组合配套系。

2. 池蝶蚌配套系的建立   池蝶蚌原产日本琵琶湖，是日本最主要的淡水育珠蚌。江西省抚州市洪门水库开发公司于 1997 年年底引进该蚌，1998 年人工繁育成功。2005 年，池蝶蚌通过国家原种和良种审定委员会审定为优良引进种，并列入该年度农业部 5 个主推养殖品种之一。上海海洋大学和浙江珍珠养殖企业于 1999—2000 年自江西省抚州市洪门水库开发公司引进了池蝶蚌，吊养于浙江珍珠种基地池塘进行保种。以壳宽和体重为指标进行筛选，共 2 次。2001 年将选留的 100 枚（♀50：♂50）亲本繁育获得 F_1。再从各组合 F_1 后备亲本中进行筛选，共 3 次。到 2004 年选留 100 枚（♀50：♂50）亲本繁育获得 F_2。用同样的方法筛选，到 2007 年获得了 F_3。生产康乐蚌用池蝶蚌根据选育进程逐代跟进。

另外，江西省抚州市洪门水库开发公司从日本引进池蝶蚌后，即与南昌大学合作，开始对池蝶蚌后代进行选育。1998 年自繁成功 F_1，2001—2003 年繁殖了 F_2，2004—2005 年繁殖了 F_3。到 2007 年，已成功选育出了池蝶蚌 F_3 代。经过选育后，F_3 较 F_2 的生长速度更快，壳的厚度更大，更适合育珠。因此，江西省抚州市洪门水库开发公司的池蝶蚌选育群体也可作为池蝶蚌杂交配套系。

3. 康乐蚌与三角帆蚌、池蝶蚌及正交 F_1 的养殖性能和育珠性能评价   将三角帆蚌与池蝶蚌自交和杂交，获得 F_1 2 个自交组合：三角帆蚌♀×三角帆蚌♂（SS）、池蝶蚌♀×池蝶蚌♂（CC）；2 个杂交组合：三角帆蚌♀×池蝶蚌♂（正交，SC）、池蝶蚌♀×三角帆蚌♂（反交，CS）。对这 4 个组合在生长性能、育珠性能和养殖效果方面进行综合比较，发现池蝶蚌♀×三角帆蚌♂（反交组合）具有显著的杂交优势。在此基础上培育出康乐蚌。

插片手术 3 年后，在体重方面，康乐蚌＞池蝶蚌＞三角帆蚌和正交 F_1；在产珠重量、珍珠平均最大粒径和大规格珍珠所占数量比例方面，康乐蚌＞池蝶蚌＞正交 F_1 和三角帆蚌；康乐蚌、正交 F_1 成活率较三角帆蚌、池蝶蚌均有显著提高。康乐蚌较三角帆蚌的体重、产珠量和珍珠的平均粒径分别增加 46.98％、31.96％和 23.32％，大规格优质珍珠比例提高 3.72 倍（表 4-2）。

表 4 - 2 插片手术 3 年后池蝶蚌、三角帆蚌、康乐蚌及正交 F_1 养殖性能和育珠性能比较

	成活率 （%）	体重（g）	产珠重量 （g/蚌）	珍珠粒径 （mm）	直径＞8 mm 珍珠 所占比例（%）
三角帆蚌	78.56[1]	415.3±35.7[1]	16.02±1.26[1]	7.89±1.05[1]	8.05[1]
池蝶蚌	85.69[2]	564.8±31.1[2]	18.39±1.55[2]	8.97±1.69[2]	24.66[2]
正交 F_1	94.52[3]	433.5±26.6[1]	16.28±0.97[1]	7.90±0.81[1]	10.12[1]
康乐蚌	94.38[3]	610.4±30.1[3]	21.14±2.31[3]	9.73±2.12[3]	37.98[3]

注：同年龄组同一参数数值，上标相同者为差异不显著（$p > 0.05$），否则为差异显著（$p < 0.05$）。

第三节 杂交育种的实例分析

杂交育种在水族动物养殖上的应用是非常广泛的，尤其在培育新品种、发现有益的变异体和抢救濒于灭绝的良种等方面发挥了关键的作用。

一、培育新品种

（一）金鱼新品种培育

金鱼是我国传统的特色观赏鱼，其产生和发展历经了一千多年的沧桑，今天我们见到的形态各异的金鱼品种，是人们在长期饲养实践中，利用生物遗传和变异原理培育出来的，这种变异是永恒的。金鱼新品种的产生是通过杂交来实现的，杂交的目的是改良原有的金鱼品种，提高观赏价值。其基本过程如下。

1. 确定目标 首先以有观赏价值的美感为原则，设计新品种的形象，确定培育目标，然后确定杂交对象，最好是可以性状互补、相辅相成的品种，使新品种具备两种鱼的特征优势，从而具有更高的观赏价值。例如用龙睛和珍珠鱼杂交产生龙睛珍珠鱼，紫色金鱼与蓝色金鱼杂交可获得紫蓝色金鱼，后代可同时具有母本和父本的特征，从而具备更完美的观赏价值。

2. 亲鱼的选择 亲鱼必须具备体质强健、品种特征明显、遗传性相对稳定、色泽好、脱色早等优势，对选定的亲鱼一定要有较详尽的了解。不可简单地将两尾不清楚的亲鱼相交，否则选育结果可能不理想，达不到培育新品种的目的。

3. 回交与定型 一个新品种的诞生不可能通过一次杂交便达到理想的效果，需要付出不懈的努力，一般要用 3～5 年时间才能定型。在杂交后第一代中按照定向培育的目标选择较为理想的后代进行培育、提纯，如达不到理想目标，就要进行回交或测交再提纯选育，最终达到理想的目标。

这里还需要指出的是，新品种出现初期，遗传性状往往还不太稳定，必须经过逐年不断地选育提纯，使它产生具有比较稳定性状选育的后代，并形成一定的种群，才算真正完成对其性状的选育，培育出真正的新品种。

陈桢教授曾于 1928 年和 1934 年进行了金鱼的杂交实验，并证明任何一种金鱼都可以与野生鲫杂交，并且产生的杂交后代都具有正常的生殖能力，还利用紫龙睛与蓝龙睛进行杂交，培育出了紫蓝龙睛的新品种；傅毅远（1954）利用鹤顶红和紫高头杂交培育出了红头紫

高头新品种；龙背绒球由龙睛球和蛋鱼杂交而来；五花龙睛由透明龙睛和各色龙睛杂交而来；龙睛珍珠由龙睛金鱼和珍珠鳞杂交选育而成。

近几十年以来，杂交育种作为一种培育新品种的方法普遍被金鱼饲养者所采用，通过杂交选育使金鱼的许多性状得到重组，新品种层出不穷，且绝大多数都是在原有的基本品种的基础上通过杂交将多个性状结合在一起形成的，目前金鱼有 200 多个品种。

（二）锦鲤各个品系的培育

公元前 533 年，我国就有关于锦鲤饲养方面的书籍，当时锦鲤的色彩仅限于红、灰两种，而且锦鲤的饲养目的仅限于食用。公元前 200 年，锦鲤从我国传入日本，之后一直到 17 世纪，逐渐在日本西北海岸的新潟地区建立起锦鲤的养殖中心。

19 世纪，当地通过人工繁殖和家系选育，形成了红色、白色和亮黄色品种，然后通过红色和白色锦鲤的杂交，产生有史以来最早的红白锦鲤。同样，陆续出现了浅黄（1875年）、黄写（1875 年）和别光锦鲤。这些种类的锦鲤能够几个世代保持稳定的性状，由此出现了一系列品系。

20 世纪初，日本引进了一些德国锦鲤，并与浅黄锦鲤杂交首次繁殖出秋翠锦鲤（德国锦鲤的一种）。1914 年以后，锦鲤逐渐被引到新潟地区以外进行饲养，整个锦鲤养殖业开始繁荣起来，而在不断进行杂交育种的尝试下，陆续出现了一些新品种，如大正三色（红白锦鲤×别光锦鲤，1917 年）、黄写（黄别光锦鲤×真鲤，1920 年）、白写（黄写三色×白别光，1925 年）、昭和三色（黄写×红白锦鲤，1927 年）、松叶黄金（浅黄×黄金，1960 年）和孔雀黄金（秋翠×松叶贴分，1960 年）等（图 4-15）。

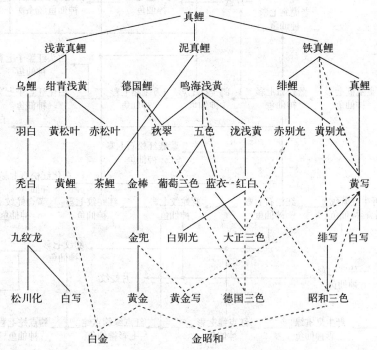

图 4-15 锦鲤主要品系的育种线路图（实线为选育
所得，虚线为杂交所得）

（苏建通，2011，锦鲤的养殖与鉴赏）

（三）七彩神仙鱼各个人工品系的培育

七彩神仙鱼（*Symphysodon*）原产于亚马孙河流域，野生种类主要有 2 种、4 亚种，即黑格尔七彩、野生绿七彩、野生棕七彩和野生蓝七彩。1836 年奥地利探险家 Johann Natterer 在亚马孙河里首次发现七彩神仙鱼，1965 年德国 Heiko Bleher 将七彩神仙鱼以活体的形式正式引入欧洲，1967 年美国 Jack Wattley 首次在黑格尔七彩神仙鱼的人工繁殖上获得成功。从此，七彩神仙鱼经过美国、德国、马来西亚、泰国等国观赏专家的驯化和不断改良，才得以从神秘的亚马孙河"游"向欧洲乃至全世界，并掀起一个又一个震惊观赏鱼界的"七彩旋风"。

由图 4-16 可见，野生绿七彩、野生棕七彩和野生蓝七彩在人工环境饲养繁殖过程中，经过在不同时期的杂交，培育出了鸽子七彩神仙、天子蓝七彩神仙、松石七彩神仙、蛇纹七彩神仙、红点绿七彩神仙、豹点蛇七彩神仙、白化七彩神仙、黄白七彩神仙等多个品系，不断引起市场的轰动。

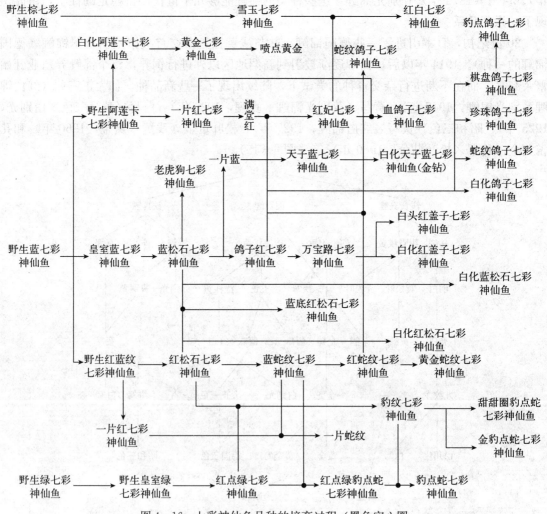

图 4-16　七彩神仙鱼品种的培育过程（黑色实心圈
表示两个品种杂交所得）

（刘雅丹，白明，2014，七彩神仙鱼）

二、保存和发展有益的变异体

我国台湾在 1969 年将莫桑比克罗非鱼的橙色红突变体与正常体色的尼罗罗非鱼杂交，结果在子二代中出现 25％的橙红色个体，通过 9 年的选育，使子代出现 74％橙红色个体，现在已育成红罗非鱼新品种。

三、抢救濒于灭绝的品种

对于那些濒于绝灭的品种，有人采取杂交育种的方法予以恢复。

鹅头红金鱼，中国金鱼中的特色品种，遗传率较低。喜中性软水，亲鱼性成熟年龄 12 个月，雄鱼腹部有棱形突起，雌鱼腹部柔软，体长 10～15 cm，腹圆尾小，背部弓形光滑，无背鳍，全身银白色，唯头顶有鲜红色肉瘤，肉瘤呈方形厚实。国内最传奇的金鱼品种。据记载最早应该出现在清末，由于当时发现有鹅头红的这种个体出现，内务府全部收缴。所以造成了鹅头红只有宫廷饲养，民间不许饲养的现象。到了中华人民共和国成立后这个变异已经有一定的稳定性，成为了一个单独的品种。

另外，鹅头红确有寿星头（虎头）的血统，但是它已超越了祖先的特征和特色，在头顶正中不仅遗存了一块方方正正的鹅头红种鱼的红色肉瘤，高高突起，而且还遗留了寿星头两鳃盖有发达肉瘤包裹的特征，尤其是其周身银光闪闪，无丝毫杂色，所以它在登记上要高出一般寿星头。早在 1987 年，当时刚刚培育出体长仅有 8～9 cm 的该品种金鱼，国外市场便开出每尾 100 美元的价格，可见其价之高。

徐世英等用寿星头金鱼与红帽子经过几年的杂交、选种，并采用反交、回交等办法，选出了少量头部具有一定肉瘤的，而且头部有一块红色肉瘤的"鹅头红"来。将鹅头红采用远血交配和新雄老雌等方法，进行有意向的杂交、选种、纯化，终于在通过 10 余年的努力后，又培养出少量的鹅头红。1966 年，"文化大革命"开始后，金鱼也遭灭顶之灾，中山公园和北海公园被迫撤掉金鱼，导致不少品种灭绝，鹅头红等名贵金鱼品种也难逃劫难。"文化大革命"后期，各公园陆续恢复金鱼展览。天坛渔场徐世英抢救性恢复了鹅头红。当时渔场只剩下一条雌性鹅头红，徐世英用雄性蛋红头鱼与雌性鹅头红杂交，第一年的子代类似于红白花虎头，在 2 000 条仔鱼中，80％的身体尾巴上有红点。经过挑选，留下 6 条有希望的仔鱼，精心单盆饲喂 2 年后，又用雄性蛋红头鱼和一条雌性子代进行杂交。第二代仔鱼中选出了雄雌各 10 条身上洁白而头上有些红点的，2 年后用第二代仔鱼自行交配，获得了标准的鹅头红，历时 5 年时间。

复习思考题

1. 杂交亲本的选择需要遵循哪些原则？
2. 无论育成杂交还是经济杂交中，为什么亲本都需要选优提纯？
3. 常用的育成杂交方式有哪些？这些方式各有什么特点？
4. 杂交优势的理论有哪些？各有什么优缺点？
5. 常用的经济杂交方式有哪些？这些方式各有什么特点？
6. 水族动物远缘杂交有什么特点？如何克服杂交不孕和不育？

主要参考文献

范兆廷，2005. 水产动物育种学 [M]. 北京：中国农业出版社.

姜治忠，史建华，2005. 七彩神仙鱼养殖与鉴赏 [M]. 北京：金盾出版社.

李家乐，2007. 中国外来水生动植物 [M]. 上海：上海科学技术出版社.

李家乐，白志毅，2007. 淡水养殖新品种——康乐蚌 [J]. 中国水产 (10)：40-41.

李思发，2001. 长江重要鱼类生物多样性和保护研究 [M]. 上海：上海科学技术出版社.

刘雅丹，白明，2014. 七彩神仙鱼 [M]. 北京：海洋出版社.

刘占江，2011. 水产基因组学技术 [M]. 北京：化学工业出版社.

刘祖洞，乔守怡，吴燕华，等.2013. 遗传学 [M].3 版. 北京：高等教育出版社.

楼允东，2001. 鱼类育种学. 北京：中国农业出版社.

施振宁，2002. 神仙鱼常见品种介绍及繁育技术要点 [J]. 中国观赏鱼 (6)：30-31.

苏建通，2011. 锦鲤的养殖与鉴赏 [M]. 北京：中国农业出版社.

孙振兴，常林瑞，宋志乐，2005. 皱纹盘鲍与盘鲍杂交效果分析 [J]. 水产科学，24 (8)：1-3.

徐金生，厉春鹏，徐世英，1981. 中国金鱼. 北京：中国农业出版社.

汪桂玲，袁一鸣，李家乐，2007. 中国五大湖三角帆蚌群体遗传多样性及亲缘关系的 SSR 分析 [J]. 水产学报，31 (2)：152-158.

王清印，2012. 水产生物育种理论与实践 [M]. 北京：科学出版社.

王仁波，范家春，1999. 红鲍人工育苗及其与皱纹盘鲍杂交试验的初步研究 [J]. 大连海洋大学学报，14 (3)：64-66.

王忠敬，2005. 南美短鲷 [M]. 广州：威智文化科技出版有限公司.

魏贻尧，姜卫国，李刚，1983. 合浦珠母贝、长耳珠母贝和大珠母贝种间人工杂交的研究 Ⅰ. 人工杂交和杂交后代的观察 [J]. 热带海洋学报 (4)：61-67.

吴清江，1999. 鱼类遗传育种工程 [M]. 上海：上海科学技术出版社.

吴仲庆，2000. 水产生物遗传育种学 [M]. 厦门：厦门大学出版社.

张建森，孙小昇，2006. 建鲤综合育种技术的公开和分析 [J]. 中国水产 (9)：69-72.

朱军，2011. 遗传学 [M].3 版. 北京：中国农业出版社.

G H Shull，1908. Some new cases of mendelian inheritance. International Journal of Plant Sciences，45 (2)：103-116.

Gjedrem Trygve，2005. Selection and breeding programs in aquaculture [J]. Springer Netherlands，37 (4)：428-428.

Joseph Smartt，2001. Goldfish varieties and genetics：a handbook for breeders [M]. New Jersey：Blackwell.

J Stephen Hopkins，Paul A，Sandifer C L Browdy，1994. Sludge management in intensive pond culture of shrimp：Effect of management regime on water quality，sludge characteristics，nitrogen extinction，and shrimp production [J]. Aquacultural Engineering，13 (1)：11-30.

Kevan L Main，Betsy Reynolds，1993. Selective breeding of fishes in Asia and the United States [J]. The Oceanic Institute.

Li J L，Wang G L，Bai Z Y，2009. Genetic variability in four wild and two farmed freshwater pearl mussel *Hyriopsis cumingii* from Poyang Lake in China estimated by microsatellites [J]. Aquaculture (287)：286-291.

5

第五章

诱 变 育 种

诱变育种就是利用物理或化学因素对生物材料（多为精子、卵子、受精卵及胚胎）进行处理，使生物的遗传物质发生突变，通过人工选育，从而在短时间内获得优良变异类型的育种方法。根据所使用诱变源的种类，诱变育种可以分为物理法和化学法两大类，前者包括各种射线、离子束等电离射线，紫外线、激光、微波、超声波等非电离射线，以及航天搭载等辐射育种技术；后者则以化学诱变剂种类加以细分。与常规的育种技术相比，诱变可以直接作用于生物的遗传基因，增加基因的突变频率，扩大变异范围，且育种周期短。诱变不仅可以获得大量的群体样本供筛选，同时还可以针对单个细胞进行处理。其不足之处是诱变的方向和性质难以控制，在一个突变体中很难出现多个理想性状的变异，而且对数量性状的微突变较难鉴定。随着科学技术的不断发展，新的诱变技术不断地应用于物种的遗传改良，在研究诱变方法、诱变机理的基础上，突变体选择等问题也取得了较大的进展。同时，诱变技术能与其他育种技术以及人工驯化相结合，为培育具有优良性状的新品种开创出良好的前景。

诱变技术在微生物、农作物、花卉、果树育种中应用广泛，至今已经育成了许多新品种，并创造了大量的种质资源。相比之下，该技术在水产动物中的研究与应用尚处于起步阶段。然而，水生动物的许多生物学特性，如生殖细胞数量多、体外受精、体外发育等，为诱变育种技术的研究提供了有利条件，加上水生经济动物养殖业对优良品种的迫切需求，均会促进诱变育种技术的发展。相对于其他水产养殖动物，水族观赏动物的体态与色泽更为人们所重视，如何在短时期内获得大量新生性状一直是水族爱好者与研究者所关注的焦点。诱变育种技术的特点恰能满足这样的需要，有利于生物安全的控制，同时又不涉及食品安全等问题，因此其在水族观赏动物育种领域具有广阔的发展空间。

第一节　遗传变异的机理

生物进化离不开遗传与变异，这里的变异通常是指遗传物质的变化，即突变。宏观上可将遗传变异分为两个水平，一类是基因变异，又称基因突变，是指染色体上某位点的核酸发生了改变；另一类是染色体畸变，包括染色体数目、形态和结构的改变。两者存在非常紧密的内在联系，基因变异能引发染色体形态和结构的改变；染色体畸变往往又能导致基因转录和表达调控的改变。无论哪种情况，遗传物质变异都有可能导致生物表型性状的改变，如果带有这种变异的个体能将其遗传给后代，便有可能形成新的物种。要弄清遗传物质是怎样变异的问题，必须深入到分子水平的研究。这里就遗传物质变异的分子机理做简要介绍。

一、基因突变

从细胞水平上理解，基因相当于染色体上的一个点，而这一个点又由许多个碱基对组成，有时其中一个碱基发生改变，就可能产生一个突变。从分子水平上分析，基因突变主要有两类。

（一）复制错误

1. 碱基替换　某一位点的一个碱基对被其他碱基对取代。碱基替换包括两种类型。

转换：是同型碱基之间的替换，即一种嘌呤被另一种嘌呤替换，或一种嘧啶被另一种嘧啶替换。

颠换：嘌呤和嘧啶之间的替换，即嘌呤被嘧啶代替，嘧啶被嘌呤代替。

2. 移码突变　DNA 分子中增加或减少一个或几个碱基对。碱基数目的减少或增加，可以使以后一系列三联体密码移码。

（二）自发损伤

1. 脱嘌呤作用　脱嘌呤作用使脱氧核糖和腺嘌呤（A）或鸟嘌呤（G）连接的糖苷键被打断，从而失去 A 或 G，复制时在脱嘌呤位点对面插入碱基造成突变。

2. 脱氨基作用　如胞嘧啶 C 脱氨基后形成尿嘧啶（U），在复制过程中将与 A 配对，从而引起 GC 转换 AT 的突变。

3. 氧化性损伤　活泼氧化物，如 H_2O_2，可使 DNA 结构变化。

不论是复制错误，还是自发损伤，都有可能使由基因决定的氨基酸序列发生改变，或造成多肽合成终止而不产生完整的肽链。但由于遗传密码具有简并性，所以有些碱基替换也不一定会造成氨基酸序列的改变。基因突变导致的遗传效应有以下几种。

（1）同义突变。碱基替代的结果为同义密码子，碱基顺序改变而氨基酸顺序未变。没有突变效应产生，这显然与密码的简并性有关。

（2）无义突变。是指某一碱基的改变使 mRNA 的密码子变成终止密码，使多肽合成中断，形成不完全的肽链，丧失生物活性。

（3）错义突变。指碱基替换或移码突变引起的氨基酸序列改变。有的造成蛋白质活性和功能的改变，甚至失活，从而影响到表型。

一般性质相似的氨基酸对蛋白质的功能影响较小，而不同性质的氨基酸相互替换则可能严重地影响蛋白质的功能。另外，要看替换的氨基酸在肽链中的位置是否处于活性部位，是否影响蛋白质分子的高级结构。

二、DNA 损伤的修复

生物在长期的进化中已演化出能纠正复制错误，以及修复由环境因素和体内化学物质造成的 DNA 分子损伤的系统。如果按原样修复，不会引起变异，偶然出现差错，则会引起变异。例如，紫外线照射对 DNA 的一个损伤作用是形成胸腺嘧啶二聚体，即在相邻的两个胸腺嘧啶之间形成化学键，使两个碱基平面扭转，引起双螺旋构型的局部变化，同时氢键结合力也显著减弱。含有二聚体的 DNA 单链，会阻碍碱基的正常配对，新合成链在二聚体的对面两旁留下缺口。生物体通常能够利用自身的酶系统将损伤形成的二聚体去除，即我们常说的光修复和暗修复。除此之外，在 DNA 复制过程中通过 DNA 分子间的重组也能对损伤进行补救。然而，这样的修复是非常精确的过程，任何干扰都可能造成修复出现偏差，致使损伤效应被进一步扩大。另外，修复系统本身也有可能受到损伤，进而导致修复出现错误。总体来讲，基因变异往往是 DNA 损伤与修复这两个过程共同作用的结果。

三、染色体结构变异

基因变异多是由于其中的碱基发生了改变，相对于整条染色体，这种变异是局部的。然而有时变异会出现在染色体的一段区域，虽然不像基因变异那样发生化学性质的改变，但是它会造成染色体结构，甚至形态发生改变，进而引发其上基因调控机制的异常，最终导致生物体生理功能及性状的变化。染色体结构变异通常有以下几类（图 5-1）。

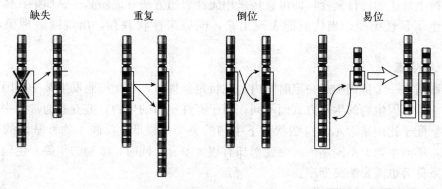

图 5-1　染色体结构变异的类型

1. 缺失　缺失是指染色体的某一区段丢失。根据缺失片断所在的位置，缺失分为顶端缺失和中间缺失。一对同源染色体中，只有一个发生缺失，称为缺失杂合体；成对缺失的，称为缺失纯合体。缺失会导致基因性质或倍数的改变，可能表现为致死、半致死，或生活力降低。缺失纯合体尤其如此。缺失的基因如恰好是一个显性基因，可能会造成原来不应显现出来的一个隐性等位基因的效应显现出来，进而表现出新的性状。缺失还会破坏正常的连锁群，影响基因间的交互作用。

2. 重复　重复是指染色体某一区段的增加。可分为顺接重复和反接重复。顺接重复是指某区段按照其在染色体上的正常直线顺序重复；反接重复是指某区段在重复时颠倒了其在染色体上的正常直线顺序。通常，重复所产生的遗传效应没有缺失严重，但是重复部分过大也会影响物种的表型。

3. 倒位　倒位是指染色体的某一区段的正常直线顺序颠倒了。倒位能改变基因之间固有的联系，从而改变连锁基因重组率。多次倒位的杂合体通过自交出现的纯合体后代，有时会形成新种。

4. 易位　易位是指某染色体的一个区段移接在非同源的另一个染色体上，易位有两种类型：相互易位和单向易位。相互易位是指两个非同源染色体都折断了，随后这两个折断了的染色体及其断片又交换地重新接合起来。单向易位是指某染色体的一个臂内区段，断裂后转移到另一非同源染色体的一个臂内的现象。易位可使两个正常的连锁群改组为两个新的连锁群，也可使原来两个连锁群组成为一个连锁群。另外，易位杂合体邻近易位接合点的一些基因之间的重组率会有所下降。

四、突变的特点与表型

(一) 突变时期

突变可以发生在生物个体发育的任何时期，性细胞发生突变可以通过受精直接传递给后代。体细胞如果发生突变，则可通过无性繁殖产生一群相同突变的细胞。大多数情况下，突变的体细胞在生长过程中，往往竞争不过周围的正常细胞，受到抑制或最终消失。而有时情况相反，突变细胞迅猛增殖导致生物体正常机能衰竭，即通常所说的癌变。如果要保留体细胞的突变，需将它从母体上及时分割下来加以无性繁殖。这种做法对于动物较难成功，突变体细胞往往在离体后即发生凋亡。而植物的体细胞突变却可以采用这种方法保存，并加以利用。如果树上发生的优良突变，即可直接采用无性繁殖方法育成新品种。如果在体细胞中隐性基因发生了显性突变，当代就能表现出来，同原来性状并存，出现镶嵌现象，形成嵌合体。

(二) 突变率

突变率指在一个世代中或一定时间内，在特定条件下，一个细胞发生某一基因突变的概率。突变率估算因生物的生殖方式而不同，对于有性生殖的生物，突变率通常用一定数目配子的突变型配子比例来表示。自然状态下生物的突变率很低，反映了物种基因的相对稳定性。然而，不同生物、不同基因的突变率却有很大差异。同时，生物的年龄、生理状态以及外界环境条件等也能影响突变率。

(三) 突变的重演性和可逆性

突变的重演性是指同一突变可以在同种生物的不同个体间多次发生。基因突变的可逆性是指显性基因 A 可以突变为隐性基因 a，而隐性基因 a 又可以突变为显性基因 A。前者称为正突变，后者称为反突变。在多数情况下，正突变率总是高于反突变率。这是因为一个正常野生型的基因内部许多座位上的分子结构，都可能发生改变而导致基因突变。但是一个突变基因内部只有那个被改变了的结构恢复原状，才能变为正常野生型。

(四) 突变的多方向性和复等位基因

基因突变的方向是不定的，可以多方向发生。基因 A 可突变为 a 也可以突变为 a_1、a_2、a_3 等，它们对 A 来说都是隐性基因。这些基因是位于同一基因位点上的，只是同一位点不同座位的结构发生了变化，形成了不同的等位基因。位于同一基因座位的各个等位基因，在遗传上称为复等位基因。复等位基因不存在于同一个体，而是存在于同一生物种群的不同个体。如人的 ABO 血型是由 3 个复等位基因 I^A、I^B 和 i 决定的。I^A 和 I^B 对 i 均为显性，I^A 和 I^B 间无显隐性关系。这一组复等位基因可以组成 6 种基因型和 4 种表型。

(五) 突变的有害性和有利性

多数基因突变，对生物的生长和发育是有害的。现存的生物经过长期自然选择进化而来，它们的遗传物质及其控制下的代谢过程处于相对平衡、协调的状态。如果某一基因发生突变，机体原有的协调关系不可避免地遭到破坏或削弱，进而会影响生物的正常生理机能。通常表现为生育反常，或导致死亡，这种导致个体死亡的突变称为致死突变。而有些基因仅仅控制一些次要性状，它们即使发生突变，也不会影响生物重要的机能，其仍然能正常生活和繁殖，这类突变一般称为"中性突变"。还有少数的突变在某一方面是有利的，如金鱼美丽多彩的体色。

（六）突变的平行性

突变的平行性是指亲缘关系相近的物种因遗传基础比较相似，往往发生类似的基因突变。因此，根据突变的平行性，可研究物种亲缘关系和进化顺序。另外，当了解到一个物种有哪些突变，就能对近缘的其他物种变异类型进行预测，如果突变是有利的，就可加以诱导。

（七）突变的独立性

基因突变通常是独立发生的，即某一基因位点的这一等位基因发生突变时，不影响其他等位基因。例如，AA 突变为 Aa，或 aa 突变为 Aa。

（八）突变的表型

突变所产生的生物效应通常根据突变基因的功能、突变的性质，以及发生时间等因素而有所不同，归纳为以下几种。

（1）形态突变型：泛指外形改变的突变型。因为这类突变可在外观上看到，所以又称可见突变。

（2）致死突变型：能引起个体死亡或生活力明显下降的突变型。显性致死基因随个体的死亡而消失，然而隐性突变致死基因常在杂合体上悄悄保留下来，且较为常见。

（3）条件致死突变型：在一定条件下表现致死，而在另外条件下能成活的突变型。

（4）生化突变型：没有形态效应但导致机体某种特定生化功能改变或丧失的突变型。

以上这些突变类型有时会同时出现。而就基因的作用实质来说，都是执行一种特定的生化功能，因此几乎所有突变广义上都可归为生化突变。

五、表观遗传学机制

基因功能的改变有时并不伴随着基因突变，表达调控途径中的任何变化，也会对相应蛋白质的功能，以致生物体的表型产生影响。相对传统的遗传变异，表观遗传理论为遗传育种研究开辟了新的空间。表观遗传指核苷酸序列不发生改变，基因相关功能通过某些机制而发生改变，引起遗传基因表达或表型的变化，例如，DNA 甲基化和组蛋白修饰，两者均能在不改变 DNA 序列的前提下调节基因的表达。与传统遗传学研究染色体、DNA"先天"阶段的变异及其对生物学功能的影响相比，表观遗传学则从基因修饰机制的"后生"阶段阐述遗传学现象与理论。

研究者在研究与经典的孟德尔遗传学法则不相符的许多生命现象过程中发现了表观遗传机制，这一研究领域自 20 世纪 80 年代逐渐兴起，至今一直为遗传学关注的热点。目前的研究包括 DNA 甲基化、RNA 干扰、组蛋白修饰等"遗传现象"建立和维持的机制。根据具体研究内容可分为两大类，一类为基因选择性转录表达的调控，有 DNA 甲基化、基因印记、组蛋白共价修饰和染色质重塑；另一类为基因转录后的调控，包括 RNA 甲基化、基因组中非编码 RNA、微小 RNA、反义 RNA、内含子及核糖开关等。

表观遗传的改变可以导致特定基因，或与其关联蛋白的激活或沉默，这就可以解释为何不同的细胞在多细胞有机体中只表达其必需的基因。大多数表观遗传变化只发生在生物体一生的某一时期，在真核生物中主要表现在细胞分化过程。当细胞进行分裂时，表征遗传的变化得以保存。如果形成受精卵的精子或卵细胞发生了基因突变，那么表观遗传的变化就可能传递给下一代。DNA 损伤也会导致表观遗传变化，如双链 DNA 的断裂可能会引起未编程的表观遗传基因沉默，导致 DNA 甲基化和促进沉默蛋白质组的修饰。

六、诱发突变的因素

无论是 DNA、染色体，还是表达调控等表观遗传水平的变异，其自然发生的频率都很低。通过人为创造突变的条件，能够显著提高生物变异的发生频率。20 世纪 20 年代，Muller 和 Stadler 分别用 X 射线和 γ 射线处理果蝇与玉米、大麦种子，使其产生突变。此后，研究者相继发现 α 射线、β 射线、中子、质子、超声波、紫外线、激光等都有诱变作用。1947 年，Auerbach 又发现芥子气可诱发突变，从而开始了化学诱变的研究。发展至今，亚硝酸盐、烷化剂、碱基类似物等多种化学药物，及某些抗生素已被作为诱变剂。这些物理与化学诱变方法引发变异的机理、强度有所不同，但是均可以导致染色体、DNA、RNA 及蛋白质的经典遗传变异或表观遗传的改变，进而产生表型特征的变化。

第二节　诱变育种技术

诱变育种技术已广泛应用于农作物育种的研究与实践中，但对于水产动物而言，诱变育种技术尚处于实验阶段。广义范围内，通过化学或物理方法改变染色体数目的多倍体育种技术，通过化学或物理方法进行精子、卵子染色体失活的雌核或雄核发育育种技术，均属于诱变育种技术领域。相比较而言，这两方面的研究较多，形成了较为成熟的独立技术体系，在本书中的第六章、第七章分别进行讲解。本节仅对辐射诱变育种及化学诱变育种相关技术进行介绍。

一、辐射诱变育种

（一）诱变原理

自 20 世纪初发现 X 射线能诱发果蝇产生大量多种类型之后，辐射诱变技术得到了不断的发展，成为国内外种子工程主要的应用技术之一。辐射诱变的主要机理为：通过具有高能电子或粒子的辐射源将能量施加于 DNA，导致其发生分子损伤，包括 DNA 链断裂，碱基脱落或破坏，DNA 之间或与蛋白交联形成聚体等，在生物体修复过程中可能导致核酸缺失、重复、位置改变等染色体畸变，进而产生遗传性变异。辐射处理的方法通常分为外照射和内照射，前者指用射线由实验材料的外部进行照射，其操作简便安全，为目前常用的方法；后者通常是将某种辐射源通过投喂或注射的方法引入受试生物体内部进行作用，常用的辐射源为同位素，因其诱变率低，操作不安全，所以很少应用此方法。

辐射的生物学效应主要取决于辐射源的能量，以及作用于细胞内分子及原子上的能量。X 射线和 γ 射线辐射常用的剂量单位为"库仑每千克（C/Kg）"。吸收剂量的单位为"戈瑞（Gy）"。表示放射性同位素强度的单位为"贝可勒尔"，简称贝可（法语：Becquerel，符号为 Bq）。表示中子辐射剂量的常用单位为中子通量，即每平方厘米的截面上每秒通过的中子数 $[n/(cm^2 \cdot s)]$。

单位时间内受照射物所吸收的辐射剂量，称为辐射剂量率，常以 Gy/min、Gy/s 等单位表示。另外，能量在组织中穿过会有所消耗，通常将辐射经过的每单位距离内所消耗的平均能量称为传能线密度（LET），也称线能转换，以每微米的千电子伏（keV/μm）表示。一般情况下，在相同吸收剂量下，射线的 LET 值越大，其生物效应越大。因此，辐射源的种类、强度及处理时间是诱导突变时需要考虑的重要因素。随着生物物理学研究的深入，各国学者提出了生物体对辐射处理的数学模型，通过模拟计算获得各种生物的辐射效应，进而为辐射育种技术的发展与应用开创了新的空间。这些研究将育种学、生物物理学、生化与分子生物学紧密结合在一起，形成了一个多学科交叉、应用性更强的新领域。

（二）辐射诱变技术

1. 辐射源的种类 常用的辐射源有 X 射线、γ 射线、中子、质子、α 射线、β 射线等电离辐射，以及紫外线、激光、微波、超声波等非电离辐射。电离辐射所携带能量较高，能使轨道上的电子完全脱离原子核的吸引而自由运动，造成电离，因此而得名。X 射线、γ 射线、中子不带电荷，是一种中性射线。α 射线、β 射线、质子等均为带电粒子，它们作用于原子、分子时，使电子击出，原子和分子成正离子。X 射线波长 0.001～0.010 nm，穿透力较强，是最早应用于植物育种的辐射源。20 世纪 60 年代后 γ 射线、中子流等技术得以应用。γ 射线波长一般在 0.000 1～0.001 0 nm，比 X 射线更短，穿透力更强，射程远，主要用于外照射。中子所带能量相差较大，一般在 $10^{-3}～10^{-7}$ eV，根据其能量的大小，分为热中子、慢中子、中能中子、快中子和超快中子。中子不与原子的电子相互作用，而是使原子核激发后放出 β、γ 射线，利用其次级辐射作用产生生物学效应，因此也被称为非直接电离辐射。另外，X 射线、β 射线、γ 射线等在水中的 LET 小于 3.5 keV/μm，称为低 LET 辐射；而 α 射线、质子、中子等在水中的 LET 大于 3.5 keV/μm，称为高 LET 辐射。

相对于电离辐射，还有一些能量低而不产生电离效应的非电离辐射，如紫外线，其所含能量远不及上述电离射线，因此诱导突变能力也相对较弱。紫外线照射生物体后，通常引起细胞内物质的电子激发，低能键变为高能键后导致电子云排布改变，最终诱发变异。遗传物质核酸吸收最多的区域在 250～290 nm，所以在此波长范围诱变作用也最强。然而，紫外线很难穿透受试样本群体，以至于其中每一个细胞都接受等同的辐射剂量，所以很少用于高等生物的诱变操作，而多用于照射微生物、精子、花粉及培养细胞等。

激光也是一种非电离辐射，能够通过光、热、压力和电磁场效应的综合作用，直接或间接地产生生物效应。光效应是通过一定波长的光子被吸收，跃迁到一定能级，引起生物分子变异；热效应引起酶失活、蛋白质变性；压力效应使组织细胞变形、破裂；电磁场效应产生自由基，导致核酸、蛋白质的损伤。这些效应引发相关酶的激活或抑制，影响细胞的分裂和代谢活动，或者直接作用于遗传物质，导致突变。

实际操作中，也可以通过激发元素产生辐射的方法获得对生物的诱变效应。离子束就是元素的离子经高能加速器加速后，产生的高 LET 放射线。离子注入起初是一项用于金属材料表面的改性的高新技术。随着科学技术的发展，离子束注入逐渐被应用于生物领域，并成为了一种新的诱变方法，其具有轻损伤、高突变率、突变谱广、安全等特点。与 X 射线、γ 射线等相比，离子束可以在电场、磁场的作用下被加速或减速，从而获得不同的能量。因此，通过人工高精度的控制，可以使其精确到达指定的深度和部位。另外，还可以获得平行束，以及被聚焦成微细束等不同的形式。20 世纪 80 年代，我国学者就将氮离子注入水稻，发现离子注入对作物的诱变效应，开辟了诱变育种的新途径。

特定电磁波谱（TDP）则是一种含有多种微量元素的硅酸盐复合材料的热激辐射，其辐射处理生物体的波长范围为 $0.22 \sim 50.00~\mu m$。研究者曾将 TDP 辐射技术应用于草鱼、鲢、鳙和鲤的苗种培育，结果表明，经 TDP 照射处理的鱼卵，所孵出仔鱼的生长发育速度明显快于对照组。

多种诱变条件的综合作用也能产生理想的效果，如太空育种技术就是利用太空复杂的环境条件而获得生物效应。太空没有昼夜节律变化、空气稀薄、洁净、微重力、含有各种射线组成的宇宙辐射，这些因素组合在一起能对生物的生长、发育以及遗传物质产生潜移默化的影响，也常会产生令人振奋的育种效果。航天搭载是太空育种的主要途径，通常有高空气球、返地式卫星和飞船搭载等方式。这些飞行器一般能达到距地球表面几十至几百千米的高度，那里的环境与地面有很大差异，众多诱变因素中，高能重离子（HZE）可能具有重要作用。与 X 射线、γ 射线等低 LET 的辐射相比，高能重离子能更有效地导致 DNA 链产生非重接性断裂，进而具有更强的诱变力。太空飞行中样本接受的辐射剂量小、时间长，处理后的死亡率低，诱发的各种突变更容易表现出来。而通常采用的低 LET 射线等辐射源，一般要施加较大的辐射剂量，处理后致死率较高，许多有益的突变由于组织或细胞的死亡而无法得到后代。另外，有研究者认为微重力条件可以抑制修复机制，与辐射诱变产生协同作用，增加突变率。与常规育种技术相比，太空育种周期短，一般在第三代或第四代就可稳定，可以节约大量的人力和物力。

太空育种技术起步于 20 世纪 60 年代，迄今世界上只有美国、俄罗斯和中国 3 个国家成功地进行了太空育种试验。目前，我国已成功进行了 10 多次太空搭载育种，相继进入太空的农作物达 50 个大类、500 多个品种。培育出了一批具有优良性状的作物与蔬菜、瓜果品系。对动物的太空育种研究也一直在积极地探索中，并取得很多突破性成果。其中最著名的就是 20 世纪 90 年代利用俄罗斯返回式卫星搭载的家蚕后代，培育出了 3 个可遗传的形态变异品种，表明了太空育种技术在培育有经济价值动物品种中的应用潜力。21 世纪初，我国又用神舟系列飞船搭载鱼卵，进行太空孵化试验，预示着我国在水生动物太空育种方面所取得的成绩。

2. 辐射诱变在鱼类中的应用　辐射育种在微生物和农作物育种中得到了广泛应用，其中 $^{60}Co-\gamma$ 和 X 射线技术相对成熟，育种效果明显，育成了一批有价值的优良品种。但鱼类及其他水产动物的辐射育种仍然停留在研究阶段。大量的实验表明，辐射对鱼类的生长发育有抑制作用，其受精卵、胚胎、仔鱼、幼鱼、成鱼及生殖细胞（精子、卵子），均会因为暴露于不同剂量的辐射而表现出畸形、死亡现象，很少发现有益的突变体。但国内外研究者仍然积累了大量的研究资料，为该领域的发展打下了坚实的基础。20 世纪 60 年代，美国学者发现，用 γ 射线进行照射不同发育阶段的大麻哈鱼受精卵，可以促进发育。德国研究者采用辐射诱变的方法，培育出一种骨骼数量少 $1/2$，生长速度快 $2 \sim 3$ 倍的鲤新品种。日本利用 γ 射线照射虹鳟卵子，能够培育出白色品系的虹鳟；也有研究发现，$^{60}Co-\gamma$ 射线处理虹鳟卵子后，会产生性腺退化的后代，其生长速度比对照组提高 20% 左右。

我国科学家自 20 世纪 70 年代初期开始鱼类辐射育种的研究，采用快中子、γ 射线及 X 射线等作为辐射源，照射鲤、草鱼和罗非鱼等的生殖细胞、胚胎、仔幼鱼和未成熟个体，以期得到有益的突变体。研究者发现，快中子（镭-铍中子流）辐射对鱼苗和鱼种生长有促进作用。将 3 种不同辐射剂量处理的鲢鱼苗与对照组分别饲养在条件相同的池塘，经 42 d 培育，随机抽样的结果表明处理组鱼体长增加 35% 左右，体重增加 12.8% 左右。中子辐射

及 ^{60}Co-γ 射线技术在对虾和鲍中也进行了一些探索试验，获得了良好的效果。但是这些诱变实验的结果与当时所用实验材料、动物培育条件、辐射源及操作方法紧密相关，且诱变本身具有不确定性，因此其是否能在观赏鱼类中重复还有待验证。

二、化学诱变育种

20 世纪 40 年代，研究者首先发现了芥子气可以诱发基因突变，自此开启了化学诱变研究的历程。至 60 年代初时，化学诱变开始用于生物育种。在辐射诱变育种技术蓬勃发展的同时，化学诱变的研究也紧随其后，逐步深入，有越来越多的化学诱变剂被发现，并得以应用。与物理诱变相比，化学诱变育种具有以下特点：①诱变突变率较高，具有位点特异性；②对处理材料损伤轻，染色体畸变的比例相对较少，致死型发生频率低；③有迟效作用，即诱变引起的损伤和染色体断裂，有的并不立即断开；④存在残留药物的后效作用，在后代引起的生物损伤大；⑤引起的突变范围广，后代选择需要足够大的群体；⑥价格便宜，操作简单，不需要特殊设备。化学诱变有助于研究遗传物质变异的机理，具有重要的理论和应用价值。

（一）化学诱变剂的种类与原理

化学诱变顾名思义是利用化学诱变剂作用于生物体，致使其遗传物质发生变异。化学诱变剂的种类很多，迄今已知有诱变作用的化学物质达 1 000 余种，且相关研究发展较快，不断有新的诱变剂出现并得以应用。常用的化学诱变剂有碱基类似物，以及烷化剂、亚硝酸、羟胺和吖啶等能直接诱变 DNA 的化学物质。

1. 碱基类似物　在化学结构上与 DNA 中的碱基（A、T、G、C）很相似的一类物质，它们能在 DNA 复制时"冒充"碱基掺入 DNA 链中。如 5-溴尿嘧啶（BU）和 5-溴脱氧尿核苷（BUdR），它们是胸腺嘧啶（T）的类似物；2-氨基嘌呤（AP）则是腺嘌呤（A）的结构类似物。由于异构特性，它们能与不同碱基配对，可以引起 DNA 复制时对应位置的错配。

2. 直接诱变 DNA 类　如烷化剂、亚硝酸、抗生素及一些有机化合物，其作用机理各不相同。

烷化剂含有一个或几个不稳定的烷基（C_nH_{2n+1}），它们能使 DNA 的磷酸和碱基部分产生烷化作用，如在鸟嘌呤上添加甲基或乙基，使它的作用像腺嘌呤，可以与胸腺嘧啶配对，产生配对错误而引起基因突变。烷化鸟嘌呤也会被复制相关的酶识别，从 DNA 分子上脱落下来造成 DNA 链的缺口，影响 DNA 复制或造成缺失，引起移码突变。有时也会引发 DNA 断裂、缺失、转换或颠换。从早期发现的芥子气，到现在常用的甲基磺酸乙酯（EMS）、甲基磺酸甲酯（MMS）、硫酸二甲酯（DMS）、硫酸二乙酯（DES）、亚硝基化合物等均属此类物质。

亚硝酸被划分为脱氨剂，其作用是使碱基脱氨，改变其结构，引起碱基对的替换，如亚硝酸作用于胞嘧啶（C），它可使 C 变为尿嘧啶（U），在第一次复制时，U 与 A 配对；第二次复制时 A 又与 T 配对，这样原来的 G-C 就变为了 A-T 碱基对。亚硝酸还会引起 DNA 双链的交联，引起 DNA 结构上的变化。

某些抗生素类药物，如丝裂霉素 C、链霉黑素、放线菌素 D 等，能够破坏 DNA 结构及相关核酸酶的活力，进而引发突变。

吖啶橙、黄原素等吖啶类染料为扁平分子，能与 DNA 结合，嵌入 DNA 的碱基对之间，使相邻的两个碱基对的距离拉长，从而可导致该位置单个碱基对插入，产生移码突变。研究表明，吖啶类物质还可以引起 DNA 双链歪斜，导致 DNA 交换时排列不整齐，发生不等交换。

羟胺（NH_2OH）能与胞嘧啶发生反应，而不与其他碱基发生作用，所以通常只引发 G-C 到 A-T 碱基对的替换。羟胺还能与细胞内物质反应，产生 H_2O_2 等物质，进而产生诱变效应。另外，磺胺类药物、苯衍生物、嘌呤和其衍生物，以及甲醛等小分子有机物也均具有诱导突变的作用。

（二）化学诱变的方法及应用

化学诱变不需要特殊设备，操作相对简单，一般情况下只需将化学诱变剂添加到培养基或配制成溶液，进行处理即可。通常处理方法包括浸入、涂抹、注射、施入、熏蒸等。化学诱变剂进入生物体内，包括残留药物，具有后效作用，有时会对受试生物及其后代造成损伤。因此，在诱变剂到达处理时间后，需要进行"后处理"，以终止其作用。常用的处理方法即用流水冲洗，也可以用一些中和试剂进行消减反应，如甘氨酸可以与氮芥子气反应，硫代硫酸钠可以与硫酸二乙酯反应，进而消减其作用。

鱼类的化学诱变处理多使用烷化剂类，乙烯亚胺（EI）、亚硝基乙基脲（NEU）、硫酸二乙酯（DES）等诱变效果较明显。研究表明，在各种诱变剂作用下发生的形态变异范围是很广的，包括可数性状的变异。EI、NEU、DES 均可以提高诱变鲤鳞片基因的突变率。用诱变剂处理精子，可显著提高当年鲤的生长速度。以近于半致死浓度状态的诱变剂处理精子，其诱变效果最好，有时生长很快的突变体，其生长速度较对照组中最大个体快 1 倍。

诱变剂容易接触精子头部的核酸物质，诱发其结构的变异，因此通常使用诱变剂对鱼类的精子进行处理。诱变剂的浓度因种类而有所不同，处理时间和温度主要依据鱼类的产卵温度。诱变剂具有致畸作用，大部分能够致癌。操作时必须注意安全。

三、突变体的筛选

突变体的早期分离、选择是获得有益变异的重要技术环节，是诱变育种的重要内容。目前常用的选择方法有以下几种。

1. 形态学和细胞学方法　形态学方法主要是根据诱变个体与对照个体在表型性状上的差异来区分突变体，这种方法适合选择表型形状明显的突变体，如根据体色、器官形态等变异对变异体进行鉴定。细胞学方法主要是检测突变体的染色体，包括观察染色体的数量和结构变化。这两种方法多与其他鉴定方法结合，并需要借助一定的专业技术与设备。

2. 生理生化方法　通过检测诱变体内指定组织中蛋白质、核酸含量，同工酶及相关代谢产物的活性来选择突变体。

3. 分子生物学方法　采用分子生物学技术直接鉴定 DNA 变异，其效率与准确度有较大程度的提高。常用的有核酸多态性分析与标记技术，如微卫星（SSR）、单核苷酸多态性（SNP）和扩增片段长度多态性（AFLP）技术等；DNA 杂交技术，如荧光原位杂交技术（FISH）和 Southern 杂交等。研究者采用 AFLP 技术对辐射诱变后对虾 F_1 的无节幼体和成体分别进行了遗传差异的分析，获得了不同诱变剂量下各组子代的 DNA 指纹图谱，用于分析诱变组与对照组的遗传差异。

📖 **复习思考题**

1. 相对于其他育种技术，诱变育种技术的优缺点有哪些？
2. 基因突变的遗传效应有哪些？
3. 化学诱变剂的种类有哪些？化学诱变有什么特点？
4. 突变体的筛选方法有哪些？

📖 **主要参考文献**

范兆廷，2005. 水产动物育种学 [M]. 北京：中国农业出版社.

郭之虞，王宇钢，包尚联，2003. 核技术及其应用的发展 [J]. 北京大学学报（自然科学版），39（z1）：82-91.

胡虹文，2010. 作物遗传育种 [M]. 北京：化学工业出版社.

刘占江，2011. 水产基因组学技术 [M]. 北京：化学工业出版社.

楼允东，2009. 鱼类育种学 [M]. 修订版. 北京：中国农业出版社.

王清印，2012. 水产生物育种理论与实践 [M]. 北京：科学出版社.

王志东，2005. 我国辐射诱变育种的现状分析 [J]. 同位素，3（3）：183-185.

夏承志，张玲华，2006. 空间诱变育种的分子标记技术 [J]. 生物技术通讯，17（5）：814-816.

张齐斌，宁德，2007. 水产生物辐射诱变育种研究进展 [J]. 福建水产，4（4）：75-78.

Amatruda J F，Shepard J L，Stern H M，et al，2002. Zebrafish as a cancer model system [J]. Cancer Cell，1（3）：229-231.

Joseph Smartt，2001. Goldfish varieties and genetics：a handbook for breeders [M]. Blackwell.

6

第六章

多倍体育种

第一节 多倍体诱导的原理及方法

一、生物染色体的多倍性

(一) 多倍体的概念

一般来说，大多数水产动物的体细胞中含有两套染色体组，一套来自父本，另一套来自母本。在有性繁殖中，雄性精原细胞的染色体复制加倍后，经过两次成熟分裂后，形成 4 个精子，其细胞核中仅包含一套染色体组；而雌性卵原细胞的染色体复制加倍后为初级卵母细胞，经第一次成熟分裂后，变为次级卵母细胞和第一极体，各自都保留两套染色体组，次级卵母细胞经过第二次成熟分裂后变为卵细胞和第二极体。第二次成熟分裂为普遍有丝分裂，故分裂后染色体数目不变，各自都仍保留一套染色体组，在精子入卵细胞后雄核与雌核融合而形成新的胚胎细胞，其染色体又恢复到原来体细胞的染色体数目，成为二倍体（diploid）。如青鳉（*Oryzias latipes*）$2n=48$、双叉斗鱼（*Macropodus opercularis*）$2n=46$、栉孔扇贝（*Chlamys farreri*）$2n=38$、太平洋牡蛎（*Crassostrea gigas*）$2n=20$。

多倍体（polyploid）是指体细胞中含有 3 个或 3 个以上染色体组的个体。多倍体在植物界是普遍存在的现象，与植物界相比，动物界的多倍体现象相对要少。在水产动物中，鱼类多倍体现象较为普遍。一般认为鱼类的二倍体体细胞染色体数在 50 左右，如斑马鱼（*Danio rerio*）$2n=50$，剑尾鱼（*Xiphophorus helleri*）$2n=48$。现在发现胭脂鱼科的几乎所有的种类都是四倍化，它们的染色体数 $2n=96\sim100$。在鲤科鱼类中，鲤属（*Cyprinus*）、鲫属（*Carassius*）和鲃属（*Barbus*）等鱼类的染色体数 $2n=100\sim104$，是大多数鲤科鱼类的两倍，DNA 相对含量也是普通二倍体鱼类的两倍；在鲫属中的鲫（*C. auratus*）和由此进化的金鱼染色体数 $2n=100$。自从 Cherfas 发现黑龙江中行雌核发育繁殖方式的银鲫（*C. auratus gibelio*）为三倍体后，日本学者小林弘也证实关东系银鲫为三倍体，染色体数目为 $3n=156$；我国学者发现产于黑龙江流域的方正银鲫染色体数目为 156，为雌核发育的三倍体；以后陆续发现云南的高背鲫（$3n=150\pm\sim160\pm$）、江西的彭泽鲫（$3n=166$）、河南的淇河鲫（$3n=150$）、贵州的普安鲫（$3n=156$）等均为三倍体，而且这些群体的产生都与雌核发育相关；最近，在湖南洞庭湖鲫中发现有二倍体（$2n=100$）、三倍体（$3n=150$）和四倍体（$4n=200$）三群体同时存在，推测三倍体和四倍体群体为异源多倍体，可能是由杂交产生的。在我国裂腹鱼中的双须重唇鱼（*Diptychus dipogon*）染色体数目多达 446 条，这无疑是一种多倍体，这种染色体数目不仅在鱼类中是最多的，而且在所有动物界也是罕见的。

对于自然界多倍体的发生机理有多种不同的解释，如生殖细胞异常分裂、多精受精、远缘杂交等，要证实多倍体的发生机理不但要有清晰的理论基础，而且需要严谨的科学方法。总之，多倍体是研究鱼类等水产动物进化的良好材料。远缘杂交和在此基础上染色体加倍形成的异源多倍体是新种形成的重要途径。由于多倍体蕴藏着丰富的遗传变异潜能，一方面我们可以通过挖掘天然多倍体资源开展遗传育种工作，另一方面我们可以通过人为的方式使染色体加倍获得丰富的育种材料，再经过选育培育良种。

（二）多倍体的分类

1. 根据生产的方法分类　可将多倍体分为天然多倍体和人工多倍体。前者在自然界已经形成多倍体，而且进化为一个特殊的群体或物种；而后者是需要人为地采取措施所形成的多倍体。

2. 根据染色体组来源分类　可分为同源多倍体和异源多倍体。前者染色体组来自同一个物种，而后者的染色体组来自不同的物种。

3. 根据染色体组数目分类　可将多倍体分为三倍体、四倍体、六倍体、八倍体等，这些个体的体细胞含有整倍性染色体组。还有一种个体的染色体数目不是成倍增加或者减少，而是单个或几个染色体的增加或减少，这种个体为非整倍体。

二、多倍体的诱导

作为育种的基础材料，天然多倍体表现了生长速度快和抗逆性强等优势，中国科学院水生生物研究所利用天然多倍体银鲫选育的异育银鲫"中科 3 号"新品种已成为国内鲫养殖的优良品种，这就是最好的例证。但在自然界，天然多倍体发生频率极低，现存的多倍体又是经过了长期的进化和适应，且数量有限，无法满足大量利用天然多倍体培育新品种的需要，因此，人工诱导多倍体的产生能够大量获得多倍体遗传材料，已经成为水产动物多倍体育种的重要手段。我国水产动物的人工多倍体育种始于 20 世纪 70 年代，截至目前，其种类涉及鱼、虾、贝等 40 多个种类，其中湖南师范大学培育的三倍体"湘云鲫"和"湘云鲤"已在生产上推广应用。美国养殖的太平洋牡蛎 1/2 以上为三倍体。这些成果均显示出多倍体育种的应用价值。

（一）诱导多倍体产生的原理

由于多倍体是细胞内染色体加倍而形成的，因此，只要在受精过程或胚胎发育早期抑制细胞分裂都可以实现染色体的加倍，也就是通过抑制卵母细胞在受精过程中的第一次成熟分裂（MⅠ）、第二次成熟分裂（MⅡ），或抑制受精卵的第一次卵裂实现染色体加倍。因此，在不同阶段诱导获得的多倍体属于不同类型的多倍体。

卵子发生过程：

$$\underset{2n}{\text{卵原细胞}} \xrightarrow{\text{生长}} \underset{2n}{\text{初级卵母细胞}} \xrightarrow{\text{MⅠ}} \begin{array}{l} \longrightarrow \text{第一极体}n \\ \longrightarrow \text{次级卵母细胞}n \end{array} \xrightarrow{\text{MⅡ}} \begin{array}{l} \longrightarrow \text{第二极体}n \\ \longrightarrow \text{卵细胞（卵子）}n \end{array}$$

1. 抑制第一极体的释放　贝类和虾类等成熟卵子排出体外时，处于第一次成熟分裂（MⅠ）的中期，实际上就是染色体加倍的初级卵母细胞（$2n$），正常情况下初级卵母细胞经过连续两次成熟分裂产生一个单倍体卵子（n）和 2 个或 3 个单倍体极体（n）。这时施加作用阻止第一成熟分裂，第一极体释放失败，产生的次级卵母细胞仍为 $2n$，随后继续进行第二次成熟分裂，形成的卵子和第二极体都为二倍体（$2n$），受精时卵子的二倍体雌原核（$2n$）与单倍体精子的雄原核（n）融合就可形成三倍体个体（$3n$），由此产生的三倍体为 M I 型三倍体，是具有两套母本染色体和一套父本染色体的三倍体。

2. 抑制第二极体的释放　鱼类成熟卵子排出体外时，次级卵母细胞处于第二次成熟分裂（M II）的中期，即将放出第二极体。这时如果施加作用阻止第二次成熟分裂，抑制第二极体释放，结果初级卵母细胞的卵子仍保留二倍体（$2n$），二倍体雌原核（$2n$）与单倍体雄原核（n）融合就可形成三倍体个体（$3n$），由此产生的三倍体为 M II 型三倍体，也是具有两套母本染色体和一套父本染色体的三倍体（图 6-1）。

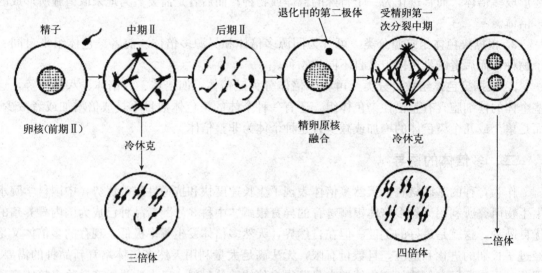

图 6-1　多倍体形成的机制
(Purdom, 1983)

在贝类和虾类抑制第二极体释放所产生的三倍体与鱼类相同，也是 M II 型三倍体。人为的方式在贝类和虾类能够获得 M I 型三倍体和 M II 型三倍体，而在鱼类只能产生 M II 型三倍体。

尽管 M I 型三倍体和 M II 型三倍体都是含有两套母本染色体和一套父本染色体的三倍体，但母体染色体的性质和子代的性状是有差别的。Stanley 等（1984）通过对美洲牡蛎多倍体的研究发现，M I 型三倍体的生长速度明显快于 M II 型三倍体，并认为抑制第一极体释放，能使母本因染色单体之间交换产生的所有杂合度在子代中保留下来，而 M II 型三倍体则使部分母本的杂合度丢失，从而使 M II 型三倍体的生长速度慢于 M I 型三倍体。

3. 抑制第一次卵裂　正常情况下，水产动物的精子（n）和卵子（n）结合形成二倍体受精卵，或合子（$2n$），紧接着进入卵裂期进行大量的有丝分裂，如果在第一次分裂前，施加作用抑制卵裂就能形成四倍体（$4n$）的胚胎，继而获得四倍体的个体。

通过抑制第一次卵裂形成四倍体在理论上是成立的，但在操作中难度极大。

因为这样形成的四倍体细胞核较大，细胞质不能满足四倍体核分裂所需的体积和能量积累，造成分裂细胞数目不足而导致胚胎存活困难，即使有个别存活的个体也难以存活到性成熟。

（二）多倍体的诱导方法

诱导多倍体的方法归纳起来可分为物理学、化学和生物学方法三大类。

1. 物理学方法

（1）温度休克法。温度休克法包括热休克和冷休克。在高温环境中细胞内的重要酶类，如 ATP 酶构型的改变，不利于酶促反应的进行，导致细胞分裂时形成纺锤体所需的 ATP 供应途径受阻，纺锤体不能形成，从而抑制了细胞分裂。如果用适当的高温处理处于减数分裂的卵母细胞，就能抑制极体的释放而产生二倍体的卵子，再与单倍体精子结合形成三倍体，这是热休克的原理。而在低温环境中能够阻止微管蛋白聚合合成微管，从而阻止纺锤丝形成，导致极体不能形成，也不能排出卵母细胞外，从而形成二倍体的卵子，与单倍体精子结合后产生三倍体，这是冷休克的原理。

一般热休克温度在 $30\sim40$ ℃，而冷休克温度在 $0\sim6$ ℃。冷水性动物宜用热休克，温水性动物宜用冷休克，热带或亚热带动物冷休克的温度要适当提高，亚致死温度是温度休克诱导多倍体的合适温度。戴继勋等（1993）对中国明对虾（*Penaeus orientalis*）的受精卵分别进行冷休克（9 ℃）和热休克（33 ℃）处理，获得的三倍体溞状幼体分别为 43.8% 和 32%；马氏珠母贝（*Pinctada martensii*）在受精后 7 min 和 17 min 用 12 ℃持续处理后，三倍体诱导率分别达 39.6% 和 52.6%（王爱民等，2003）。太平洋牡蛎在 0～2 ℃处理 15 min 后，三倍体胚胎率达 50%。严正凛等（1997）对杂色鲍和九孔鲍用冷休克法诱导三倍体也得到了较好的效果。洪云汉等（1990）用 $39\sim42$ ℃处理鳙第一次卵裂前的受精卵，获得了 56.3% 的四倍体胚胎，尤锋等（1993）用 $3\sim4$ ℃海水处理黑鲷（*Sparus macrocephalus*）的受精卵，三倍体胚胎为 50.35%，而用 35 ℃海水处理受精卵，其三倍体胚胎为 36.04%。

温度休克法诱导多倍体具有操作简便、成本低、安全无毒等优点，但有多倍体的诱导率较低、胚胎发育迟缓等缺点。

（2）静水压法。静水压法就是采用较高的静水压来抑制极体的放出或抑制第一次卵裂诱导多倍体产生，其作用机制是抑制细胞内纺锤体的微丝和微管的形成，阻止染色体的移动，从而抑制细胞分裂形成多倍体。

桂建芳等（1990）用 600 kg/cm² 或 650 kg/cm² 静水压处理水晶彩鲫受精后 $4\sim5$ min 的受精卵，得到保留极体的胚胎，三倍体率为 100%，其孵化率也为对照组的 90% 左右；无论是单独使用 650 kg/cm² 静水压还是再加上冷休克处理水晶彩鲫受精后 $50\sim60$ min 的受精卵，都能获得抑制卵裂的四倍体胚胎，但存活率低。

Shen 等（1993）用 250 kg/cm² 的静水压于授精后 $5\sim7$ min（抑制第一极体）和 $17\sim19$ min（抑制第二极体）持续处理受精卵 10 min，获得了较高的三倍体诱导率和孵化，其三倍体诱导率分别达 72.0% 和 76.0%，孵化率分别为 19.0% 和 18.4%。

用静水压法诱导多倍体处理条件容易掌握，处理程序易于程序化，而且对胚胎的损伤比温度休克小，但需要专门的设备——水压机，成本较高。

（3）电休克法。Teskeredzic 等（1993）使用热休克与电休克刺激相结合方法诱导银大麻哈鱼（*Oncorhynchus kisutch*）三倍体获得成功，并发现交流电（AC）的诱导效果好于直流电（DC），用 10V 的电流刺激 10 min，置于 26 ℃、受精后 40 min 的受精卵，交流电组获得 100％三倍体率，而直流电组只有 70％三倍体率。

2. 化学方法　从理论上讲，凡是能够破坏细胞内分裂器纺锤体形成的化学药物，都能通过抑制极体排出或抑制细胞分裂诱导多倍体的产生，但考虑到药物对细胞的毒性和诱导的有效性，目前在水产动物育种中常用的化学药物有细胞松弛素 B、秋水仙素、聚乙二醇、6-二甲基氨基嘌呤和咖啡因等。

（1）细胞松弛素 B（CB）。细胞松弛素 B 是真菌类半知菌纲菌类的代谢产物，它是细胞内肌动蛋白聚合的抑制剂，能够可逆地抑制微丝形成，有效地阻止细胞分裂；在作为多倍体诱导剂时，能够抑制极体的排出或早期卵裂，因此是最常用的化学物。细胞松弛素 B 是一种致癌物，在操作时需要注意安全；由于它的水溶性差，需要溶解在 1％的二甲基亚砜（DMSO）中，配制成一定浓度的药液，在诱导结束后，需立即用含 1％ DMSO 溶液浸洗受精卵，去除残余的细胞松弛素 B，以免继续毒害胚胎。

姜卫国等（1987）用 CB 抑制马氏珠母贝的第二极体，胚胎三倍体率达 77％，而处理第一极体，三倍体率只有 40％，在产生三倍体的同时，还产生了二倍体、四倍体、五倍体及大量的非整倍体。王爱民等（2003）用 CB 持续处理马氏珠母贝受精卵后在担轮幼虫期检查四倍体率在 30％以上。包振民等（1993）使用浓度为 0.1～2.5 mg/L 的 CB 处理中国对虾的受精卵，三倍体的诱导率为 62.5％。陈立侨等（1997）用 CB 处理中华绒螯蟹受精卵获得四倍体胚胎，最高诱导率为 52.96％，溞状幼体时检测四倍体率 1.97％。Allen 等（1979）用 10 mg/L 的 CB 处理大西洋鲑（*Salmo salar*）受精卵获得了二倍体、三倍体和四倍体，但以三倍体为主。Guo 等（1994，1996）通过分离部分能够产生成熟卵子的三倍体太平洋牡蛎，将三倍体的卵子与正常二倍体的精子受精，用 CB 抑制其第一极体获得了可以生存并具有繁殖能够的四倍体，虽然 3 个月存活的个体仅占处理受精卵的 0.074％，而且染色体分析不但包含四倍体，也包含二倍体、三倍体、非整倍体和嵌合体，且获得了能够繁殖的四倍体群体，为牡蛎多倍体的育种提供了一个新的途径，此技术已成功地推广到其他牡蛎种类。在其他贝类，也尝试使用此技术诱导产生四倍体，但都不太成功。如王爱民等（2003）将三倍体马氏珠母贝的卵子与二倍体的精子受精，抑制第一极体的释放，四倍体率在 D 形幼虫期为 27.7％～35.9％，幼虫死亡率高，在幼贝以后未能检测到四倍体的存在。

（2）秋水仙素。秋水仙素是一种生物碱，因最初从百合科植物秋水仙中提取出来，故名，也称秋水仙碱。秋水仙素能抑制细胞微管的组装，使已有的微管解聚，从而阻止纺锤体的形成或破坏已形成的纺锤体，使细胞的染色体加倍而不分离，导致多倍体产生。

湖北省水产研究所（1976）曾使用 50 mg/L 和 100 mg/L 浓度的秋水仙素处理草鱼♀×团头鲂♂杂种的 2～4 细胞期，持续处理 20 min，获得三倍体和四倍体。Smith 等（1979）报道将第一次卵裂前的受精卵置于 0.01％秋水仙素后产生类似的多倍体与二倍体嵌合体的美洲红点鲑（*Salvelinus fontinalis*）。

（3）聚乙二醇（PEG）。聚乙二醇是一种常用的细胞融合剂，能使细胞发生融合，从而使染色体加倍。

Ueda 等（1987）用 PEG 处理虹鳟精子与卵子，结果得到 1/3 的三倍体虹鳟胚胎，染色体分析发现三倍体细胞具两套父本染色体和一套母本染色体，由双精受精所致。姜卫国等（1998）用 PEG 诱导了马氏珠母贝的四倍体，产生 20％以上的四倍体胚胎，但并未成功培育出幼体。

（4）6-二甲基氨基嘌呤（6-DMAP）。6-二甲基氨基嘌呤是一种蛋白激素酶抑制剂，是影响磷酸激酶作用的嘌呤毒素类似物，当6-DMAP与微管蛋白二聚体结合以后，对微管正常的结构和功能起到抗分裂的作用，因此可以产生三倍体；除了有效地抑制受精卵的染色体分离和原核的移动，6-DMAP还会造成染色质分散，从而使极体排放受阻，诱导出三倍体。

王爱民等（1999）在26 ℃条件下使用不同浓度的6-DMAP处理马氏珠母贝的受精卵获得M Ⅰ型三倍体率为32.4％，M Ⅱ型三倍体率为57.7％；杜方勇等（2004）用6-DMAP处理栉孔扇贝♀×虾夷扇贝♂杂交后的受精卵，获得异源三倍体，在受精后35 min开始处理效果最好，三倍体率为51.8％，D形幼虫成活率可达78％。

（5）咖啡因（caffeine）。咖啡因是一种生物碱，其作用效果在于提高细胞内的Ca^{2+}。由于微管对Ca^{2+}浓度敏感，当Ca^{2+}浓度极低或高于1 mg/mL时，会引起微管二聚体的解聚，阻止细胞分裂，从而形成多倍体。

毛连菊等（2000）用热休克加咖啡因诱导皱纹盘鲍多倍体发现，在26 ℃环境中受精卵用咖啡因处理10～15 min，其三倍体率为66.4％～77.8％；受精卵处理持续30 min，其胚胎四倍体率为2.8％～3.6％。Zhang等（1998）用咖啡因与高温相结合诱导太平洋牡蛎可获得41.5％三倍体率。

3. 生物学方法

（1）远缘杂交诱发的多倍体。我国在鲤科鱼类属间和不同亚科之间的远缘杂交中，分别获得为数众多的三倍体和四倍体。吴维新等（1981）用兴国红鲤♀×草鱼♂进行远缘杂交而获得异源四倍体杂种鱼，染色体检查发现染色体数为142～156，多数为148～152。刘思阳（1987）也证实草鲂杂种（草鱼♀×三角鲂♂）是异源三倍体，其中含母本的两套染色体和父本的一套染色体。Liu等（2001）用红鲫♀×湘江野鲤♂进行杂交，杂种一代是二倍体（异源二倍体），$2n=100$，但该群体自繁后从F_3到现在10代以上都是异源四倍体鲫鲤，$2n=200$，已经形成一个稳定不变的四倍体群体，这是世界上在脊椎动物中人工培育的第一例两性可育并形成群体的异源四倍体鱼。

（2）倍间多倍体。在多倍体育种中，一般都希望培育出三倍体优良品种，一方面是因为三倍体个体生长速度快，抗逆性强，具有优良的经济性状，另一方面三倍体往往是不育的，可以避免因为杂交或远缘杂交子代对自然群体遗传资源的污染。但如果使用物理学和化学方法诱导得到100％三倍体率和高存活率几乎是不可能的，而只有四倍体与二倍体直接交配产生的子代才具有这种优势。刘少军等（2001）用红鲫♀×湘江野鲤♂进行杂交获得了两性可育的异源四倍体鲫鲤（$4n=200$），他们继而以异源四倍体鲫鲤为父本与二倍体白鲫或二倍体鲤作为母本杂交，分别培育出生长速度、抗病抗逆、肉质等方面都有明显优势、不可育的湘云鲫（异源三倍体，$3n=150$）或湘云鲤（异源三倍体，$3n=150$），已经被认定为国家水产新品种，并在生产上推广应用。另一个成功的例子就是前述Guo等（1994，1996）获得的四倍体太平洋牡蛎繁殖群体，应用四倍体太平洋牡蛎与二倍体之间交配繁殖，无论是正交还是反交其子代都是100％的三倍体，这种方式已经成为养殖太平洋牡蛎三倍体苗种生产的主要技术。

（3）核移植多倍体。陆仁后等（1982）把草鱼的尾鳍细胞系（GCC）诱发为四倍体细胞，并培养成细胞系，再通过核移植的方法将其移植到去核未受精的草鱼和泥鳅成熟卵中，其中 80％的草鱼卵发育到囊胚，而在总数为 342 个泥鳅的移核卵中有 5 个发育到肌肉效应期，1 个发育到心跳期。此方法为人工诱导多倍体鱼类开辟了一条新的技术途径。

（三）人工诱导多倍体产生的效应期

无论是物理学方法还是化学方法诱导多倍体，都是将外部诱导作用施加在受精卵上的，因此，诱导多倍体的成功率与受精卵的生理状态直接相关，外部诱导作用施加后，受精卵内染色体组加倍需要一定的时间，这就是细胞的有效反应期。因此，在进行多倍体诱导设计时要考虑影响效应期的因素：①诱导处理的起始时间；②诱导处理的持续时间；③诱导处理的剂量大小，如药物的剂量、温度的高低（热、冷休克）、静水压大小等；④诱导处理的环境，如孵化温度等。不同的种类对外部诱导反应的有效期是不同的，而在选择最佳效应期时，不仅要考虑多倍体胚胎的比例，而且更要考虑多倍体胚胎的存活率。

第二节　多倍体的鉴定

第一节已经讲过，多倍体的产生有多种途径，包括生物学方法（远缘杂交、倍间杂交、核移植）、物理学方法（温度处理、静水压处理、电休克）、化学方法（细胞松弛素 B、秋水仙素、聚乙二醇、6-DMAP、咖啡因等）。无论哪种方法都不能保证百分之百地获得多倍体，这些群体可能是多倍体、二倍体或嵌合体等的混合组成。因此，对染色体倍性鉴定是多倍体育种必不可少的环节。目前鉴定多倍体的方法可分为直接和间接两种方法。直接方法包括染色体计数和 DNA 含量测定等，间接方法包括核体积测量（细胞测量）、蛋白质电泳、生化分析和形态学检查等。对于卵裂至原肠胚期的受精卵，只能用染色体制片直接记数法测定；刚孵出的仔体，则用红细胞核体积或面积测量记数法测定较为合适；到幼苗期乃至成体期，若保留活体的话，则可采用取血测量红细胞体积、测定 DNA 含量、蛋白质电泳法。

一、染色体计数法

染色体计数是鉴定水族动物多倍体最可靠、准确的方法，能为多倍体的遗传组成和诱发率提供直接证据。

目前染色体标本的制备主要有细胞培养法，包括血液培养、肾细胞培养、鳞片培养、鳍培养，以及胚胎培养等。下面简要介绍鱼类、软体动物和甲壳动物的染色体标本制备。

（一）鱼类染色体制备

1. 肾脏组织染色体制片法

（1）预处理。选择健康鱼置于水质良好的水族箱内饲养，24 h 后在其胸鳍基部向鱼腹腔第一次注射特级胎牛血清，注射后在室温下把它们暂养于充气水族箱内，体内培养 24 h 后再向鱼腹腔第二次注射小牛血清，注射后同样把它们暂养于充气水族箱内，体内培养 24 h 后，向鱼腹腔注射秋水仙素 3 μg/g，体内培养 4 h。

（2）细胞收集。在杀死鱼前，将其鳃血管剪断，尽量放出体内的血液。加 5 mL 左右的鱼用生理盐水于小烧杯中，然后将鱼腹剖开，取其前肾于小烧杯中，用镊子将肾细胞块反复撕折，直至其中的游离细胞全部释放出来，用镊子将大块组织和结缔组织去掉，用吸管吸取细胞悬液于离心管中。

（3）低渗。将收集在离心管的细胞悬液离心（离心速度 9 000 r/min）5 min。离心后轻轻吸出上清液，仅留约 0.5 mL 上清液及细胞沉淀。然后加入新配制在 37 ℃ 水浴锅中预加热的低渗液，加入量依离心管大小而变化，一般为 4～9 mL，用吸管吹打均匀，在 37 ℃ 水浴锅中静置 30 min，进行低渗处理。低渗结束后直接离心（离心速度 900 r/min）5 min。

（4）固定。吸去大部分上清液，留下少许，约 0.5 mL 上清液，再加入新配制的固定液（甲醇：冰醋酸＝3：1），用吸管吹打均匀，置于 4 ℃ 条件下固定 40 min，然后离心，去上清液，加入固定液，在 4 ℃ 条件下固定 40 min，以上重复固定 3 次。最后置于预冷的固定液（甲醇：冰乙酸＝1：1）中放入 4 ℃ 冰箱保存备用。

（5）玻片处理。使用前，将载玻片洗涤干净，并浸于乙醇和乙醚（1：1）溶液中 4 h，然后用纱布擦拭干净。然后把擦拭干净的载玻片置于冰箱冷冻备用。

（6）滴片。最后一次离心后，吸去上清液，加入少许新配制的固定液。固定液中甲醇和冰醋酸的比例可适当调整，如染色体分散不好，可适当加大冰醋酸的比例，如调整为甲醇：冰醋酸＝1：3。加入固定液后用手指敲打离心管底部，使细胞呈悬浮状态。

（7）用干冻玻片制片。取冷冻玻片，使其约成 45°角，吸取细胞悬浮液，在玻片上滴 1～2 滴，然后立即将玻片置于酒精灯的火焰上均匀烘烤，使染色体分散得更好。

（8）配制 Giemsa 工作染液。用 pH＝7.2 磷酸盐缓冲液按 3％ 的浓度配工作染液，即取 100 mL 磷酸盐缓冲液，加入 3 mL Giemsa 母液。

（9）染色。使用的是平染方法。置两根平行的玻璃棒于瓷盘上，将染色体玻片平放在玻璃棒上，有细胞的面向上。在玻片上面滴 Giemsa 工作染液，使其完全盖住细胞，并去掉气泡，染色 25 min。最后冲掉染液，干燥后即可进行观察。

2. 胚胎细胞制片法　选取鱼类正常发育原肠早期胚胎，用吸管吸取胚胎，用 0.75％ 盐水冲洗，除去卵膜，然后移到离心管内，用吸管吹打细胞，加入适当生理盐水和秋水仙素，终浓度 20～40 mg/mg，处理 1 h。以后低渗、固定和制片步骤同上。

（二）甲壳动物染色体制备

1. 虾类染色体制片法

（1）预处理。将虾放在水族箱中饲养，并用充氧泵充氧，温度每天升高 1～2 ℃，最后恒定在 28 ℃。每天分早、晚两次投喂新鲜饵料，每 2 d 换去 1/3 的水，使亲虾在良好的培养条件下发育成熟。当雌虾生殖蜕皮后，将其与 1 只雄虾一起饲养，待雌虾腹部附有精荚时，把雄虾移走，雌虾单独培养，同时连续观察雌虾行为。发现产卵时，记为受精零时。取受精后 21 h（囊胚期）和 45 h（原肠期）的胚胎，将其放入 500 μg/mL 秋水仙素溶液中，在 16 ℃ 的生化培养箱中培养 3～4 h。

（2）制片。去净秋水仙素液，用 0.1 mol/L KCl 于 37 ℃ 低渗处理 20～30 min，小心移去低渗液，加入预冷至 4 ℃ 的卡诺氏固定液（甲醇：冰醋酸＝3：1），于 4 ℃ 固定至少 1.5 h，中间更换卡诺氏固定液 2 次，再用预冷至 4 ℃ 的后固定液（甲醇：冰醋酸＝1：1）于 4 ℃ 进行后固定。制片时，取 3～5 个固定后的胚胎于离心管中，加入 50％～60％ 醋酸使其软化，用镊子和解剖针迅速捣碎，使胚胎细胞解离分散，再在 7 000 r/min 下离心 15 min，去除上清液，加少许后固定液（甲醇：冰醋酸＝1：1），用吸管吹打均匀，在预冷的干净载玻片上滴 2～3 滴细胞悬液，在酒精灯火焰上微烤，干燥后以 20％ 的 Giemsa 染液（pH＝7.2 的磷酸缓冲液配制）染色 30 min，慢慢冲去染液，于空气中自然干燥后，以中性树胶封片，显微镜下镜检并拍照。

2. 蟹类染色体制片法

（1）预处理。从蟹第五步足基部，用微型注射器分别从两侧慢慢注入 2 mg/mL 的秋水仙素水溶液（按每克体重用秋水仙素 1.5 μg 的比例），注射后的蟹放在通气良好的水族箱暂养 4 h 左右。

（2）制片。取出解剖，并将精巢组织剪碎置于小杯中，慢慢加入 0.7 mol/L KCl 溶液，在室温下低渗 10～30 min，在 7 000 r/min 下离心 15 min，去除上清液，用吸管轻轻移出 KCl 溶液，随即加入新鲜配制的卡诺氏液（甲醇：冰醋酸＝3：1）固定 15 min 以上，在 7 000 r/min 下离心 15 min，期间更换固定液 2 次，每次离心 15 min。最后用 1：1 的新鲜卡诺氏液固定 30 min。再在 7 000 r/min 下离心 15 min，去除上清液，加少许后固定液（甲醇：冰醋酸＝1：1），用吸管吹打均匀，在预冷的干净载玻片上滴 2～3 滴细胞悬液，在酒精灯火焰上微烤，干燥后以 20% Giemsa 染液（pH＝7.2 的磷酸缓冲液配制）染色 30 min，慢慢冲去染液，于空气中自然干燥。

精巢组织一直被认为是甲壳动物染色体制片的良好材料，其细胞分裂指数高，较易获得染色体分散良好的细胞分裂中期相，包括精原细胞有丝分裂中期相和初级精母细胞减数分裂中期相。以精巢制备的染色体大多呈颗粒状和棒状，难以进行核型分析。甲壳动物染色体标本制备方法改进的关键在于建立甲壳动物细胞培养方法。

（三）贝类染色体制备

1. 用鳃组织染色体制片法（牡蛎、咬齿牡蛎为例）（黎明等，2009）

（1）预处理。以成体鳃组织为材料进行染色体制片，为提高分裂相数目，预处理方法有如下 3 种。

① PHA 处理法：将贝暂养于含 0.01% PHA 的海（淡）水中 24 h，后置于含 0.005% 秋水仙素的海（淡）水中处理 8 h，取鳃进行染色体制片。

② 低温同步化法：将贝暂养于 8 ℃ 的海水中半月左右，转入常温海水中，投喂扁藻，饲养数日，后置于含 0.005% 秋水仙素的海水中处理 8 h，取鳃进行染色体制片。

③ 活体去壳法：小心剥去贝的较扁平一侧外壳，向围心腔处注射 0.005% 秋水仙素，处理 8 h 后取鳃进行染色体制片。在处理过程中保持内脏团湿润。

（2）制片。活体取鳃，在过滤海水中漂洗两次，放入 0.075% KCl 低渗液中剪碎，冰浴低渗 30 min，离心，弃上清液。缓慢加入新配的卡诺固定液（甲醇：冰醋酸＝3：1），冰浴固定 20 min，离心，弃上清液，重复 3 次。在预热 56 ℃ 温片上悬空滴片，空气干燥。10% Giemsa 染色 30 min，空气干燥，镜检，统计分裂相数目。

2. 担轮幼体为材料染色体制片法

（1）预处理。收集受精卵，用海水冲洗后转移至水族箱充气培养。受精后约 10 h，胚胎发育至担轮幼体期，用筛绢网收集担轮幼体经筛绢网富集后，放在浓度为 0.05% 的秋水仙素的海水中培养 40 min。

（2）制片。将培养后的幼体置于 0.075 mol/L KCl 溶液中低渗处理 40 min，1 000 r/min 离心 5 min，弃上清液。用卡诺氏固定液（甲醇：冰醋酸＝3：1）预固定 15 min，1 000 r/min 离心 5 min。重复固定 3 次后，每次 1 000 r/min 离心 5 min，最后加入适量后固定液（甲醇：冰醋酸＝1：1），固定液吹打后，静置 1 min，取悬液滴片，每片滴 1～2 滴，空气干燥。用体积分数为 4% Giemsa 染液染色 20 min，自来水冲洗，自然干燥后，显微镜下观察拍照。

二、DNA 含量测定方法

同一物种细胞的 DNA 含量在不同的组织部位或结构中基本上是相同的。并且在同一物种内，细胞核内的 DNA 含量与它们所含的染色体成正比。当细胞内染色体倍数增加时，其 DNA 含量也相应增加，所以，在有对照组的情况下，测定研究对象的 DNA 含量并比较它们的关系，可用作多倍体的鉴定。DNA 含量的测定有流式细胞术（flow cytometry，FCM）、显微荧光测定和同位素标记测定等方法。

（一）流式细胞仪测定法

流式细胞术（flow cytometry，FCM）倍性鉴定是 20 世纪 70 年代发展起来的一种以流式细胞仪为工具的倍性鉴定方法。其原理是将被测细胞用荧光染料染色，这些荧光物质与细胞核内的 DNA 特异性结合，被染色的细胞被照射激发后，发射出一定波长的荧光，且荧光强度与细胞所含的荧光染料即 DNA 含量成正比，再用流式细胞仪测出荧光值，并绘出频率曲线，从而可清楚地显示出样品中各种倍性细胞的比例。理论上三倍体细胞的 DNA 含量是二倍体的 1.5 倍。

采用流式细胞计数法不需要牺牲水族动物，可测定任何组织。它的优点在于：①制样简单，且经过固定的组织可以在低温储藏，而不会影响其结果的分析，这对需要大量样品测定时是很重要的。②快速，准确。一个样品只需要 1~2 min 就可得到结果。③不但可以检测多倍体，还可以检测多倍体与二倍体的嵌合体以及非整倍体等。目前，这种仪器被用来鉴定多倍体鱼类、贝类、虾类等倍性的研究已比较完善和普遍。

1. 流式细胞仪测定贝类 DNA 含量的方法（以鲍为例） 将待测鲍置于过滤海水中轻轻冲洗，以去掉贝体上的污物；随机选取鲍，置于小培养皿中，用解剖剪轻轻剪取 1 mm×1 mm×1 mm 大小的鲍足肌或 1~2 mm 长的触角，装入加有 1 mL 磷酸缓冲液的离心管内，用镊子将其捏碎，盖好管盖。用快速混匀仪振荡 1.5~2.0 min，使细胞脱落，再用 300~500 目小筛网过滤悬液到测试小管中，用 DAPI 液冲洗小筛网，并使样品管液体体积最终在 1.5~2.0 mL，制得的细胞悬液放置 4~5 min 充分染色后上机测试，每秒通过的细胞数维持在 100~150 个。

2. 流式细胞仪测定鱼类 DNA 含量的方法 解剖鱼体用注射器加抗凝剂从心脏抽取血液，然后放入机用标准试管，将流式细胞仪标准试管内收集的组织细胞样本，用生理盐水离心漂洗 3 次。离心速率为 1 000 r/min，每次离心 2 min。收集细胞内加入 DAPI 试剂，使最终样品管中的体积达到 1.5~2.0 mL，样品细胞的最终浓度为 105~106 个/mL。染色 4~5 min 后上机测试，一般每秒通过的细胞数维持在 100~150 个。

3. 流式细胞仪测定虾类 DNA 含量的方法

虾类 DNA 含量可用成体虾或无节幼体测定。

（1）成体虾测定。取少量的新鲜的活体组织，放在胚胎皿中，加入 0.5~0.6 mL 的 PBS 液，用玻璃棒均匀地将组织捣碎，制成新鲜的细胞悬浮液，用吸管将悬浮液吸到 1 mL 的离心管中自然沉淀。吸取上层的悬浮液，用 150~250 μm 的绢筛过滤，将滤液放在样品管中，用浓度为 2 mL/L 的 DAPI 染液进行染色，滤液与 DAPI 染液的体积比为 1:5，样品细胞的最终浓度为 106 个/mL。染色 30 min 后上机测试，每秒通过的细胞数维持在 100~150 个。

（2）无节幼体测定。取 30～50 个无节幼体，用 300 μm 的绢筛将海水过滤后，放在盛有 0.4～0.6 mL PBS 液的胚胎皿中，用玻璃棒均匀捣碎，制成新鲜的细胞悬浮液。悬浮液经 150～250 μm 绢筛过滤后，将滤液吸到样品管中，用浓度为 2 mg/L 的 DAPI 染液进行染色，滤液与 DAPI 染液的体积比为 1∶6，样品细胞的最终浓度为 106 个/mL。染色 30 min 后上机测试，每秒通过的细胞数维持在 100～150 个。

（二）显微荧光测定法

被测动物的组织和血液均可作为显微荧光测定的材料。使用组织作为材料时，首先将组织用固定液固定，然后将组织用细胞粉碎仪粉碎，使细胞游离，制成涂片标本。采用血液作为材料时，用肝素浸润的注射器抽取血直接涂于载玻片上制成血涂片。标本用 DAPI 染液进行染色，然后在显微分光光度计测定各样品及对照的细胞核激发荧光强度，获得处理组个体和对照组个体之间细胞核 DNA 相对含量曲线，从而测出两者的 DNA 比例，即可确定处理组个体的倍性，进而计算出三倍体的诱发率。Komarv 采用这种方法测出华贵栉孔扇贝的三倍体诱导率。李渝成采用血液涂片 Feulgen 染色法，在显微荧光光度下对分属 4 目 7 科的 14 种淡水鱼的红细胞核 DNA 含量进行了初步测定。测定两种泥鳅 DNA 含量，大鳞副泥鳅为 2.2 pg，泥鳅为 4.6 pg，后者的 DNA 含量大致是前者的 2 倍，这就进一步证明了泥鳅是一种在进化过程中自发加倍形成的四倍体类型的鱼。

（三）同位素标记测定法

^{32}P 脱氧核苷标记是目前世界上越来越流行的分析 DNA 加合物的方法，自 1981 年报道以来，其方法不断完善和改进，已广泛应用于人类生物监测及化学治疗的评价。由于多倍体基因组的成倍增加，因此，可用 ^{32}P 脱氧核苷标记受测个体和对照个体，然后用放射显影术或液体闪烁器进行定量测定，同时判定受测个体的染色体组数。

三、极体计数法

极体计数法是一种简单快速地检测早期胚胎多倍体的方法。多倍体的诱导是通过阻止第一极体或第二极体的排出而完成的。具体方法是在早期胚胎发育时期，通过显微镜观察受精卵的动物极有没有极体释放。该方法在贝类多倍体倍性检测中很有效。以下是陈昌生（2009）的贝类多倍体检测方法。

将贝类受精卵经物理或化学处理，抑制第二极体释放来诱导贝类三倍体，早期胚胎发育的 2～4 细胞期时，在显微镜下分别统计释放 1 个极体和释放 2 个极体的受精卵数，并计算三倍体率。计算公式：

$$三倍体率 = \frac{仅释放 1 个极体的受精卵数}{（仅释放 1 个极体的受精卵数 + 释放 2 个极体的受精卵数）} \times 100\%$$

$$(6-1)$$

例如，将某一贝类用理化因子抑制第二极体释放来诱导贝类三倍体，在早期胚胎发育的 2～4 细胞期，在显微镜下镜检到一个极体的受精卵有 70 个，两个极体的受精卵有 50 个，则其三倍体率为

$$三倍体率 = \frac{70}{70+50} \times 100\% = 58.3\%$$

$$(6-2)$$

四、细胞核体积测量

真核细胞的细胞核大小与染色体数目成正比，同时细胞核与细胞质在细胞中维持较稳定的核质比，随着染色体数目的增多，细胞核的大小也会相应增加（图6-2）。所以细胞及细胞核体积的大小测量已被广泛用来作为确定染色体倍性水平的方法。各种水族动物的红细胞都含有完整的细胞核，制成血涂片以后细胞形态轮廓分明，细胞核成椭圆形或长圆形，幼稚红细胞和成红细胞的体积没有差异。通过普通显微镜即可测量细胞和细胞核的直径（包括长径和短径），也可以采用自动显微图像分析系统进行测量，并计算出每一个被测量细胞的面积、体积，根据细胞和细胞核即可确定其倍性。计算公式：

$$核面积 S = \frac{\pi}{4}ab \tag{6-3}$$

$$核体积 V = \frac{4}{3}\pi ab^2 \ 或 \ V = \frac{ab^2}{1.91} \tag{6-4}$$

式中，a 为短轴长度；b 为长轴长度。

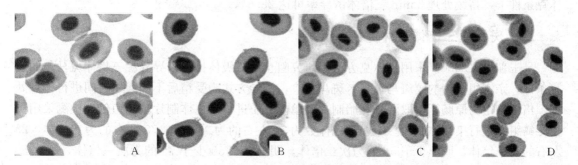

图6-2 泥鳅的红细胞（A、B为四倍体，C、D为二倍体）

(高泽霞等，2007)

同一物种的二倍体和多倍体个体，其细胞和细胞核大小不同。二倍体与三倍体红细胞核体积预期比是1∶1.5，二倍体与四倍体红细胞核体积预期比为1∶2。俞小牧等采用此方法，常规血液涂片，甲醇固定10 min，Giemsa染色，显微照相，每个样品分别用卡尺测量红细胞及其核的长径和短径，采用公式 $V = ab^2/1.91$ 计算体积，比较了二倍体白鲫、异源四倍体、新四倍体和倍间三倍体鱼红细胞及其核的大小，分别为 14.69 μm^3、26.63 μm^3、28.78 μm^3、20.76 μm^3，其比值接近1∶2∶2∶1.5。细胞核大小与物种个体大小无关。

红细胞核大小测量法，取样简便，制片容易，不需特别昂贵仪器设备，红细胞核大小比较恒定，且鉴定的准确率也较高。不过，也有学者认为这个方法不能准确地反映染色体倍性。也有用其他体细胞如脑、软骨、上皮细胞等核体积来鉴定染色体倍性的，但要制作石蜡切片，比较费时。

除了以上几种主要方法外，还有一些其他倍性鉴定方法，如形态学检查（一般不用，即便用也需要多个性状综合测定）、生化分析和蛋白质电泳等，这些方法多属间接方法，且不能测定嵌合体，可靠性较差。

第三节　水族动物多倍体诱导的实例

一、金鱼三倍体诱导

宋振荣等（2004）运用冷休克、热休克、静水压 3 种方法抑制金鱼受精卵第二次成熟分裂，诱导金鱼三倍体。具体过程：挑选性腺成熟的追尾金鱼，人工获得精、卵后，进行干法授精。将受精卵附着在塑料薄膜上，达到温度休克设定的受精时间后，用镊子将薄膜夹入调好温度的烧杯里进行温度休克处理；达到静水压处理设定的受精时间后，用镊子将薄膜夹入静水压器进行静水压处理。利用核酸含量相对指数自动检测仪（partec PA 型）对孵化出的仔鱼进行核酸含量相对指数的检测，核酸含量相对指数为 100 左右的为二倍体，核酸含量相对指数为 150 左右的为三倍体。结果表明：金鱼三倍体诱导率明显受压力、处理温度、处理起始时间，以及处理持续时间等因子的影响；在 22 ℃水温下，受精 8 min 后，在 0 ℃冷休克条件下，持续处理 14 min 的三倍体诱导率可达 25.5％；受精 10 min 后，在 39 ℃热休克条件下，持续处理 1 min，三倍体诱导率可达 100％；受精 4 min 后，在 550 kg/cm² 静水压休克条件下，持续处理 3 min 三倍体诱导率可达 28.6％。

二、斑马鱼三倍体热休克诱导

吴玉萍等（2000）采用热休克方法，研究阻止第二极体排放诱导异源三倍体斑马鱼的适宜条件。亲本组合为豹纹斑马鱼♀×斑马鱼♂，诱导方式为受精后不同起始时间进行休克处理。倍性确定为原肠期采取混合胚胎制片和单个胚胎进行染色体制片，幼鱼倍性检测采用再生尾鳍组织进行染色体制片。一般染色体数为 50 左右的为二倍体，75 左右的为三倍体，25 左右的为单倍体，明显少于 50 的为次二倍体，明显多于 50 少于 75 的为次三倍体，既有 50 左右又有 75 左右的为镶嵌体。实验结果为：在卵受精后 2 min，采用 39 ℃持续处理 2 min，三倍化率可达 53.8％，原肠期相对存活率为 91.0％，尾芽期相对存活率为 91％，孵化期相对存活率为 91.1％。得出斑马鱼三倍体诱导适宜条件为：卵受精后 2 min，39 ℃持续 2 min。

该研究还证实，斑马鱼受精后 1 min 为卵子启动期，此时若进行休克处理，受精卵不能完成激活和修整，阻断了第二次成熟分裂，所以三倍化率和胚胎相对成活率较低；而受精后 2～3 min，为休克敏感期，此时若采取适当的温度处理（39 ℃）就能使微管蛋白解聚，纺锤体消失，因此可获得较高的三倍化率，但如果处理的温度过高（如 41 ℃），则会使染色体断裂或丢失，形成非整倍体，胚胎受到损害；受精 3 min 以后为休克不应期，此时受精卵即将排出第二极体，由于受精卵发育速度不均一，仍会观察到少数三倍化胚胎，但此时经温度休克处理，排出的极体不是一个完整的染色体组，胚胎将形成次二倍体或次三倍体。

三、静水压休克诱导三倍体水晶彩鲫

桂建芳（1995）采用静水压休克方法研究了促使第二极体保留诱发三倍体水晶彩鲫的最佳条件。将水晶彩鲫采用鲤脑垂体进行人工催产、干法授精。精卵混匀后均匀洒在塑料纱网上，待受精卵黏稳，迅速将纱网剪成一定大小的长条或小块，带水放入静水压器的压力室中待处理。休克处理之前，将受精卵带水装入已加有 1/2 左右水的压力室中，然后将水补足，旋上螺盖，由排气阀门排出筒内的剩余空气和多余的水。处理时，迅速升压，达到预定靶压。压力上升的速度大约为 100 kg/(cm² · s)。达到预定处理时间后开始卸压，卸压后倒出鱼卵，在室温下孵化。当胚胎发育到原肠中期时，随机选出 20～50 个胚胎，按多个胚胎混合染色体制片法进行倍性鉴定。当胚胎发育到尾芽期或体色素形成期时，随机选出一定数目的胚胎，按单个胚胎染色体制片法进行倍性鉴定。

幼鱼的倍性鉴定采用尾鳍细胞染色体直接制片法进行。在确定倍性时，以染色体数为 10 左右的为二倍体，150 左右的为三倍体。经研究比较，诱发三倍体水晶彩鲫的最佳条件为在卵受精后 4～5 min 采用 600 kg/cm² 或 650 kg/cm² 的静水压处理 3 min，不但能导致 100% 的三倍体化，而且胚胎的存活率相当高，孵化率为对照组的 90% 左右。

四、人工诱导三倍体锦鲤

锦鲤是大型的名贵观赏水族动物，同样品质的锦鲤，个体规格越大，其市场价值也越大。为此，张宪中等（2008）采用温度休克法研究锦鲤的人工三倍体诱导技术，以培育大规格三倍体锦鲤。选用红白锦鲤催产后按鱼类常规人工授精方法受精，并迅速将受精卵均匀地撒布在经消毒处理后的鱼巢上，开始孵化，并分别进行冷休克和热休克处理。休克起始时间分别设置为受精卵受精后 2、4 和 6 min，冷休克持续处理时间为 20 min，休克温度为 1～2 ℃。热休克持续处理时间为 1～5 min，休克温度为 41～42 ℃。对照组不进行任何处理。受精及孵化水温为 21 ℃。各处理组鱼苗经下塘培育 100 d 后，采血样用流式细胞仪测定 DNA 含量，同时测量体长，所测体长与血样一一对应。

结果显示：受精后 6 min 开始对受精卵进行冷、热两种休克处理获得 16.67% 的三倍体个体，并且三倍体具有生长优势。而在受精后 2 min 或 4 min 时对受精卵进行处理，均不能获得较高的三倍体率。

五、人工诱导兴国红鲤三倍体

兴国红鲤具有体形大、全身金红、鲜艳美观、背宽肉厚、肉质鲜嫩、生长快、食性广和抗病性强等优点，其经济价值较高，既有食用价值又有观赏价值。全国有 28 个省（市）引种放养兴国红鲤。国家为保护地方特产，特将兴国红鲤列为非出口鱼种。

洪一江等（2000）采用冷休克处理兴国红鲤受精卵诱导产生三倍体鱼，探讨三倍体兴国红鲤的最佳诱导条件。选用兴国红鲤亲鱼，进行人工注射 HCG 催产和干法授精。人工授精 3、5、8、10 和 15 min 后，分 5 组，每组各取 5 块载玻片分别浸入 0～2 ℃ 的冰水中，冷休克处理时间分别达 5、10、15、20 和 30 min，载玻片迅速回温至（20±2）℃ 的蒸馏水中继续发育。当胚胎发育至囊胚晚期和原肠早期时，按单个胚胎染色体制片法进行倍性鉴定。通过观察鉴定，冷休克技术人工诱导兴国红鲤三倍体的最佳条件为，在人工授精后 5～8 min，将受精卵置于 0～2 ℃ 的冰水中冷休克处理 10～15 min，再迅速回温至正常水温（20～25 ℃）的水中发育。此条件下，可以获得 70%±5% 的三倍体兴国红鲤胚胎，孵化率为 50%～70%，成活率可达 40% 以上。

六、水晶彩鲫四倍体诱导

人工诱导鱼类四倍体也是水族动物遗传育种工作中的方向之一。通过获得能育的人工四倍体鱼，再与正常二倍体鱼交配，得到大量的可供养殖生产的三倍体后代，提供一条大规模生产三倍体鱼的有效途径。为了通过染色体组操作培育出欣赏价值更高并能进行程序化和专利化生产的观赏鱼，桂建芳等进行了静水压休克和静水压休克与冷休克结合抑制第一次卵裂，诱导水晶彩鲫四倍体的研究。

水晶彩鲫受精卵在受精后（发育水温 14～16 ℃）50、54、55 和 60 min 时的静水压（650 kg/cm²）处理（3 min）组中都出现了四倍化胚胎，而在受精后 35、38、40、42、45 和 48 min 的相同处理组中都没有观察到四倍化胚胎。在受精后（发育水温 16～18 ℃）48、50、52、55、56 和 60 min 时的静水压与冷休克结合处理组中，也都出现了四倍化胚胎，且四倍化率比仅用静水压处理高，但存活率更低。在经过处理而发育形成的胚胎中，既有四倍体、次四倍体和 4n/2n 嵌合体，也有二倍体和次二倍体，并在一些次二倍体和次四倍体中期相中还观察到休克处理致使染色体断裂的痕迹——染色体片段。在抑制卵裂诱发加倍的效应期内，可能存在瞬间对休克耐受性较强的时期，而在此前后，对休克更为敏感。在少数处理组中，已筛选出了数尾四倍体鱼。

复习思考题

1. 什么是多倍体？
2. 简述诱导多倍体产生的原理。
3. 简述多倍体诱导的方法，各诱导方法的原理。
4. 多倍体诱导设计时要考虑哪些影响效应期的因素？
5. 鱼类染色体制备方法有哪些？
6. 甲壳动物染色体制备方法有哪些？
7. 贝类染色体制备方法有哪些？

主要参考文献

包振民，张全启，王海，等，1993. 中国对虾三倍体的诱导研究：Ⅱ. 细胞松弛素 B 处理 [J]. 海洋学报，15：101 - 105.

陈昌生，姜永华，张红云，等，2009. 贝类多倍体倍性检测方法：中国，CN200910112241.4 [P].

陈立侨，赵云龙，王玉凤，等，1997. 中华绒螯蟹多倍体的诱导研究：Ⅰ. 细胞松弛素 B 诱导中华绒螯蟹三倍体和四倍体胚胎 [J]. 水产学报，21：19 - 25.

戴继勋，包振民，张全启，1993. 中国对虾三倍体的诱发研究：Ⅰ. 温度休克 [J]. 遗传，5：15 - 28.

丁君，张国范，常亚青，等，2000. 流式细胞术（FCM）在贝类倍性检测中的应用 [J]. 大连水产学院学报，12（4）：259 - 263.

丁君，张国范，宋坚，等，2000. 用流式细胞仪检测活体鲍倍性 [J]. 水产科学，19（6）：14 - 16.

杜方勇，杨爱国，刘志鸿，等，2004. 6 - 二甲基氨基嘌呤诱导扇贝异源三倍体 [J]. 海洋水产研究，25：13 - 16.

高泽霞，王卫民，周小云，2007. 2 种鉴定泥鳅多倍体方法的比较 [J]. 华中农业大学学报，26（4）：524 - 527.

桂建芳，梁绍昌，孙建民，等，1990. 鱼类染色体组操作的研究 Ⅰ. 静水压休克诱导三倍体水晶彩鲫 [J]. 水生生物学报，14（4）：336 - 334.

桂建芳，孙建民，梁绍昌，等，1991. 鱼类染色体组操作的研究 Ⅱ. 静水压处理和静水压与冷休克结合处理诱导水晶彩鲫四倍体 [J]. 水生生物学报，15（4）：333 - 342.

桂建芳，肖武汉，梁绍昌，等，1995. 静水压休克诱导水晶彩鲫三倍体和四倍体的细胞学机理初探 [J]. 水生生物学报，19（1）：49-55.

洪一江，胡成钰，2000. 人工诱导兴国红鲤三倍体最佳诱导条件的研究 [J]. 动物学杂志，35（4）：2-4.

洪云汉，1990. 热休克诱导鳊鱼四倍体的研究 [J]. 动物学报，36：70-75.

湖北省水产研究所，1976. 用理化方法诱导草鱼（♀）×团头鲂（♂）杂种和草鱼的三倍体、四倍体 [J]. 水生生物学集刊，6：111-112.

姜卫国，李刚，林岳光，1987. 人工诱导合浦珠母贝多倍体的发生 [J]. 热带海洋，6：37-45.

姜卫国，林岳光，何毛贤，1998. 合浦珠母贝四倍体诱导的初步研究 [J]. 热带海洋，17：45-51.

姜叶琴，谢树海，周琴，等，2008. 秀丽白虾染色体核型的初步分析 [J]. 水产科学，27（9）：470-472.

黎明，王嫣，顾志峰，等，2009. 双壳贝类染色体标本制备技术的优化 [J]. 基因组学与应用生物学，28（3）：515-518.

李渝成，李康，周暾，1983. 十四种淡水鱼的 DNA 含量 [J]. 遗传学报（5）：59-64.

林义浩，1982. 快速获得大量鱼类肾细胞中期分裂相的 PHA 体内注射法 [J]. 水产学报，6（3）：201-204.

刘少军，曹运长，何晓晓，等，2001. 异源四倍体鲫鲤群体的形成及四倍体化在脊椎动物进化中的作用 [J]. 中国工程科学，3：33-41.

刘思阳，1987. 三倍体草鲂杂种及其双亲的细胞遗传学研究 [J]. 水生生物学报，11：52-58.

陆仁后，李燕鹍，易泳兰，等，1982. 四倍化草鱼细胞株的获得、特性和移核实验的初步试探 [J]. 遗传学报，9：381-388.

毛莲菊，王子臣，刘相全，等，2000. 咖啡因加热休克诱导皱纹盘鲍多倍体的研究 [J]. 遗传学报，27：959-965.

钱国英，朱秋华，汪财生，2004. 水生动物多倍体育种的研究进展 [J]. 浙江万里学院学报，17（5）：97-101.

宋胜磊，陆全平，吕佳，等，2003. 制备青虾染色体方法新探 [J]. 生物学通报，38（12）：53-54.

宋振荣，王良宏，林琪，等，2004. 金鱼三倍体诱导技术的初步研究 [J]. 集美大学学报（自然科学版），9（4）：305-309.

王爱民，阎冰，兰国宝，等，2003. 三种诱导马氏珠母贝四倍体方法的比较 [J]. 农业生物技术学报，11：64-89.

王爱民，阎冰，叶力，等，1999. 6-DMAP 诱导马氏珠母贝三倍体 [J]. 广西科学，6：148-151.

王桂忠，陈雷洪，李少青，等，2002. 锯缘青蟹染色体核型的分析研究 [J]. 海洋科学，26（1）：9-13.

吴王萍，叶玉珍，吴清江，2000. 热休克诱导斑马鱼异源三倍体的研究 [J]. 海洋与湖沼，31（5）：465-470.

吴维新，林临安，徐大义，等，1981. 一个四倍体杂种——兴国红鲤×草鱼 [J]. 水生生物学集刊，7：433-436.

吴雅琴，常瑞丰，程和禾，2006. 流式细胞术进行倍性分析的原理和方法 [J]. 云南农业大学学报，21（4）：407-414.

相建海，1989. 中国对虾染色体的研究 [J]. 海洋与湖沼，19（3）：205-209.

严正凛，江宏，李丕廉，等，1997. 杂色鲍和九孔鲍三倍体的冷休克诱导研究 [J]. 海洋通报，16：20-26.

尤锋，1993. 黑鲷三倍体的人工诱导研究 [J]. 海洋与湖沼，2：248-255.

俞小牧，陈敏容，杨兴棋，等，1998. 人工诱导异源四倍体和倍间三倍体白鲫的红细胞观察及其相对 DNA 含量测定 [J]. 水生生物学报，22（3）：291-294.

张伟明，吴萍，吴康，等，2003. 两种鱼类染色体制片方法的比较研究 [J]. 水利渔业，23（5）：9-10.

张宪中，傅洪拓，沈勇平，等，2008. 人工诱导三倍体锦鲤繁育技术 [J]. 安徽农学通报，14（13）：130-131.

周岭华，邓田，张晓军，1999. 利用流式细胞计进行虾类倍性检测的研究 [J]. 海洋科学，23（2）：42-45.

朱冬发，王春琳，李志强，2005. 三疣梭子蟹核型分析 [J]. 水产学报，29（5）：649-653.

Guo X, Allen S K Jr, 1994. Viable tetraploids in the Pacific oyster (*Crassostrea gigas* Thunberg) produced by inhibiting polar body 1 in eggs from triploids. Mol. Mar. Biol. Biotechnol. 3：42 - 50.

Komarv A，Uchimura Y，Ieyama H，et al，1988. Detection of induced triploid scallop, *Chlamys nobilis*，by DNA microfluorometry with DAPI staining [J]. Aquaculture. 69：201 - 209.

Liu S J，Liu Y，Zhou G J，et al，2001. The formation of tetraploid stocks of red crucian carp×common carp hybrids as an effect of interspecific hybridization [J]. Aquaculture，192：171 - 186.

Purdom C E，1983. Genetic engineering by the manipulation of chromosomes. Aquaculture，33：287 - 300.

Smith L T，Lemoine H L，1979. Colchicine-induced polyploidy in brook trout. *Prog. Fish Cult.*，41：86 - 88.

Stanley J G，Hidu H，Allen S K Jr，1984. Growth of American oyster increased by polyploidy induced by blocking meiosis Ⅰ but not meiosis Ⅱ. Aquaculture，37，147 - 155.

Teskeredzic E，Teskeredzic Z，Donaldson E M，et al，1993. Triploidization of coho salmon following application of heat and electric shocks. Aquaculture，116：287 - 294.

Ueda T，Sawada M，Kobayashi J，1987. Cytogenetic characteristics of the embryos between diploid female and triploid male in rainbow trout. Jan. J. Genet. 62：461 - 465.

Zhang G F，Chang Y Q，Shong J，et al，1998. Triploidy induction in Pacific oyster *Crassostrea gigas* by caffeine with thermal shock. Chin. J. Ocean. Limnol. 16：249 - 255.

第七章
雌核发育与雄核发育

第一节　雌核发育

一、天然雌核发育

雌核发育是指卵子须经精子激发才能产生只具有母系遗传物质的个体的有性生殖方式。

自然界中的孤雌生殖、雌核发育和杂合发育同属于单性型种群中比较特殊的有性生殖方式。严格地说，只有真正不存在精子参与的生殖才能称为孤雌生殖（如蜜蜂、蚜虫、水蚤和轮虫等）。在脊椎动物中发现营孤雌生殖的有爬行类美洲蜥蜴科的 *Cnemidophorus* 属和蜥蜴属（*Lacerta*）的某些种类，以及某些种类的火鸡。

雌核发育主要分布在鱼类和两栖类的钝口螈属（*Ambystoma*），而杂合发育仅存在于花鳉属（*Poeciliopsis*）中的三种青鳉（源头青鳉 *P. monacha*，显鳍青鳉 *P. lucida* 和西域若花鳉 *P. occidentalis*）的杂合体如 *P. monacha-lucida*、*P. monacha-latideus* 和 *P. monacha-oc-cidentalis*，它们均为二倍体杂种（拉丁文种名为前母后父）。其特点是后代为全雌性，但具父本性状。可是，当杂种的卵子发生时，排除了全部父本染色体（葛伟等，1989）。营天然雌核发育的鱼类共同的特点是：卵子具有与母本完全相同的染色体组型。卵子受近缘两性型种类雄鱼的精子激发后才能发育，但精子只起激发作用，并未发生雌、雄原核的融合或配子配合。因此，后代不具父本性状。在银鲫中，除了某些种类外，所有雌核发育后代全为雌性，表型似母本，基因型与母本相同或不尽相同，视卵核发育的途径而定。

（一）天然雌核发育的鱼类

美国得克萨斯州南部和墨西哥东北部的亚马孙花鳉（美洲鳉）（*Poecilia formosa*）是首次发现的营天然雌核发育的鱼类。之后，银鲫（*Carassius auratus gibelio*）、花鳉属的某些鱼类、关东系银鲫（*C. auratus langsdofii*）、月银汉鱼属（*Menidia*）的克氏美洲原银汉鱼（*M. clarkhubbsi*）也发现是天然雌核发育鱼类（蒋一珪等，1983；葛伟等，1989）。此外，天然雌核发育的鱼类还有胎生贝湖鱼（*Comephorus baicalensis*）、亚洲箭齿鲽（*Atheresthes evermanni*）和葡萄牙的一种斜齿鳊。

（二）鱼类雌核发育的细胞学原理

关于鱼类雌核发育的细胞学研究，主要包括卵子发生和成熟卵的受精生物学两部分。前者涉及鱼类雌核发育子代如何保持倍性（即保持染色体数目），而后者则要了解同源或异源精子进入雌核发育卵后，父本染色体在合子中的命运。

1. 天然雌核发育型卵子的发生 天然雌核发育鱼类和许多两性融合生殖鱼类一样，卵子的发生都要经历原始性细胞（由生殖褶上皮细胞转化而成）→卵原细胞→初级卵母细胞→次级卵母细胞。当卵原细胞经过原生质生长期（小生长期）后，才进入营养质（滋养质）的大生长期。在某些鱼类中，滋养质的生长过程可持续 1～2 年或更长时间。而银鲫在南方一带（如上海和湖北等地）因水温较高，从越冬期进入营养质的生长阶段，至翌年 4～5 月即达到产卵的程度。一般而言，当初级卵母细胞经过一系列的生长和发育，积累了各种营养物质，完成了卵质的分化，合成和储存了胚胎早期发育所需的发育信息，至此，细胞核极化，核内的核仁从边缘向中央集中，并开始溶解在核浆内。这时，初级卵母细胞才由包裹自己的滤泡膜中解脱出来，即从卵巢中排出停留在卵巢腔或体腔中，在排卵的同时，紧接着核膜溶解，染色体进行第一次成熟分裂，放出第一极体，此时的卵母细胞成为次级卵母细胞。随后，又进行第二次成熟分裂，且停留在中期，等待受精。

然而，天然雌核发育鱼类（如银鲫）的卵子发生，与两性融合生殖的鱼类的不同之处，在于它只进行一次成熟分裂，排出的卵子处于第一次成熟分裂中期（图 7-1、图 7-2），而只完成一次同型核分裂。然而，在卵细胞的动物极中可观察到三极纺锤体（图 7-3），这是因为卵子在第一次成熟分裂晚前期发育不全所致。染色体分布在三个极上，各形成"单价"染色体后，三极纺锤体发生丝间断裂，染色体又行集中，重又形成纺锤体，再进行唯一的一次成熟分裂，排出极体。此外，当某些卵细胞的三极纺锤体衰败时，有时可以在已转变成二极纺锤体后的染色体以 1：2 的比例形成一种一端染色体数量比另一端多 1 倍的二级纺锤体，相当于一个单价体与二倍体的现象，相当于一个单价体与二倍体的安排。这种现象可以说明三倍体花鳉属偶尔发现二倍体分离子的原因。

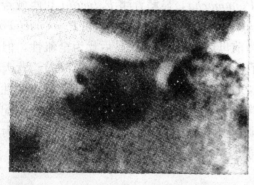

图 7-1 普安鲫（A 型）排出的卵细胞，卵壳膜下未见极体，只有一个纺锤体

（俞豪祥等，1998）

图 7-2 单性银鲫排出的卵细胞处于第一次成熟分裂中期，示纺锤体

（Cherfas，1981）

人工诱发泥鳅雌核发育时观察到第二极体与雌性原核重新融合，从而恢复二倍体染色体数目（陈宏溪，1983）。在胎鳉属亚马孙花鳉与饰圈花鳉（*P. vittata*）、黑花鳉（*P. sphenops*）属内杂交所得少数杂种为三倍体，表明亚马孙花鳉雌性原核在与雄性原核融合时已是二倍体。通过细胞显微分光光度法、电镜分析和放射自显影等证明，亚马孙花鳉恢复倍性是通过抑制第一次成熟分裂完成的。因此，把雌核发育分为减数分裂型和非减数分裂型。根据这一划分，花鳉属的雌核发育类型属于前者，而亚马孙花鳉和银鲫则属于后者（葛伟等，1989）。

2. 雌核发育的受精细胞学及其机制　研究人员推断花鳉属的雌核发育三倍体以及亚马孙花鳉中雌、雄性原核并不融合，父本染色体不能掺入到合子中，精子的唯一作用是刺激卵子发育。因此，到目前为止，认为雌核发育过程中使雄性染色体失活或排除的机制仍是一个谜（葛伟等，1989）。当同源或异源精子进入银鲫卵动物极后，只排出唯一的一个极体（图7-4）。精核始终受到抑制而不形成雄性原核，保持固缩状态，直至保持在准备第一次卵裂前（图7-5）。曾观察到在8细胞时精核仍保持固缩状（俞豪祥，1982）。然而，苏联有 $2n=100$ 的两性型银鲫，它的雌核可以和形成的雄性原

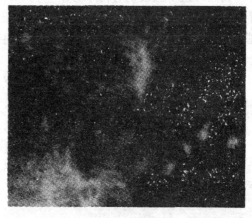

图7-3　方正银鲫排出的卵细胞，示三极纺锤体
（俞豪祥，1982）

核融合。不过，值得怀疑地是苏联及日本的有关学者，不恰当地把鲫统称为银鲫（沈俊宝等，1983）。两性型银鲫（♀）×鲤（♂）杂交的子代中，绝大部分是有一对口须的。

图7-4　方正银鲫卵核正在排出一个极体，
箭头示固缩的精核
（俞豪祥，1982）

图7-5　固缩的精核位于 A 型普安鲫第一次
卵裂中期纺锤体的侧旁
（俞豪祥等，1998）

精核在银鲫卵质中不能形成雄性原核，是由于在正常受精状态下，银鲫卵质促使精核核膜解体的功能异常，使覆盖精子头部的核膜不能像在两性融合生殖受精卵子中那样进行崩解，所以精核不能进一步发育为雄性原核。但是，银鲫卵子抑制精核发育可能是不稳定的，某些外界条件的改变使银鲫卵受精过程表现为两性融合生殖。例如，在三倍体关东系银鲫卵受精后 15～39 min 内进行冷处理，雌核接受了来自异源父本的一套染色体，结果子代为四倍体。另外，在三倍体银鲫人工繁殖群体中也发现了极少数的异源四倍体异育银鲫。这一现象反映出在特定条件下有可能使银鲫卵质恢复其促精核核膜解体的功能，或者改变并损伤精核核膜的结构，使其解体。接着，在银鲫卵质中促精核解凝和形成原核的因子作用下发育成雄性原核。然而，有学者指出来源不同（同源或异源）的精子在银鲫受精卵中的细胞学变化有所不同，精核的解凝或原核化发育程度上并不一致。这可能是由于不同的精子核膜存在差别，于是在异常的银鲫卵质功能影响下，进而发生不同的发育行为。

当然，这一假设仍有待于分子生物学研究的证实。通过建立细胞系，从体外诱导精核发育，对于早期受精过程中精核发育的生化研究起了推动作用。在哺乳类、两栖类和海胆中，现已证实了精核发育与 Ca^{2+} 的激活、磷酸化作用，以及有关蛋白酶的相关性，后来又初步分离到了诱导精核形成原核的蛋白质组分。上述进展和通过对比雌核发育、两性融合生殖鱼卵质诱导功能上的差异，并联系到特定外界因子的影响，揭示鱼类天然雌核发育的受精分子机制已为期不远（岳振宇等，1996）。

二、雌核发育的人工诱导

一般说来，鱼类雌核发育二倍体的诱发可以通过精子染色体的遗传失活，以及卵子染色体的二倍体化而实现（图 7-6）。

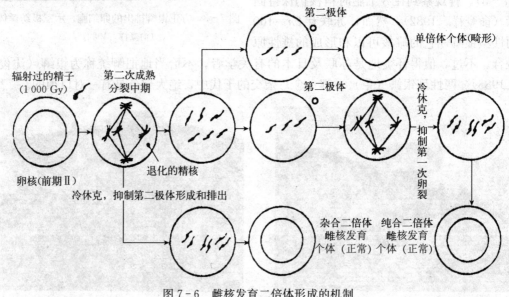

图 7-6　雌核发育二倍体形成的机制

（Purdom，1983；楼允东，1999）

（一）精子染色体的遗传失活

用各种辐射或化学方法处理鱼类精子，都可以有效地破坏染色体上的遗传物质。但这种遗传上失去活性的精子仍具有进入卵子的能力。

1. 辐射处理　辐射处理精子常用的有 γ 射线、X 射线和紫外线等。γ 和 X 射线的优点是具有较强的穿透力，可在同一时间里处理大量的精子，但需要特别安全的防护设备，费用昂贵，而且有许多不便。紫外线（ultra violet，UV）设备简单，操作容易，且比较安全，但其主要缺点是穿透力较弱。

（1）γ 射线。通常用 ^{60}Co（钴 60）做辐射源。德国学者 Hertwig（1911）首次成功地用各种剂量的 γ 射线照射蛙精子，发现随着辐射剂量的增加（由 1 Gy 增至 100 Gy），蛙胚胎的成活率显著地降低。可是，当用更高的剂量（100～1 000 Gy）时，胚胎发育早期的成活率反而升高。因此，人们把这个现象称为赫脱维奇效应（Hertwig effect）。出现这种现象的原因是在高剂量照射精子时，全部染色体被破坏而导致单倍体的产生。这种单倍体胚胎比辐射诱发出来的具有显性致死突变基因的二倍体胚胎存活时间长。经过许多学者研究，证实鱼类也有类似的情况，而应用辐射过的精子以产生鱼类单倍体胚胎的第一位学者是 Opperman（1913）。后来，Thompson 等（1981）报道经 ^{60}Co-γ 射线处理的鲽精子在 0 ℃时的活性可保持时间长达 5 d。Chourrout 等（1980）发现在高稀释度时用 γ 射线辐射过的精子比正常精子效果差。所以，凡辐射精子均不宜保存太久，最好是辐射后及时进行人工授精。另外，Ijiri（1980）报道，即使经 γ 射线或 X 射线高剂量处理的精子，残留的父本性状或染色体碎片有时还可能在人工雌核发育的胚胎中发现（楼允东，1986；楼允东等，2001）。

吴清江等（1981）和蒋一珪等（1982）分别成功地用 ^{60}Co-γ 射线处理了镜鲤、野鲤和华南鲤精子：照射时将新鲜精液与 3 份 Hank 氏保存液混合装入玻璃试管中，然后把它置于装有碎冰块的保温瓶内（0.5～4.0 ℃）进行辐射，剂量为（3.354～4.0506）×10^{-2} C/(kg·min)，总剂量为 38.7 C/kg。

（2）X 射线。一般用 X 射线处理精液的报道甚少，但也曾有用 X 射线分别辐射泥鳅和鲤精子而使精子染色体失活的报道。

（3）紫外线。紫外线主要作用在 DNA 上。经紫外线照射后的 DNA，氢键断裂，在同一链上相邻的或两条链上对应的胸腺嘧啶之间形成胸腺嘧啶二聚体，使双螺旋的两链间的键减弱，导致 DNA 局部变形，从而严重影响 DNA 的正常复制和转录。然而，在可见光存在的情况下，这些损伤的 DNA 可能在光复活酶的作用下被光复活作用所修复。因此，用紫外线照射精液时应在暗处进行。此外，紫外线对处理大量精液较为困难，同时，被照射的精子不大可能全部失活，这也是采用紫外线照射的不足之处。为此，照射精液时，应尽可能地把精液铺得薄一些（楼允东等，1989）。

现举两例供参考：

【例 1】照射虹鳟精液：将精液与改良的 Cortland 伸张液（配方：NaCl 1.88 g、CaCl$_2$ 0.23 g、KCl 7.20 g、NaH$_2$PO$_4$·H$_2$O 0.41 g、NaHCO$_3$ 1.00 g、MgSO$_4$·7H$_2$O 0.23 g、葡萄糖 1.00 g、蒸馏水 1 000 mL）等量混匀，然后置于波长为 254 nm 的 4 支灭菌灯（36W/支，G36T6，USA）下照射 28 min。照距为 15 cm。精液厚度为 5 mm。照射时，用磁性搅拌器以每分钟 60 r 的速度搅拌。

【例 2】照射鲤精液：用 4 倍冷藏 Hank 氏液稀释精液，定量移入一只平底小玻璃培养皿内（精液厚度 0.5～1.0 mm），皿下垫放一只装有碎冰块的大玻璃皿降温。为了确保精液均匀地受到照射，用一只以每分钟摇动 35 次的小摇床摇动精液。在一支 30 W 灭菌紫外线灯（波长 253.7 nm）下，照距 17 cm，照射 2 h。照射期间，最好每隔 15 min 将受照精液的小皿轻摇数次后再继续照射。直至镜检精子遇水活动减弱，且呈"醉汉状游动"为准。经过照射的精子，对红镜鲤卵的激活和"受精"比例高达 82.8%（吴清江等，1981），而以未照射的精子与红鲫（或红鲤）卵人工授精相比，后者的受精率仅高出 3.3%（蒋一珪等，1982）。

2. 化学药物 诱变精子 DNA 的化学药物也已经用于诱发鱼类与两栖类雌核发育的研究。使用的化学药物有甲苯胺蓝、乙烯脲和二甲基硫酸盐等。另外，吖啶黄和噻嗪等也有效。如能找出适当处理浓度和处理时间，失活鱼类精子染色体的化学诱变也许是一个简便的方法（楼允东，1986；楼允东等，2001）。

（二）卵子染色体的二倍体化

一般说来，绝大多数的硬骨鱼类排出的卵子正处于第二次成熟分裂中期（刘建康等，1992），当精子入卵后排出第二极体。此时的卵子仅含有减半的染色体数目，如果与失活精子进行人工授精，那么所产生的个体是单倍体。由于其只具有母本的一套染色体组，单倍体细胞内的 DNA 含量不及二倍体的 1/2，基因产物不足，导致器官发生异常，绝大部分不能存活。因此，不能像植物那样直接用于单倍体育种。单倍体一般均具有单倍体综合征，其中最典型的是脑部呈 S 形或蛇形，尾部短而弯曲，水肿，围心腔扩大，心脏和血液系统发育不全等，而虹鳟单倍体胚胎呈淡黄色，眼点较小（楼允东等，2001）。这些单倍体虽能较好地通过胚胎发育，但在孵化前后则陆续死亡。因此，若要获得成活的二倍体雌核发育，除了失活精子染色体外，还必须设法使卵子染色体二倍体化。通常在人工授精的过程中，有少数激活卵可以不经特殊处理便能产生二倍体雌核发育，这称为自发二倍体雌核发育。自发雌核发育二倍体的出现频率因种类而异，一般不超过 1%（楼允东等，2001）。但是，也有得到 1.35%～1.50% 的自发雌核发育二倍体鲤的成功试验，且这些少数鲤不存在不育的现象。如果应用各种人为的处理，可增加其二倍体产量至 60% 左右或更高，甚至高达 100%。这种由人为的处理方法产生的二倍体雌核发育称为诱发二倍体雌核发育。

诱发二倍体雌核发育，通常是通过抑制激活卵第二次成熟分裂后期的第二极体形成和排出，把这样产生二倍体雌核发育称为减数雌核发育；而抑制激活卵第一次卵裂（有丝分裂）中后期产生二倍体雌核发育称为卵裂雌核发育。卵裂雌核发育也称有丝分裂雌核发育。减数雌核发育二倍体为杂合的，卵裂雌核发育二倍体为纯合的。

人工诱发二倍体雌核发育与诱发多倍体的方法基本相同。不同的是：前者用的是经辐射处理的失活精子激活的卵子，而后者用的是正常精子受精的卵子。这些方法包括物理（温度与静水压）、化学和生物（杂交）等 3 种。

1. 物理方法　无论是采用低温还是高温处理激活卵，均能获得二倍体雌核发育，设备比较简单，且操作安全、方便。

（1）温度休克。不同的鱼类对温度的敏感性，不仅与其遗传背景有关，而且也与卵子的成熟度有关。因此，掌握温度休克开始的时间以及处理的持续时间，也是使卵核染色体二倍体化的成功关键。

一般说来，卵子经失活精子激活后不久，正处于第二次成熟分裂后期，若在这时给予冷（0 ℃左右）或热（39～41 ℃）休克，或者在激活卵第一次有丝分裂中期施于热休克，效果较好（Cherfas 等，1994）。

用 UV 照射过的草鱼、华南鲤失活精子激活红鲫卵后 2 min，从 18～19 ℃的水中置于 0～3 ℃的冰水中 20 min，结果获得平均 8.3%（0.49%～11.90%）的成活雌核二倍体红鲫仔鱼，夏花成活率达 50% 以上（蒋一珪等，1982）。

用镜鲤失活精子激活红镜鲤卵后 3 min，以 0 ℃冷休克 30 min，获得 17.4% 的雌核发育二倍体红镜鲤（吴清江等，1981）。草金鱼成熟卵经紫外线灭活的兴国红鲤精子激活受精卵 5 min 后，2～4 ℃冷休克处理 25 min，雌核发育后代的成活率较低，仅为 8.1%；而同样条件用黄锦鲤的灭活精子激活卵经冷休克处理的雌核发育后代的成活率则更低，仅为 1.7%，说明不同来源的精子对雌核发育后代的成活率具有显著影响。

印度用紫外线照射的失活精子分别激活露斯塔野鲮（*Labeo rohita*）和卡特拉鲃（*Catlacatla*）卵后 4 min，将它们置于 39 ℃下热休克 1 min，分别获得 15% 和 10% 的雌核发育二倍体。金鱼卵经紫外线灭活鲤精子快速激活卵，40 ℃热休克 3 min 后，雌核发育二倍体的成活率达 15.8%。

以色列在观赏鲤卵被失活精子激活后，当受精 27～29 min、44～46 min 时，分别将它们由孵化水温 25 ℃、20 ℃中取出，并移置在 39.5～40.5 ℃的水中做 2～3 min 热休克，目的在于抑制第一次卵裂产生纯合二倍体雌核发育个体，但最高仅获得 15％的胚胎（人工授精总卵数计算）（Cherfas 等，1993）。后来，他们共用激活卵 9 490 颗和 8 282 颗分别进行了 3 次冷休克及热休克的比较试验，结果显示：当热休克始于 $0.15～0.25\tau_0$（最佳为 $0.20\tau_0$，τ_0 代表胚胎的发育龄单位）时，平均孵化率为 39.8％（以人工授精卵总数计算）、平均获二倍体仔鱼 5.1％，而用冷休克处理组的平均孵化率为 41.6％、平均获仔鱼 2.7％。因此表明，以获得二倍体雌核发育仔鱼产量而言，热休克比冷休克的产量更高（Cherfas，1994）。

（2）静水压。自从首次用静水压法在蛙属 Rana pipiens 成功地破坏成熟分裂而抑制第二极体的排出以来，在温水性斑马鱼和冷水性虹鳟的试验中也应用了这一技术，且众多研究均在虹鳟试验中获得成功（表 7 - 1）（Onozato，1984；楼允东等，2001）。

就静水压休克来说，当施加压力时，有丝分裂器中的纺锤丝崩解，由蛋白质组成的微管解凝，纺锤体及星光随之消失，分裂受到抑制。当压力免去后，微管蛋白质重新聚集，纺锤丝接着形成，星光及纺锤体重新再现，分裂则随之启动。这是静水压作用的一般原理。此外，静水压休克还能使染色体发生不同程度的凝缩，导致染色体在后来发育过程中呈现不同的变化。当然，静水压处理不当也可能使受精卵的结构发生某些物理和化学变化，造成发育受阻（桂建芳等，1995）。不可否认，应用静水压休克需要专门的设备，费用相对大一些，但它对胚胎的损伤可能比温度休克小。在静水压诱发二倍体雌核发育虹鳟时的平均孵化率（43.9％）比热休克（21.5％）高得多（楼允东等，2001）。

2. 化学药物　据吴清江等（1981、1991）报道，用经紫外线照射的鲫和团头鲂失活精子激活兴国红鲤卵子发育至 2 细胞期时，以 25 mg/L 或 100 mg/L 浓度的秋水仙素水溶液浸泡 30 min，破坏纺锤体的形成，结果获得 31.6％二倍体雌核发育个体。直至目前为止，应用化学药物作为诱变剂仍很少。

3. 远缘杂交　首次报道鱼类远缘杂交获得个体的是用眼镜鱼精子处理底鳉（Fundulus）获得纯的底鳉，之后用褐鳟（Salmo trutta）精子处理美洲红点鲑（Salvelinus fontinalis）也只发现纯的美洲红点鲑。此外，欧鲌（Alburnus alburnus）♀×黑海褐鲱（Caspialosa kessleri）♂、红眼鱼（Scardinius erythrophthalmus）♀×白斑狗鱼（Esox lucius）♂的目间杂交的杂种也只是表现母本性状（李元善，1982）。

在用鲽（♀）×拟庸鲽（♂）、川鲽（♀）×拟庸鲽（♂）分别进行属间杂交时，受精率高，但孵化率很低，仔鱼孵出 2 d 内全部死亡。若将卵子受精后 20 min 给予冷休克，则产生正常的二倍体胚胎，且仔鱼也呈现母性性状。如果拟庸鲽精子预先用剂量为 1 000 Gy 的 γ 射线进行辐射处理，结果对受精及以后的胚胎发育并没有影响。这充分证实鲽与拟庸鲽或川鲽与拟庸鲽的杂种是"假杂种"（false hybrid），拟庸鲽的精子对发育中的胚胎没有提供遗传物质而仅仅起激发卵子的作用。

另外，Uyeno（1972）报道了银大麻哈鱼（♀，2n＝60）与美洲红点鲑（♂，2n＝84）杂种的染色体数目的雌核发育变化。该杂交组合的染色体数目为 2n＝60，即有与母本银大麻哈鱼完全相同的染色体数目与组型。Stanley（1976）用草鱼卵子与经紫外线照射过的鲤精子杂交，结果得到 3％自发雌核发育的草鱼，经染色体组型分析证实它是二倍体（2n＝48）。在草鱼（♀）×红鲤（♂）、鲢（♀）×红鲤（♂）进行的属间杂交组合中出现少数染色体为 24 和 48 的个体，且与母本草鱼或鲢的核型相似，因此可以确定为雌核发育单倍体和雌核发育二倍体。

表 7-1　人工诱发雌核发育二倍体鱼的实例

鱼类	失活精子染色体的方法	卵子染色体加倍的方法	雌核发育二倍体的产量（%）	雌核发育二倍体的性质
泥鳅 (Misgurnus fossilis)	X射线，51.6 C/kg（2×10⁵R）	未受精或刚受精卵，冷休克（0.5~3.0℃）3 h	60.0	杂合
	X射线，51.6 C/kg（2×10⁵R）	刚受精卵，热休克（34℃）4 min	17.0	杂合
	紫外线（UV）	受精后 4~5 min，冷休克（1℃）1 h	61~78	杂合
草金鱼	紫外线（UV），兴国红鲤	灭活精子激活卵 5 min，冷休克（2~4℃）25 min	8.1	杂合
	紫外线（UV），黄锦鲤	灭活精子激活卵 5 min，冷休克（2~4℃）25 min	1.7	杂合
花斑金鱼 金鱼	紫外线（UV），团头鲂	灭活精子激活卵 1~2 min，冷休克（0~4℃）51~58 min	5.2	杂合
	紫外线（UV），鲤	灭活精子快速激活卵，热休克（40℃）3 min	15.8	未报道
鲽 (Pleuromectes platessa)	γ射线，2.58~25.8 C/kg	受精后 20 min，冷休克（0℃）3 h	60.0	杂合
	拟庸鲽精子，预先不用γ射线辐射	对照，未进行任何冷休克处理	0	杂合
	拟庸鲽精子，预先不用γ射线辐射	受精后 10~20 min，冷休克（-0.5℃）	55.0	杂合
	拟庸鲽精子，预先用γ射线（1 000 Gy）辐射	受精后 10~20 min，冷休克（-0.5℃）4 h	64.4	杂合
草鱼 (Ctenopharyngodon idellus)	鲤精子，紫外线处理	属间杂交	3.0	自发
	γ射线，25.8 C/kg	受精后 5 min，冷休克（4℃）60 min	23.0	杂合
	鲤精子，紫外线处理	受精后冷冷休克（4~6℃）20 min	4.0	杂合
鲤 (Cyprinus carpio)	X射线，25.8 C/kg	刚排出的未受精卵，冷休克（8~9℃）3 h 30 min	8.0	杂合
	γ射线，25.8 C/kg	受精后 15 min，冷休克（4℃）60 min	22.5	杂合
	γ射线，38.7 C/kg	受精后 5 min，冷休克（4℃）60 min	13.5	杂合
	γ射线，38.7 C/kg	受精卵发育至 2 细胞期以 25 mg/L 浓度秋水仙素溶液浸泡 30 min	31.6	纯合
	紫外线（UV）	受精后 1~2 min，冷休克（0℃）45 min		杂合
	紫外线（UV）	受精后 30 min，热休克（40℃）2 min		纯合
	紫外线（UV）	受精后 44~46 min，热休克（39.3~49.5℃）2~3 min	15.0	杂合
	紫外线（UV）	受精后 27~29 min，热休克（39.3~49.5℃）2~3 min	15.0	纯合

（续）

鱼类	失活精子染色体的方法	卵子染色体加倍的方法	雌核发育二倍体的产量（%）	雌核发育二倍体的性质
斑马鱼（Brachydanio rerio）	紫外线（UV）	受精后 17 min 先用 2% 乙醚处理 5.5 min，再以静水压（562.45 kg/cm²）处理 5 min；然后继续用乙醚处理 8 min	20.0	纯合
银大麻哈鱼（Oncorhynchus kisutch）	γ射线，25.8 C/kg	受精后 10 min，冷休克（-0.5℃）4 h	8.7	杂合
虹鳟（O. mykiss）	γ射线 28.38~49.02 C/kg	受精后 25 min，热休克（26℃）20 min	80.0	杂合
	γ射线 34.83 C/kg	受精后 40 min，静水压（492.15 kg/cm²）4 min	60.0	杂合
	紫外线（UV）	受精后 5.8 h，静水压（492.15 kg/cm²）4 min	8.2	纯合
	紫外线（UV）	受精后 40 min，静水压（8 000 Psi）10 min	81.0	杂合
尼罗罗非鱼（Oreochromis niloticus）	紫外线（UV）	受精后 5 min，热休克（41℃）3.5 min	16.2	杂合
	紫外线（UV）	受精后 9 min，静水压（562.45 kg/cm²）2 min	24.0	杂合
	紫外线（UV）	受精后 30 min，热休克（41℃）3.5 min	2.9	纯合
	紫外线（UV）	受精后 47.5 min，静水压（630 kg/cm²）2 min	1.9	纯合
奥利亚罗非鱼（O. aureus）	紫外线（UV）	受精后 3 min，热休克（41℃）3.5~4.0 min	3.6	杂合
	紫外线（UV）	受精后 5 min，热休克（41.1℃）3.5 min	0~2.7	纯合

注：引自楼允东（2001）、肖俊等（2009）、常华（2010）、桂建芳（1995）和陈乘（2014）。

综上所述，通过物理、化学和生物的方法都可诱发雌核发育二倍体的产生。据文献报道，迄今已获得人工雌核发育二倍体的鱼类多达 30 种以上。

三、雌核发育二倍体的鉴定

当人们面对某些鱼类是否营天然雌核发育或人工诱发雌核发育时，必须用有效的方法和充分的证据证明精子对胚胎确实没有提供遗传物质，这就涉及如何将它们和正常受精产生的二倍体加以鉴别的问题。

（一）天然雌核发育鱼类的鉴别

以方正银鲫和普安鲫为例，可用下述方法鉴别。

1. 人工繁殖　用正常鲤精子与排出的成熟卵做人工授精，子代不具一对吻端须（极个别例外）。

2. 辐射精子人工繁殖　与遗传失活的鲤精子做人工授精，发育的胚胎不出现辐射雌核发育单倍体综合征，孵出的仔鱼正常和成活率高。

3. 人工授精卵的细胞学观察

（1）人工授精卵切片光镜观察。精子入卵后，精核不发育成雄性原核，始终保持密质状态，此为典型的雌核发育特征。

（2）囊胚细胞压片镜检。囊胚细胞染色体数目（图 7-7）与体细胞染色体数目（156 或 162 条）是一致的。

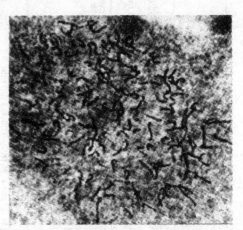

图 7-7　方正银鲫囊胚细胞染色体
（蒋一珪等，1982）

4. 视泡期胚胎脑部形态观察　人工雌核发育单倍体胚胎（与失活精子人工授精）脑部呈 S 形畸形，而天然雌核发育及人工雌核发育二倍体胚胎脑部正常（图 7-8）。

A　　　　　　　　B　　　　　　　　C　　　　　　　　D

图 7-8　正常和 S 形畸形脑部的形态

（A、B 分别为红鲫、鲫人工雌核发育单倍体胚胎脑部呈 S 形畸形；C、D 分别为天然雌核发育方正银鲫和人工雌核发育二倍体红鲫胚胎，脑部均正常）

（蒋一珪等，1982）

5. 红细胞的大小　天然雌核发育的鱼类以三倍体居多，因为它们具有较多的染色体，体细胞核随之增大，红细胞也不例外。例如，方正银鲫、淇河鲫、普安鲫的红细胞及核的长径、短径、面积、体积均大于二倍体野鲫，即二倍体与三倍体的核体积和面积各达到了预定的比例 1∶1.5 和 1∶1.3（表 7-2）。

表 7 - 2　3 种鲫红细胞大小的比较

（楼允东等，2001）

		野生鲫（9 尾）	淇河鲫（8 尾）	方正银鲫（5 尾）
红细胞	长径	5.82±0.72（1）	6.81±0.21（1.17）	6.88±0.18（1.18）
	短径	3.68±1.61（1）	4.30±0.37（1.17）	4.24±0.23（1.15）
	面积	16.81±1.94（1）	22.99±2.19（1.37）	22.90±1.22（1.36）
	体积	41.27±4.93（1）	65.93±13.18（1.60）	64.76±6.70（1.57）
红细胞核	长径	2.22±0.71（1）	2.97±0.16（1.34）	2.55±0.17（1.15）
	短径	1.38±0.76（1）	1.46±0.71（1.08）	1.62±0.19（1.17）
	面积	2.40±0.73（1）	3.40±0.60（1.42）	3.24±0.60（1.35）
	体积	2.21±0.86（1）	3.31±0.94（1.50）	3.50±0.90（1.58）

注：表中的数字是任意值，括弧内的数字是比例。

6. 肝及肝细胞的大小　一般来说，方正银鲫的肝非常柔软且易脆，色淡肉红色；而鲫的肝坚实呈猪肝色，体积小。另一特点是：方正银鲫的整个肝几乎覆盖整个肠管部分，重量占其体重的 6%～7%，而且肝细胞的胞质稀疏，细胞最大长轴约为 46.5 μm；鲫的肝分布于肠管之间，胞质浓，细胞最大长轴约 27.5 μm。若按肝重量比较，则方正银鲫比鲫的肝大 2 倍以上。

7. 体细胞染色体计数　就方正银鲫和普安鲫等天然雌核发育的鲫而言，它们的染色体数目基本为 150 左右，或有其他数目（如 200 左右，习惯上称为四倍体）。而一般进行两性生殖的鲫，且雌、雄性原核融合者，其染色体数目多在 100 左右。

总而言之，通过上述方法基本上能够将天然雌核发育的鲫鉴别出来。

8. 侧线鳞的数目　以往认为，把侧线鳞值 30 作为初步区分银鲫和鲫的依据。因为鲫的侧线鳞片数为 28.65～29.22，银鲫则为 30.4～31.11。于是把侧线鳞片数的均值大于 30 者归为银鲫，而小于 30 者归为鲫，然后再做其他性状（包括繁殖特性）的进一步鉴别（蒋一珪等，1983）。在计数侧线鳞片时，必须根据统一标准，否则常会出现误差，造成混乱和增添麻烦。值得注意的是，在贵州省普安县青山镇几乎各水体中均有外貌及侧线鳞（27～28，27 居多）、性比（雌、雄比例约 1∶1）都与鲫（$2n=100$）非常相似的鲫，然而它们是天然雌核发育的鲫（C 型）（俞豪祥等，1991、1998）。

（二）人工雌核发育二倍体的鉴定

通常是用与母本有亲缘关系的另一种鱼类的辐射精子，通过下列几种方法将任何父性遗传识别出来：①杂种是不能存活的；②杂种在形态上是可以识别的；③杂种在生化或分子水平上是可以识别的。

美国 Stanley 等（1976）曾从形态上与生化上对鲤与草鱼的正交和反交进行研究，确证是雄核发育还是雌核发育草鱼。

在采用同一种鱼类的辐射精子时，则体色、鳞被或生化标记可以准确地鉴别雌核发育或雄核发育。吴清江等（1981）用于雌核发育的母本为纯合型红鲤或红镜鲤，即其体色（红色）和鳞被（散鳞）都为隐性纯合型。作为激活源的精子为经射线辐射的镜鲤精子，其青灰的体色为显性纯合型。因此：①以红鲤作为母本的雌核发育后裔的外形为母本特征（红色、散鳞）；杂合型后裔的外形为杂交鲤，即青灰色、全鳞；②以红镜鲤作为母本的雌核发育后裔的外形具红色、散鳞的母本特征；杂合型后裔的外形似镜鲤，即青灰色、散鳞。当胚胎的眼色素出现时，就可根据胚胎身体上出现黑色素与否来鉴别是雌核发育后裔还是杂交后裔。凡是胚体上出现黑色素的，表明精核已与卵核结合，因此是杂交个体。

另外，Nagy 等（1978）用具全鳞型（SS、Ss）鲤辐射精子与具有散鳞型（ss）鲤的卵子人工授精，结果获得 100％的散鳞后裔，从而确证它是雌核发育二倍体。同时，他们还用运铁蛋白（transferrin）基因位点生化变异来提供雌核发育的证据。因为就运铁蛋白基因位点来说，雌性等位基因不同于雄性，在几百尾雌核发育后裔中没有检查出来源于雄性的等位基因（楼允东，1986；楼允东等，1989）。

染色体的计数和组型分析对鉴别雌核发育是最准确的方法。若是雌核发育的囊胚细胞中，只有一套来自雌核的染色体，为单倍体；如果是杂交种二倍体，则有来自雌核和雄核的各一套染色体。根据染色体的大小、形态及着丝点的位置等特征，也可以将雌核发育二倍体与杂交种二倍体区别开来。

抑制极体排出或抑制第一次卵裂均能获得雌核发育二倍体，但两者的性质并不相同。为此，认定各种方法处理后所产生的雌核发育二倍体的来源显得十分重要。遗传标记提供的证据，可以鉴别它们的来源。若二倍体是抑制第一极体的形成和排出而导致产生的（一般是不可能的，因为第一极体的排出通常是在排卵前完成的），对接近着丝点的基因来说，应该导致几乎 100％的杂合后裔，而对那些与其着丝点自由分离的基因来说，则降至 2/3 的杂合体。假如二倍体是抑制第二极体的形成和排出而产生的，对接近着丝点的基因来说，将主要导致纯合后裔，而对远离着丝点的基因来说，则导致杂合体比例的增加；对于那些与其着丝点自由分离的基因来说，2/3 的后裔应该是杂合的。如果二倍体是通过抑制第一次卵裂产生的，则是 100％的纯合体，这是因为它们的两个染色体组来源于雌核一套染色体组的复制，故遗传组成完全相同。对斑马鱼研究所获得的雌核发育二倍体斑马鱼中生化位点（Est-3）的遗传，人工授精后 1.5～6.0 min 用静水压处理激活卵导致 14％杂合雌核发育二倍体后裔，其结果与抑制第二次成熟分裂的第二极体的形成及排出的结果相一致；当在人工授精后 22.5～28.0 min 用静水压处理激活卵时导致 100％纯合后裔，其结果与抑制第一次卵裂的结果相符合（楼允东，1986；楼允东等，2001）。

由方正银鲫（♀）×兴国红鲤（♂）产生的后裔异育银鲫，其外部形态特征、受精细胞学、染色体数目、红细胞大小和生化遗传指标等均无法与母本区别开来，但用现代分子生物学中的 RAPD 技术则易于区别（图 7-9）。从 RAPD 扩增 DNA 片段中看到，引物 P10（Ⅱ）下面及 P12（Ⅲ）箭头所指的 DNA 片段是野鲤与异育银鲫共有的，而方正银鲫在同一位置却没有这一 DNA 片段，这说明异育银鲫基因组 DNA 中可能带有部分野鲤基因组 DNA 的特征。而引物 P7（Ⅰ）和 P10（Ⅱ）上面箭头所指的是异育银鲫所独有的 DNA 扩增片段，这可能是子代 DNA 变异的结果，也可能是在遗传过程中两亲本 DNA 发生重组所致（陈洪等，1994）。

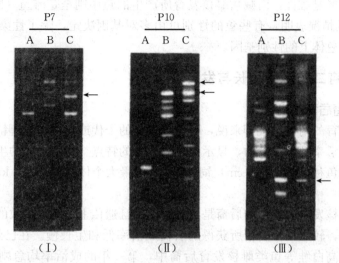

图 7-9 方正银鲫（A）、野鲤（B）和异育银鲫（C）基因组 DNA RAPD 扩增电泳图

(P7、P10 和 P12 为 3 对引物)

（陈洪等，1994）

四、雌核发育二倍体的性别

雌核发育的个体或后裔的性别是由卵核的遗传成分（染色体）决定的。在雌性配子同型（XX）的鱼类中，仅含有一条 X 染色体的卵子，经人工诱发的雌核发育二倍体个体则含有两条 XX 染色体，在遗传和表型上都是雌性。而在雌性配子异型（ZW）的鱼类中，人工雌核发育的结果则可产生雌性和雄性两种性别。鱼类性别决定基因位点在染色体之间能进行重组。因此，当性别决定基因位点是靠近着丝点或在 Z 与 W 之间不进行重组时，则对抑制第一次卵裂的所有处理应该预期得到同等比例的雄性（ZZ）和可能是无生命力的雌性（WW）个体。正常的雌鱼（ZW）只能由性染色体间的交换产生。如果性别决定基因远离着丝点，而且又在性染色体之间进行重组，那么对于抑制第二极体排出的处理可能增加雌性比例（高达 5/6）。人工雌核发育个体和后裔的性别可以提供不同鱼类性染色体结构的资料。例如，Stanley（1976）用人工雌核发育产生单性草鱼（100％雌鱼），结果与草鱼的雌性配子同型机制相符合。鲤、银大麻哈鱼及在细鳞大麻哈鱼人工诱发产生 100％雌鱼也与这些鱼类雌性配子同型相符合（Cherfas，1981；Yamazaki，1983；楼允东，1986）。

此外，有人研究发现，在已性分化的一龄人工雌核发育鲽中有 24 尾雌鱼和 14 尾雄鱼，据此认为鲽是雌性配子异型。在人工雌核发育产生斑马鱼纯合二倍体克隆中发现，不同的克隆鱼有很大的变异，观察结果既不符合简单的雌性配子同型，也不符合雌性配子异型机制，这意味着常染色体性别决定基因或环境因素等在发生作用（楼允东，1986；楼允东等，2001）。

应用微卫星探针 DNA 指纹分析奥利亚罗非鱼卵裂雌核发育个体间交配产生的后裔，结果发现在雌核发育时一些父本 DNA 遗传没有表达。但在鲤卵裂雌核发育产生的鱼中有半数是雄鱼，而减数雌核发所产生的鱼中则有 6％是雄性。后来，在卵裂雌核发育尼罗罗非鱼所产生的鱼中有 35％是雄性，而减数雌核发育所产生的鱼中则全是雌鱼（Müller-Belecke 等，1995）。这些报道的情况表明：有些鱼的性别可由多对基因决定，除了性染色体上的性别基因外，还牵涉常染色体上的性别基因。

五、雌核发育二倍体的生长与发育

（一）雌核发育后裔的成活率

就天然雌核发育的两性型银鲫来说，不论是自交的子代或与鲤、红鲫精子人工授精产生的子代，它们的成活率都是很高的，显示出生命力强的特点。异育银鲫的生长速度也是较快的，如当年的夏花鱼种（体长约 3 cm）饲养 193 d 的最大个体体重达 0.8 kg，或饲养 8 个月可达 0.98 kg。

然而，由于雌核发育所产生的后裔是高度自交，且遗传上是完全一致的。因此，人工诱发雌核发育的后裔，较之正常受精所获得的后裔成活率低和生长慢。在已经研究的鲟、鳟、虹鳟、鲽、泥鳅和高白鲑等鱼类雌核发育后裔中，第一年的成活率均急剧下降，仔鱼期尤甚。事实上，从孵化和过渡到主动摄食阶段往往具有较高的死亡率。雌核发育鲤在胚胎发育的最初两周中，成活率约 50％。在这时期里，外部稍许畸形的个体通常死亡。雌核发育鲽、虹鳟的后裔也存在类似的情况。可是，在发育的后几个阶段，鲤的成活率大大改变。例如，第一年变动于 5％～66％，鱼种越冬期变动于 0～87％。此外，雌核发育幼鲤的成活率则因产卵亲鱼的年龄而有很大差异，较老龄雌鱼产的卵，其成活率可提高到 80％～90％（Cherfas，1975）。研究报道，当雌核发育与对照组后裔鲤一起饲养时，在 4 个不同试验中最初 2 个月，雌核发育的成活率（以对照组成活的百分比来表示）分别是 9％、13％、21％和 95％（楼允东等，1989）。此外，在研究减数雌核发育（me-G2N）和卵裂雌核发育（mi-G2N）二倍体香鱼的数量性状的遗传变异时，发现生长 9 个月的对照组、me-G2N、mi-G2N 的平均体长依次为 13.91、13.11、12.89 cm，体重依次为 33.79、26.75、24.49 g。虽然 mi-G2N 的变异系数最大，对照组最小，me-G2N 介于两者之间，表明 mi-G2N 个体间差异较大，但经同工酶 Gpi 座位检测，发现 mi-G2N 的杂合型为 0，而 me-G2N 的杂合型有较高的百分比（Taniguchi 等，1990）。1991 年，Komen 等在研究鲤雌核发育时，将正常和用甲基睾丸素（MT）处理的纯合型克隆鱼及杂交 F_1 的生长做了鉴定，发现同一纯合雌核发育鲤（E20）子代之间，E90♀×WT♂（无亲缘关系）、E90♀×E5♂（另一纯合型鲤）之间，比纯合克隆组（E20-gyn）具有较高的生长率。同时，纯合克隆鲤的体长、体重变异与其他组比较时则有所增加，而不同纯合鲤婚配（E4♀×E5♂，E20♀×E6♂）的子代显示出变异最少（为体长的 5％，为体重的 15％～16％）。

关于雌核发育二倍体草鱼存活率，仅见一些零星资料报道。Stanley（1976）发现孵出 1 周后，34 尾仔鱼中仅有 24 尾是活的；3 年后，6 尾是活的。没有发现雌核发育草鱼出现生长衰退现象。雌核发育高白鲑幼鱼的成活率约为 90％。雌核发育鲤在当年的平均体重变化也很大，在秋季非常不一致，而在夏季时，2～4 龄鱼的增重是相当好的，可达到 1 kg（楼允东，1986；楼允东等，2001）。

（二）雌核发育后裔的能育性

天然雌核发育银鲫雌鱼的卵巢都能正常发育，且在生殖季节到来之时，已达性成熟的个体均能与同种或异种雄鱼交配、产卵，繁衍后代。银鲫精子头部直径为 2.8 μm，体积为

11.83 μm^3，鞭毛长约 45 μm，泳动能力为 49.16 s，寿命为 3 min 20 s。在两性型的方正银鲫中，$3n＝156$ 的雄鱼的副性征（珠星）非常明显地出现于胸鳍的表面，生殖季节过后则消失。达性成熟的雄鱼，轻压其腹部则有乳白色、黏稠状的精液流出。精子数量平均为 0.73×10^{10} 个/mL（鲫平均为 1.38×10^{10} 个/mL），而苏联某一湖中单性型的少数雄鱼为 10 万个/mL。这些精子表现出正常的特征。可是，在 A 型普安鲫（♀）与兴国红鲤（♂）繁殖的子代中，虽然出现 4.3% 的雄鱼，但精巢却呈典型的败育类型，挤不出精液，有极少数精原细胞仍在进行有丝分裂（俞豪祥等，1998）。

在人工雌核发育鱼类方面，据报道，较老龄的雌核发育鲤性腺发育有较大的种族和个体差异，近半数鱼可能具有严重的畸形卵巢（最常见的是卵巢缩小），且大部分雌鱼具有间性的特征。显然，雌核发育鲤的染色体组在过渡到纯合状态后，带有负向影响能育性的隐性基因，就如同近交的情况一样（楼允东等，2001）。在近交对杂合和纯合的雌核发育鲤子代性腺发育影响中，发现纯合（卵裂雌核发育）子代由 50% 雄鱼和间性鱼组成，且性腺常常发育缓慢，并随近交水平的增加而排卵减少，在性腺发育中显示出近交衰退现象，但致死的隐性基因却从基因库中被排除出去（Komen 等，1992）。此外，从纯合的雌核发育鲤雌、雄鱼婚配后的子代中，发现基本上具有卵巢的雌鱼占 80%～100%（平均为 93%），雄鱼平均约占 5%，间性鱼和不育鱼只在个别婚配的子代中少量存在（平均占 1.25% 和 0.75%）；而纯合的雌核发育克隆鲤中，雌性占 93%，未见雄鱼，但仍具有极少量（1%）的间性鱼和 6% 的不育鱼（Komen 等，1992）。卵裂雌核发育的虹鳟，无论产卵量、卵子的大小，或者孵化率和生长率都远低于对照组，表明卵裂雌核发育导致的纯合性使子代活力降低。

然而，在雌核发育鲤和草鱼中可见到具有正常能育性的雌鱼，这与三倍体或激素绝育鱼相反。现已经从它们中成功地获得了雌核发育的第二代，鲤则为第三代。在鲤发现自发雌核发育二倍体第二代和第三代的产量平均比一般鲤的雌核发育后裔高一个数量级；在两次试验中分别为 2% 和 3.5%。雌性染色体高频率二倍体化以及发育早期后裔成活率提高是雌核发育二倍体产量增加的主要原因（楼允东，1986；楼允东等，2001）。

六、人工雌核发育在水族动物中的应用

按常规方法，欲获得鱼类的自交系或纯系，往往需要保持数个近交的家系，采用连续近亲交配的方法，至少需要经过 8～10 代的全同胞交配。这对于性成熟年龄长的鱼类来说，几乎是不可能的。即使对于性成熟年龄较短的鱼类来说，也要二三十年的时间。而采用人工诱发雌核发育技术则可在较短的时间内获得纯系，这是由于雌核发育的二倍体后裔的基因组均来源于母本，纯属母系遗传，因此是高度的纯合子。即使母本卵子在第一次成熟分裂时发生了同源染色体小部分交换，但其后代的基因纯合程度远比全同胞交配的基因纯合度高得多。不过，如果母本原来是杂合体，则其二倍体子代的纯合度将会因二倍化的情况不同而异。但总的来说，人工雌核发育的后代，除发生交换的部分以外，每对基因都是纯合的。

Purdom（1969）认为人工雌核发育每代平均交换频率为 10% 时，则雌核发育后代的纯合度相当于同胞交配 14 代。Cherfas 和 Nagy 认为，鲤人工雌核发育二倍体子一代的基因位点纯合性可达 0.30～0.95，平均为 0.58。从培育鱼类来说，这个数值表明一次人工雌核发育繁殖的效果相当于连续 4 代全同胞近交（图 7-10）。这意味着只需经过一代人工雌核发

育，其子一代就可作为初步纯合的亲本用于育种实践。人工雌核发育子二代的近交系数接近0.8，几乎相当于8代的近交。可见，鱼类人工雌核发育是一种快速建立鱼类近交系或纯系的有效途径（陈宏溪等，1992）。

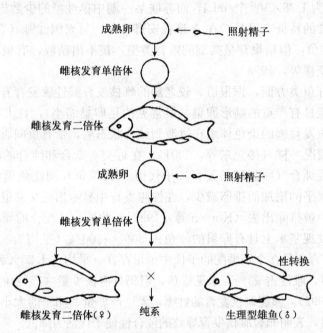

图 7-10　人工雌核发育结合人工转性建立纯系技术途径
（吴清江等，1985）

　　目前利用人工雌核发育技术已经获得了 30 种以上的经济鱼类子代。而在水族动物方面开展却相对缓慢，相关研究有蒋一珪等（1982）利用紫外线照射过的草鱼或华南鲤精液与红鲫卵子"受精"，获得了 8.34% 的成活雌核发育二倍体的仔鱼，最高时可达 11.9%，这些仔鱼的夏花成活率可达 50% 以上。用经过紫外线照射的红鲫的精子作为激活源，与纯合型的红高头或蓝蛋球金鱼"受精"，获得了少量雌核发育的鱼，占被激活率总数的 0.8%（王春元，1985）。江山（2012）以五花金鱼精液，用紫外线照射方式进行精子灭活处理，紫外线强度为 30 mJ/cm²，照射时间为 3 min。取健康红珍珠金鱼 300 余粒卵子人工授精，之后采用冷应激的方法对染色体加倍处理，处理条件为 0 ℃冷应激 45 min。试验过程中设置了一个单倍体对照组，即精子经过相同强度和时间的紫外处理，但之后不经过冷应激。孵化过程中观察雌核发育二倍体金鱼胚胎和仔鱼的发育，与正常金鱼无异，而单倍体对照组个体出现了单倍体综合征。将雌核发育二倍体胚胎进行细胞培养，然后分析核型，确定其染色体数目为 $2n=100$。最后孵出仔鱼 49 条，根据验证结果，初步确定试验中所使用的紫外照射和冷应激条件是合适的。肖俊等（2009）用紫外灭活的团头鲂精子激活金鱼卵子，用 0～4 ℃冷水冷休克处理卵子使其染色体加倍，得到成活的雌核发育金鱼。使用与金鱼不同亚科的团头鲂精子作为激活源能极大提高雌核发育后代的鉴定效率，只需依据外形特征、染色体数目和性腺发育程度，就能容易地将雌核发育金鱼和与团头鲂杂交后代区分开。雌核发育金鱼有两种体色不同的后代，但都为双尾，体形似金鱼，染色体数目为 $2n=100$，全雌，性腺发育正常；而杂交后代为单尾，体形似鲫，染色体数目为 $3n=124$，性腺发育滞后。证实了金鱼的性别决定方式为 XX/XY 型，得到两种体色皆不同于母本体色的后代，可能是基因座位纯化导致后代性状分化，也可能是异精效应导致。程云生（2015）研究显示异源失活精子诱导红草金鱼雌核发育的 F_1 代个体可定向发育成母本体色，以兴国红鲤和黄锦鲤的失活精子诱导红草金鱼雌核发育产生 F_1 代个体，其孵化率分别为 8.1％和 1.7％，因此应用人工雌核发育技术结合体色选育技术，可定向培育高档观赏鱼类的优质花色，但效率还较低。桂建芳等（1990）采用静水压休克方法促使第二极体保留，诱发三倍体水晶彩鲫产生。最佳条件是在卵受精后 4～5 min，采用 600 kg/cm² 或 650 kg/cm² 的静水压处理 3 min，不但能导致 100％的三倍体，而且胚胎的存活率相当高，孵化率为对照组的 90％左右。这一结果表明，静水压休克是进行鱼类染色体组操作的有效方法，这对于试图创造出具有更高经济价值的养殖对象和培育出更高观赏价值的观赏鱼类成为可能，但对实验的设备要求较高。

综合来看，雌核诱导技术在水族动物中的应用仍未臻成熟，目前尚无成品雌核发育水族动物上市。究其缘由笔者认为可能与以下因素有关。

一方面，虽然同为人工选择的产物，但在培育新品种方面，人们对经济鱼类和水族动物所取的筛选标准截然不同。前者偏重于对可供食用的经济性状的挑选，而后者则更侧重于对具观赏性的形态性状的保留。这些被人为精心保留的观赏性状多为隐性性状，虽与人们的主观意愿相符，但并不一定符合自然界的要求，故通常水族珍品的生活能力均较野生种孱弱。而在此基础上进行的雌核发育操作，则相当数倍于传统杂交育种速度的强烈近交，这使得那些在水族雌核亲本培育中混入的隐性有害基因的纯合机会也随之急剧增大，导致雌核子代生活能力大幅下降或致死。因此，在实施水族动物雌核发育操作之前，对其亲本首先进行复壮，最大程度去除其中的隐性有害基因，择其生活力、繁殖力强者留用，应是一个值得重视的前期工作。

另一方面，由于经济鱼类与人们的日常生活密切相关，其规模效应、市场收益巨大，因此历年来对其雌核研究整体上要比水族动物先行。但随着国内生活水平的日益提高，近年来作为闲暇消费的观赏水族已逐渐走入寻常百姓家，对于更加注重质的追求的观赏动物市场，雌核发育技术在名品重建、品种纯化方面呈现出诱人的前景。

第二节　雄核发育

雄核发育是指用精子生产只带父系遗传物质个体的繁殖方式。迄今为止，尚未见到像天然雌核发育鱼类那样能够进行天然雄核发育的报道。虽然在鱼类杂交中会自发产生极少数的雄核发育个体，但毕竟还是在人工创造的条件下发生的。如果要获得人工雄核发育的鱼类，通常是用放射线破坏卵子 DNA 的遗传活性，然后用正常单倍体精子与这种遗传失活的卵子进行人工授精，再用人工方法处理使卵子内精核的单倍染色体二倍体化。这两个步骤缺一不可。

一、人工雄核发育的诱发

可以这样说，人工诱发雄核发育是借鉴诱发雌核发育的方法，因此具有一些相似之处。

（一）卵子染色体的遗传失活

1. 放射线处理 ^{60}Co-γ射线、X射线和紫外线均能有效地破坏卵核染色体的遗传物质。但紫外线穿透力较弱，常因某些鱼卵不透明和卵核在受精前后不呈任何特殊的方向，可能使得应用紫外线破坏这些鱼类的卵核染色体成为问题，但它可能具有对卵细胞质成分的损伤降低到最低限度的优点（楼允东等，1989）。^{60}Co-γ射线虽能较有效地破坏卵核染色体DNA，但同时也直接破坏细胞质里的mRNA、蛋白质及mtDNA等，而这些物质恰好又对早期胚胎发育甚为重要。缺少这些物质，会影响胚胎发育，降低子代活力。

关于经γ射线或X射线辐射的鱼类卵子，与正常精子人工授精产生典型的具父本遗传物质的雄核发育研究，已做了许多报道，而应用紫外线失活卵子人工诱发雄核发育的研究相对较少。

日本荒井克俊（Arai等，1979）在应用γ射线辐射卵子时发现，辐射剂量和马苏大麻哈鱼胚胎成活率之间表现出明显的"Hertwig效应"。当以300～800 Gy辐射卵子时，雄核发育胚胎出现明显的单倍体综合征（例如，身体短而宽，躯体或尾部严重弯曲，头部畸形，没有眼睛，出现水肿等）。鲤、鲫卵的雄核发育单倍体胚胎也出现围心腔扩大、水肿和弯尾等症状（叶玉珍等，1990）。Arai等（1979）还发现500～600 Gy的剂量能最有效地破坏卵核遗传物质。

2. 卵子的过熟和老化 日本Yamazaki（1981）将腹中已经排出卵子的成熟虹鳟，暂养在0～2℃的水池中4～5周，有意识地让卵子过熟。然后用正常精子激活外形正常的成熟卵，在4次试验中均获得100％的受精率。而过熟卵发育的胚胎只具有30条染色体，为正常虹鳟染色体数目的1/2，胚胎呈现致死的单倍体综合征。从这种成熟卵的过熟或老化诱发的染色体畸变，同与正常精子人工授精的辐射卵的胚胎中所发现的染色体畸变相类似。因此表明，与辐射一样，卵的过熟对卵子染色体具有同样的破坏作用，过熟或老化的卵同样具有诱发单倍体雄核发育的潜力（楼允东等，1989）。

（二）雄核发育二倍体的产生

通常将用人为处理方法产生的二倍体雄核发育，称为诱发二倍体雄核发育，把人工授精卵不经特殊处理而自然发生的二倍体雄核发育称为自发二倍体雄核发育。一般来说，自发二倍体雄核发育的出现频率远比诱发二倍体雌核发育低，仅0.02％或更低。并且，通过人为方法处理后，其产量高达48％以上。

1. 自发雄核发育

（1）单倍体（或二倍体）精子与失活卵（或正常卵）人工授精。日本学者用泥鳅天然雌核发育四倍体精子与二倍体失活卵进行人工授精，获得了自然发生而又能存活的二倍体雄核发育泥鳅。这些个体经染色体观察以及用等位基因酶检测基因型（遗传型），进一步证实为单亲性质的全父本遗传。由于二倍体雄核发育泥鳅的生活力较强，从孵化后6个月，存活率高达5％。俄罗斯的研究人员总结前人诱发二倍体雄核发育存活率低的影响因素（在单倍体雄核发育由抑制第一次卵裂产生完全纯合型的二倍体时，因受到核和胞质间的基因干扰）后，采用双精雄核发育的试验，即用黑海小鲟的遗传失活卵与西伯利亚鲟正常精子进行人工授精，不用抑制第一次卵裂处理，就获得了具有248条染色体数目的正常西伯利亚鲟仔鱼。他们认为正常仔鱼是2个精子染色体复合所致，这个结果表明在鱼类中诱发双精雄核发育的可能性。此外，有报道用白鲫（♀）×红鲫（♂）产生的异源四倍体（allotetraploid）精子，与二倍体白鲫正常卵子进行人工授精后 4～6 min，原来试图以冷休克产生新的四倍体，却意外地产生 17.4% 的二倍体雄核发育鱼。这些鱼的形态特征与第一代四倍体鱼相似。对此现象的解释：可能一些卵子经不起低温刺激，失去与四倍体雄鱼精子受精的能力而形成天然雄核发育。据他们介绍，法国的 Chourrout 等在生产第二代三倍体虹鳟时，发现 $2n$（♀）× $4n$（♂）的子代大部分是三倍体，其中有少量可育的二倍体雄鱼。因此认为二倍体雄鱼的产生有可能是，二倍体雌鱼由于卵巢条件的原因，使得卵子无法与四倍体雄鱼精子受精而形成天然雄核发育。

（2）单倍体精子与失活卵人工授精。国内学者研究发现鲤、鲫卵的遗传物质在最适剂量为 200 Gy 的 γ 射线辐射后全部被破坏，与正常红鲤、红鲫精子"受精"时，绝大部分胚胎具单倍体综合征且先后死亡，只有少数胚胎能正常发育，并能通过孵化期而获得二倍化的雄核发育鱼苗（产量约 10^{-5}）。

（3）杂交。当远缘杂交采用单倍体精子与正常卵做人工授精时，可以发生产量不高的雄核发育个体。例如，Stanley（1976）用以色列镜鲤（♀）与草鱼（♂）杂交中产生 0.024% 的雄核发育二倍体草鱼；蒋一珪等（1979）在红鲫（♀）与草鱼（♂）杂交中，虽然只获得了孵化率为 83.1% 的单倍体草鱼，但这些单倍体外观正常，无单倍体胚胎综合征，这也表明卵细胞质内的物质对雄核发育单倍体草鱼是十分有利的；四川南充县在同一杂交组合（红鲤♀×草鱼♂）的 30 000 余尾夏花鱼种中，获 2 尾体重各为 2 100 g 和 500 g 的草鱼；湖南省水产研究所于 1987 年从 100 000 粒红鲤（♀）与草鱼（♂）的杂交卵中获得 1 尾草鱼，经染色体组型证实为雄核发育二倍体；上海市水产研究所在 1984 年进行异育银鲫♀与兴国红鲤♂人工授精的 821 尾子代（平均体重 42 g）鱼种中，发现 1 尾体重为 585 g 的雄核发育二倍体鲤，这尾雄核发育雌鲤能达性成熟（图 7-11），与雄鲫杂交产生大量正常的鲤鲫杂交种，外表形态似双亲，生长也很正常。此外，在 1990 年进行鲫卵与异育银鲫（$3n=156$）精子人工授精中，孵化率平均为 6.5%，当仔鱼培育至冬片鱼种时，意外发现约占 5% 鱼种的表型与父本异育银鲫十分相似（其染色体数目约 156，红细胞、肝细胞大小都与异育银鲫相似），群体中也有 11.1% 比例的雄鱼出现。1994 年，在约 100 000 粒鲫卵与异育银鲫（$3n=156$）精子进行人工授精中，获得 2 尾体重各为 650 g 和 625 g 的雄核发育异育银鲫（♀）。这些雄核发育的雌性异育银鲫达性成熟后，经人工催情均能顺利排卵，且与异育银鲫（$3n=156$）精子人工授精获得同异育银鲫外形无异的鱼苗、鱼种。雄核发育的异育银鲫继承了天然雌核发育的生殖特征。同时，它们的红细胞、肝细胞的大小，肾细胞染色体的计数，以及两亲本、子代 RAPD 标记条带的分布情况和相似系数分析、聚类分析的结果是一致的。

图 7-11 雄核发育二倍体鲤（♀，5⁺）

鱼类远缘杂交中自发雄核发育二倍体产生的机制可能有两种。一种机制为,一个亲本(双亲之一)的染色体组有可能在早期卵裂时因迟延(lagging)而被丢失,另一方的染色体组自动加倍或进行一次核内分裂形成纯合二倍体。如果父本染色体被丢失,可能产生雌核发育子代,反之则产生雄核发育子代,但绝大多数为单倍体。另一种机制是双精入卵,在草鱼自交中有 5% 的卵是多精受精。现已知有双精入卵获得西伯利亚鲟成功的报道。李传武等推论雄核发育二倍体草鱼可能是由前一种机制产生,这也可从大量没能实现二倍体化的雄核单倍体草鱼在孵化前后死亡的事实中得到佐证。而有极少量的异源精子可在同属不同亚种的鲫卵中自发产生雄核发育的个体,这也许是进行独特的天然雌核发育生殖背景的异育银鲫精子,可能受到雌核发育调控系统和两性生殖调控系统的双重影响,故可能在既脱离了卵质的抑制作用的同时,又得益于近亲种相似遗传背景的特殊条件下,表现出一定比例的 F_1 只接受父本遗传的雄核发育。至于产生雄核发育异育银鲫的机制,是否在鲫卵与异育银鲫精子人工授精后的早期细胞分裂中存在鲫的染色体因延迟而被丢失,或者还存在着更为复杂的形成机制尚不得而知。不过,雄核发育在鱼类选育研究中显示出无可比拟的价值,当两种近亲亲鱼杂交时,可能获得只有父本遗传的雄核发育。因此,获得的雄核发育子代(鲫♀×异育银鲫♂)也许正是由于近亲亲鱼婚配的缘故。

2. 人工诱发雄核发育

(1)静水压休克。日本小野里坦曾用静水压方法获得 1.5% 成活率的马苏大麻哈鱼雄核发育二倍体(Yamazaki,1983)。随后,诱发雄核发育二倍体虹鳟成功的事例也有出现,使用静水压 597.61~632.76 kg/cm² 抑制第一次卵裂的持续时间为 3~4 min,仔鱼成活率为7.2%~25.0%。此外,日本 Masaoka 等(1995)则采用 800 kg/cm² 的静水压,获得雄核发育二倍体泥鳅,仔鱼的成活率为 1.8%。

(2)热休克。俄罗斯学者曾用 X 射线 6.45~7.74 C/kg(25~30 kR)使卵核染色体遗传失活,当人工受精卵发育至 1.7~1.9τ₀ 时,进行热休克(40~41 ℃)2~3 min,先后获得了核、质杂交的雄核发育二倍体鲤和银鲫。后来,他们又在鲤和银鲫进行杂交获得杂种的基础上,将遗传失活的杂种卵与体色呈橘黄的观赏鲤精子进行人工授精,之后又进行热休克处理,以抑制第一次卵裂而获得雄核发育二倍体观赏鲤。英国采用紫外线辐射卵,分别和奥利亚、尼罗、莫桑比克、安德逊罗非鱼正常精子进行人工授精后 25.0~27.5 min,热休克(42.5 ℃)处理4 min,分别获得 3% 纯合的雄核发育二倍体鱼。此外,国内学者首次获得人工诱导(发)雄核发育二倍体大鳞副泥鳅克隆鱼。他们的方法是:用总辐射剂量为 210 mJ/cm² 的紫外线辐射浸泡在人工合成卵巢液中的泥鳅卵,使其染色体遗传失活而又保持卵质功能,然后再与大鳞副泥鳅精子受精。在室温 26 ℃ 条件下从受精后 15 min 开始,每隔 2 min 一组,将受精卵置于 39 ℃ 温水中热休克处理 2 min,以阻止第一次有丝分裂的发生,结果表明,二倍体诱导率在受精后 15~19 min 和 27~29 min 时出现两个高峰,最高二倍体诱导率为61.1%。经染色体和形态特征鉴定表明,人工诱导所产生的鱼为雄核发育二倍体克隆鱼。证实属间杂交雄核发育二倍体克隆鱼,不但可以产生,而且可以存活。目前,他们已拥有上千尾体长为5~7 cm 的雄核发育二倍体大鳞副泥鳅克隆鱼,由于个体尚小,难以区别雌雄,如果有雄鱼存在,从理论上讲应为超雄(YY)个体。

(3)雄核移植。中国科学院水生生物研究所刘汉勤等(1987)用核移植技术,成功地获得人工雄核发育二倍体泥鳅。其方法是:用机械方法挑去鳗尾泥鳅(*Misgurnus anguil-*

licaudatus）♂与大鳞副泥鳅（*Paramisgurnus dabryanus*）♀属间杂交受精卵的雌核，得到鳗尾泥鳅雄核发育单倍体的囊胚，然后再将囊胚细胞核移植到大鳞副泥鳅的去核卵中，获得了来自 781 个移核卵发育而来的 243 个原肠胚，其中 29.6% 的胚体染色体发生了加倍。在另一实验组中，从 769 个核移植卵获得了 200 个原肠胚，最终得到了 5 尾生长至 2 cm 以上的稚鱼。就高等动物单倍体而言，无论是来自雌核或雄核发育，无一例外只能活到开口摄食期，而 5 尾实验鱼都成活了数月（其中 2 尾存活了 14 个月），它们显然不是单倍体。后经尾鳍染色体鉴定（$2n=100$）、肌肉 LDH 同工酶电泳和外观形态标准鉴别，确定它们为鳗尾泥鳅雄核发育二倍体。这标志着雄核移植的工作进入了一个新的实用阶段。然而，用移核方法产生纯合雄核发育二倍体的效率很低，如能提高移核后染色体的加倍率和纯合雄核发育二倍体的存活率，那么这种技术在鱼类育种应用上意义就会更大。

二、人工雄核发育在水族动物中的应用

由于雄核发育是全部由父本染色体 DNA 产生的个体，因此它具有下列潜在的应用价值，在水族动物育种方面有广阔的应用前景。

（一）单性鱼的养殖

对于雄性配子异型（XY）的鱼类来说，雄核发育的后代应是雌、雄各半，既有雌性（XX），又有超雄性（YY）个体。这就意味着在建立纯系的过程中，雄核发育不用人工转性即可获得两性的纯合个体。此外，这些 XX 个体和 YY 个体交配所产生的下一代就应该全是 XY 型的雄性个体。这种雄核发育技术可用来生产完全纯合的子代，将所有基因都显现在外表上，便于选种，这样可用来生产性染色体是 XX-XY 型种类的全雄性种苗。

（二）建立纯系

鱼类纯系的建立，对于杂种优势的产生及其应用的价值是不言而喻的。前已述及，人工雌核发育要达到建立纯系的标准，必须进行第二次的人工诱发雌核发育，而二倍体雄核发育，因其纯合性高，一次即达到了建立纯系的要求。因此，人工雄核发育较之人工雌核发育更显优越性。

（三）保种、选种和育种

用雄核发育的生殖方式，无论雄性个体是否存在，只要有健康存活的精子，就可以生产子代。因此，雄核发育是一个可为濒危珍稀品系保种的途径。对于那些冰冻保存的精子，也可用雄核发育的技术诱使它发育成完整的个体，便于保种。必要时，也可以借用遗传物质不起作用的其他种的卵子与上述精子进行人工授精，利用人工诱发雄核发育的方法将父体的基因和异种母体的细胞质结合，有可能产生新的个体。如前所述，纯合性高的雄核发育因其所有基因型都显现在外表上，所以对选种十分便利。

人工雄核发育是一种比较新的技术，目前还没有在商业生产上应用。尽管如此，也有生产上初步应用的例子，根据资料报道，自发、人工诱发、杂交，以及核移植成功的雄核发育二倍体克隆鱼类（包括种、亚种、杂交种）已达 20 种以上（表 7-3），其中绝大多数为经济鱼类，水族动物仅见对金鱼的报道。

表 7-3 人工诱发鱼类雄核发育二倍体的实例

鱼类	失活卵子染色体的方法 射线名称	剂量 (Gy)	精核染色体加倍的方法（抑制第一次卵裂或自发） 人工授精后 (min)	处理条件	孵出仔鱼 (%)	纯合性
川鲽 (Platichthys flesus)	γ	670	20	冷休克	0	纯合
马苏大麻哈鱼 (Oncorhynchus masou)	γ	500~600	300~390	静水压 600~700 kg/cm², 6~7 min	1.5	纯合
虹鳟 (O. mykiss)	γ		345	静水压 632.76 kg/cm², 4 min	2.5 以上	纯合
虹鳟 (O. mykiss)	γ		345	静水压 632.76 kg/cm², 3 min	7.2~9.5	纯合
虹鳟 (O. mykiss)	γ		345	静水压 632.76 kg/cm², 3 min	1.6	纯合
虹鳟 (O. mykiss)	γ		2n 精子受精	不做任何处理	48.5 (4n)	纯合
溪红点鲑 (Salvelinus fontinalis)	γ		450	静水压 597.61 kg/cm², 3 min	6.0	纯合
鲤 (Cyprinus carpio)	γ	200	1n 精子受精	不做任何处理、自发加倍	0.001	纯合
鲤 (Cyprinus carpio)	UV		26, 28, 30 (3 个处理)	热休克 (40℃), 2 min	7.2~18.3	纯合
鲤 (Cyprinus carpio)	X	6.45~7.74 C/kg	$1.7～1.9\tau_0$	热休克 (40.5~41.0℃), 2~3 min	获得仔鱼	纯合
红鲫 (Carassius auratus red var.)	γ	200	1n 精子受精	不做任何处理、自发加倍	0.001	纯合
草鱼 (Ctenopharyngodon idellus)	γ	200	1n 精子受精	不做任何处理、自发加倍	0.001	纯合
团头鲂 (Megalobrama amblycephala)	γ	200	1n 精子受精	不做任何处理、自发加倍	0.001	纯合
异源四倍体、杂交鲫 (C. carpio)	X	6.45 C/kg	2n 精子受精后 4~6 min	冷休克 (0~1℃)	17.4	纯合
银鲫 (C. auratus gibelio)	X		$1.7～1.9\tau_0$	热休克 (40℃), 2~3 min	2.0~3.0	纯合
鲤鲫杂交种 (C. carpio♀×C. auratus gibelio♂) ♀× 观赏鲤 (C. carpio) ♂			失活精卵、人工授精	热休克、抑制第一次卵裂	获得仔鱼	纯合
泥鳅 (Misgurnus anguillicaudatus)	UV	7 500 ergs/mm²	35	静水压 800 kg/cm², 60 min, 自发	1.8	纯合
大鳞副泥鳅 (Paramisgurnus dabryanus)	UV		2n 精子人工授精	不做任何处理、自发	5.0	纯合
尼罗罗非鱼 (Oreochromis niloticus)	UV	210 mL/cm²	15~19, 27~29 两组	热休克 (31.0℃), 2 min	61.1	纯合
奥利亚罗非鱼 (O. aureus)	UV		25~27	热休克 (42.5℃), 4 min	3.0	纯合
莫桑比克罗非鱼 (O. mossambicus)	UV		25~27	热休克 (42.5℃), 4 min	3.0	纯合
安德逊尼罗罗非鱼 (O. andersonii)	UV		25~27	热休克 (42.5℃), 4 min	3.0	纯合
金鱼 (Carassius auratus)	γ	25 000, 4 h	34~40	热休克 (42℃), 2 min	3.0	纯合

复习思考题

1. 简述雌核发育和雄核发育的概念。
2. 雌核发育的鱼类后代为什么不具父本性状？
3. 营天然雌核发育的鱼类有哪些共同的特点？
4. 雌核发育的受精细胞学及其机制是什么？
5. 精子染色体的遗传失活方法有哪些？
6. 试述赫脱维奇效应（Hertwig effect）的内容，出现这种现象的原因是什么？
7. 试述减数雌核发育和卵裂雌核发育的内容，两者有什么区别？
8. 人工诱发二倍体雌核发育的方法有哪些？
9. 天然与人工雌核发育二倍体的鉴定方法各有哪些？区别是什么？
10. 雌核发育二倍体的性别决定因素有哪些？

主要参考文献

常华，瞿建军，李冰冰，2010. 金鱼人工雌核发育的研究 [J]. 水产科技情报 (1)：1-4.

陈乘，刘小燕，李德亮，等，2014. 金鱼人工雌核发育的胚胎发育过程研究 [J]. 现代农业科技，13：201-202.

陈洪，朱立煌，杨靖，等，1994. Rapd 技术在异精激发方正银鲫比较研究中的应用 [J]. 科学通报，39（7），661-663.

陈宏溪，1983. 鱼类的雌核生殖 [J]//鱼类学论文集(第三辑). 北京：科学出版社：135-146.

程云生，侯冠军，杨坤，等，2015. 人工雌核发育红草金鱼体色的定向发育研究 [J]. 南方农业学报，46（3），518-522.

葛伟，蒋一珪，1989. 鱼类的天然雌核发育 [J]. 水生生物学报，13（3）：274-286.

桂建芳. 1990. 鱼类染色体组操作的研究I. 静水压休克诱导三倍体水晶彩鲫. 水生生物学报，14：336-344.

桂建芳，肖武汉，梁绍昌，等，1995. 静水压休克诱导水晶彩鲫三倍体和四倍体的细胞学机理初探 [J]. 水生生物学报，19（1）：69-78.

桂建芳，1997. 银鲫天然雌核发育机理研究的回顾与展望 [J]. 中国科学基金，1（1）：11-16.

蒋一珪，俞豪祥，陈本德，等，1982. 鲫的人工和天然雌核发育 [J]. 水生生物学集刊，7（4）：471-477.

蒋一珪，梁绍昌，陈本德，等，1983. 异源精子在银鲫雌核发育子代中的生物学效应 [J]. 水生生物学集刊，8（1）：1-13.

江山，2012. 金鱼雌核发育及其性别分化相关基因的表达（D）. 上海：上海海洋大学.

李传武，等，1990. 鲤和草鱼杂交中雄核发育子代的研究. 水产学报，14（2）：153-156.

刘建康，1992. 中国淡水鱼类养殖学. 3 版 [M]. 北京：科学出版社：65-69.

楼允东，1986. 人工雌核发育及其在遗传学和水产养殖上的应用 [J]. 水产学报，10（1）：111-123.

楼允东，1989. 中国鱼类遗传育种研究的进展 [J]. 水产学报，13（1）：93-100.

楼允东，1989. 淇河鲫鱼细胞遗传学和同工酶的初步研究 [J]. 水产学报，13（3）：254-258.

楼允东，2001. 鱼类育种学 [M]. 北京：中国农业出版社.

沈俊宝，王国瑞，范兆廷，1983. 黑龙江主要水域鲫鱼倍性及其地理分析 [J]. 水产学报，7（2）：87-94.

王春元，1985. 金鱼的起源. 生物学通报 (12)：11-13.

吴清江，叶玉珍，1991. 雌核发育系红鲤 8305 的产生及其生物学特性 [J]. 海洋与湖沼，22（4）：295-299.

吴清江，陈荣德，叶玉珍，等，1981. 鲤鱼人工雌核发育及其作为建立近交系新途径的研究 [J]. 遗传学报，8 (1)：50-55.

肖俊，彭德姣，段巍，等，2009. 用团头鲂精子诱导金鱼雌核发育研究 [J]. 水生生物学报，33 (1)：76-81.

叶玉珍，吴清江，陈荣德，1990. ^{60}Co-γ射线诱导鱼类雄核发育的研究 [J]. 水生生物学报 (1)：93-94.

俞豪祥，1982. 银鲫雌核发育的细胞学观察 [J]. 水生生物学集刊，7 (4)：481-487.

俞豪祥，宗琴仙，关宏伟，等，1991. 天然雌核普安鲫 (A型) 细胞遗传学和血清电泳的初步研究. 水产科技情报，18 (5)：130-134.

俞豪祥，1998. 天然雌核发育普安鲫生物学特性的研究 [J]. 水生生物学报，22 (增刊)：16-25.

岳振宇，单仕新，1996. 天然雌核发育银鲫卵子控制异源精核发育的受精学机制 [J]. 水生生物学报，20 (3)：236-241.

Chourrout D, Chevassus B, Herioux F, 1980. Analysis of an hertwig effect in the rainbow trout (*Salmo gairdneri* Richardson) after fertilization with gamma-irradiated sperm [J]. Reproduction Nutrition Development, 20 (3A), 719.

Cherfas N B, 1975. Diploid radiation gynogenesis in carp. i. massive production of diploid gynogenetic progeny. Genetika, 11 (7), 78-86.

Cherfas NB, Peretz Y, Ben-Dom, et al, 1993. Induced diploid gynogenesis and polyploidy in the ornamental (koi) carp, *Cyprinus carpio* L. [J]. Aquaculture (111): 281-290.

Cherfas NB, Peretz Y, Ben-Dom, et al., 1994. Induced diploid gynogenesis and polyploidy in the ornamental (koi) carp, *Cyprinus carpio* L.: 4. Comparative study on the effects of high-and low-temperature shocks [J]. Theor. Appl. Genet. (89): 193-197.

Cherfas N B, 1981. Gynogenesis in fish. In Genetic bases of fish selection (ed. by Kirpichnikov, V. S.)[M]. Springer Varlag, Berlin Heidelberg New York: 255-273.

Hertwig O. Archiv f. mikr. Anat. (1911) 77: 97A. doi: 10.1007/BF02997375.

Ijiri K, Egami N, 1980. Hertwig effect caused by UV-irradiation of sperm of oryzias latipes (teleost) and its photoreactivation [J]. Mutation Research, 69 (2), 241-248.

K Arai, H Onozato, F Yamazaki, 1979. Artificial androgenesis induced with gamma irradiation in masu salmon *Oncorhynchus masou* [J]. Bull. Fac. Fish. Hokkaido Univ., 30 (3): 181-186.

Komen J, Wiegertjes G F, Ginneken V J T V, et al, 1992. Gynogenesis in common carp (*Cyprinus carpio* L.). iii. the effects of inbreeding on gonadal development of heterozygous and homozygous gynogenetic offspring. Aquaculture, 104 (1-2), 51-66.

Mair G C, 1993. Chromosome-set manipulation in tilapia-techniques, problems and prospects [J]. Aquaculture (111): 227-244.

Masaoka T, Arai K, Suzuki R, 1995. Production of Androgenetic Diploid Loach Misgurnus anguillicaudatus from UV Irradiated Eggs by Suppression of the First Cleavage [J]. Fisheries Science, 61 (4): 716-717.

Andreas Müller-Belecke, Gabriele Hörstgen-Schwark, 1995. Sex determination in tilapia (*Oreochromis niloticus*). [J]. Aquaculture, 137 (137), 57-65.

Onozato H, 1984. Diploidization of gynogenetically activated salmonid eggs using hydrostatic pressure [J]. Aquaculture (43): 91-97.

Opperman K, 1913. Die Entwicklung von Forelleneiern nach Befruchtung mit radiumbestrahlten Samenfäden [J]. Archiv f. mikr. Anat. 83: AA141. doi: 10.1007/BF02980509.

Purdom C E, 1969. Radiation-induced gynogenesis and androgenesis in fish [J]. Heredity, 24 (3), 431-444.

Purdom C E, 1983. Genetic engineering by the manipulation of chromosomes [J]. Aquaculture (33): 287-290.

Stanley J G, Allen S K, 1976. Production of hybrid, androgenetic, and gynogenetic grass carp and carp [J].

Trans. Am. Fish. Soc. , 105：10 - 16.

Taniguchi N，1990. Genetic variation in quantitative characters of meiotic-and mitotic-gynogenetic diploid ayu，plecoglossus altivelis [J]. Aquaculture，85（1 - 4），223 - 233.

Yamazaki F，1981. Chromosome variations in salmonids irradiation，chromosomal aberration by overriping and irradiation [J]. Kaiyo Kagaku, 13（1）：71 - 80.

Yamazaki F，1983. Sex control and manipulation in fish [J]. Aquaculture（33）：329 - 348.

8

第八章

细胞融合及核移植技术

随着水族动物育种研究的不断深入与现代生物技术的不断发展，运用现代化的细胞工程手段进行水族动物育种研究已经得到了广大水族动物研究者的重视。其中，细胞融合技术是20世纪50年代发展起来的一门崭新的细胞工程技术。

迄今为止，细胞融合技术不仅为核质关系、基因调控、遗传互补、基因定位、衰老控制等理论领域的研究提供了有利的手段，而且在一些水族动物的育种工作中得到了应用。

第一节　细胞融合技术

一、细胞融合的概念

细胞融合，是指在外在因素（诱导剂或促融剂）作用下，通过介导和培养，两个或多个细胞合并成一个双核或多核细胞的过程（图8-1），也称为细胞杂交。如果取材为体细胞，则称体细胞杂交。体细胞融合后可形成四倍体或多倍体细胞，由此形成的杂交细胞，其特性会有很大的变化。

细胞融合全过程中会发生下列主要变化：呈致密状态的体细胞在促融剂的作用下细胞膜的性质发生变化，首先出现细胞凝集现象，然后一部分凝集细胞之间的膜发生粘连，继而融合成为多核细胞，在培养过程中多核细胞又进行核的融合而成为单核的杂种细胞，而那些不能形成单核的融合细胞在培养过程中逐渐死亡。

二、细胞融合技术的发展

其实，人们很早就发现在生物界中有"自发"的细胞融合现象，在1838年，Muller第一个描述了脊椎动物多核细胞，他在肿瘤中观察到多核细胞。此后便陆续有人报道发现多核细胞。例如在骨髓、结核病组织、发炎组织（天花脓疱的周围、受水痘损害的皮肤、在麻疹病人的扁桃腺）中都发现了多核细胞。1875年，Lange首先观察到脊椎动物（蛙类）血液细胞融合。继之又有一些研究者在无脊椎动物中也发现了融合细胞。上面所说的在发炎组织中所见到的融合细胞，可能是病毒作用的结果，但当时还没有人认识到这一点。

上述观察到的多核细胞是在自然条件下产生的。自从Harrison在1907年进行组织培养以后，人们便开始注意组织培养中多核细胞的形成。Lambert在1912年第一个报告了组织培养中细胞合并。到了 1960 年，法国 Barski 首先在两种不同类型细胞的混合培养物中获得自发的融合细胞。但细胞在体外培养时，自发融合的频率是极低的。

实验性细胞融合现象最初在动物细胞中发现。1958 年，日本学者 Okada 偶然发现仙台病毒可使腹水癌细胞融合，接下来的实验中首次表明紫外线灭活的仙台病毒可以诱导体外细胞融合形成多核体。继而在 1965 年，Okada、Harris 和 Watkins 又分别用灭活的仙台病毒诱导不同种动物的体细胞融合成功，并证明这种融合细胞能存活。同时 Littlefield 在 1964 年又利用焦磷酰酶缺失的 A3-1 细胞和胸腺激酶缺失的 B34 细胞，以及与 HAT 选择培养基相结合的方法，有效地把杂交细胞选择出来，进一步推动了融合细胞的实验工作。1967 年，Weise 和 Green 发现在人和鼠的融合细胞中，人的染色体优先丢失，并证明利用这一特点有可能对人染色体上的基因进行定位。同年，Watkins 和 Koprowski 等又分别证明融合细胞能使缺陷型病毒复原。1970 年，Ruddle 等开始系统地用融合细胞作为实验系统来绘制人类基因图。1970 年，Ladda 又进一步发展了用去核的小鼠成纤维细胞进行融合的实验，开始了各种细胞重组的研究工作。

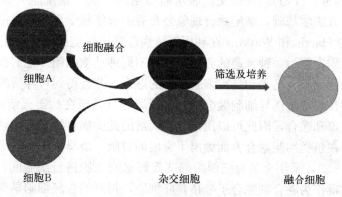

图 8-1 细胞融合示意

自从发现活病毒可在体内介导癌细胞融合后，除仙台病毒外，人们还发现其他病毒，如副流感病毒和新城疫病毒的被膜中有融合蛋白，可介导病毒同宿主细胞融合，也可介导细胞与细胞的融合。因此可以用紫外线等灭活的此类病毒诱导细胞融合，从而打破了细胞融合的种属屏障，推动细胞融合技术跃上新的台阶。然而，由于病毒诱导细胞融合存在着病毒制备困难、操作复杂、灭活病毒的效价差异大等问题，人们又找到了比病毒简便、快速和高效，且比病毒更易制备和控制、活性稳定、使用方便的化学物质聚乙二醇（PEG），并且随着 PEG 在植物细胞融合与微生物细胞融合中的成功应用，PEG 逐渐成为病毒的替代物诱导细胞融合，这是一个里程碑式的发现，引起实验生物学的"无声革命"。但在 PEG 诱导细胞融合的有效浓度范围（50%～55%）内对细胞毒性很大，因此人们又找到了新的方法来替代 PEG 介导细胞融合法，这些新方法有电脉冲诱导细胞融合技术和激光融合技术等。而最近的研究报道，通过一种新型高效的细胞配对方法，能帮助细胞融合成一个杂交细胞，使融合的成功率从原来的 10% 提高到 50%。总之，细胞融合技术在实践中不断发展和完善，细胞融合方法得到了不断的更新和改进，融合率也得到逐步的提高。现在新的细胞融合方法正在尝试将各种物理、化学手段综合应用，使细胞融合的操作更为简便，便于量化研究，同时又能使融合率得到不断提高。

三、细胞融合常用技术及在水族动物中的应用

在水族动物中，鱼类的细胞融合发展最早，也最为成熟。鱼类细胞融合技术指采用化学或物理的方法，将两个或多个紧连的细胞融合成一个细胞。它改变了以往传统的鱼类育种方式，可按照人们主观意愿，把来自不同组织类型的细胞融合在一起。鱼类细胞融合法在遗传育种、培育新品种等方面具有广阔的应用前景。另外，通过能产生抗体的淋巴细胞和不断分裂的肿瘤细胞的融合，由此构建的杂交瘤细胞产生专一性很强的单克隆抗体，在快速、准确诊断鱼类疾病方面很有意义。

细胞融合技术在鱼类中研究得较为深入，并取得了一些成果。人工诱导鱼类细胞融合法大体经历了病毒融合法、化学融合法（其中的 PEG 法是应用较广的一种）、电融合法和激光微束融合法等。

（一）细胞融合常用技术

1. 仙台病毒（hemagglutinating virus of Japan，HVJ）**诱导法**　Okada 发现仙台病毒（也称日本血凝性病毒，HVJ），能使艾氏腹水瘤细胞融合成多核细胞的研究，为人工诱导体细胞杂交奠定了方法学基础，细胞融合现象公布后引起细胞学界的高度重视。

1965 年英国的 Harris 和 Watkins 在利用灭活病毒诱导细胞融合上做了大量的工作，并进一步将这种灭活病毒作为一种普遍的方法来诱导不同种动物细胞。他们在实验室中成功进行了人类细胞、动物细胞、鸟类和蛙类细胞之间的融合，并且得到可存活的杂合细胞。他们的研究工作证明了在病毒法诱导细胞融合中，病毒膜片（甚至在病毒灭活或被超声打碎后）能使细胞间产生凝聚和融合，因此可以用紫外线灭活的此类病毒诱导细胞融合。

我国研究人员在鱼类细胞融合方面做出了突出的贡献。最早采用鱼类细胞进行融合研究的是童第周（图 8-2），采用金鱼囊胚细胞与艾氏腹水瘤细胞进行细胞间的融合。1986 年，郑瑞珍利用仙台病毒作为融合剂融合了金鱼囊胚细胞，得到的囊胚细胞早期是同步的，后期并不完全同步。1989 年张锡元以仙台病毒为融合剂，诱导中国仓鼠成纤维细胞与草鱼尾鳍细胞系细胞融合，得到鼠鱼杂种细胞，表明鼠鱼细胞产生杂种细胞是完全可能的。

该方法的问题主要在于：①病毒制备困难；②操作复杂；③灭活病毒的效价差异大；④实验的重复性差；⑤融合率很低等。这种方法适用于动物细胞融合，主要用于实验室研究，后来的研究人员较少采用这种方法。

2. 聚乙二醇（PEG）**诱导法**　1974 年华裔加拿大籍科学家高国楠（Kuo-Nan Kao）发现聚乙二醇（PEG）能促使植物原生质体融合，当加入一定分子质量的 PEG 时，融合效率可较病毒诱导法提高 1 000 倍以上。他

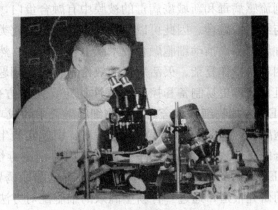

图 8-2　童第周在进行显微操作

们经过研究发现，PEG 在融合过程中起着稳定和诱导凝集的作用。后来人们又发现还有许多其他化学剂可使细胞凝集并融合，如磷酸盐、高级脂肪酸衍生物、脂质体等。不过这些物质中以聚乙二醇的效果最好。且由于病毒诱

导细胞融合存在诸多缺点，所以 1975 年以后，利用 PEG 诱导细胞融合逐渐发展成为一种规范的重要的化学融合方法，并代替了仙台病毒在细胞融合中的地位。

PEG 诱导细胞融合的效果，同其相对分子质量大小及浓度高低、作用时间、pH 密切相关。PEG 相对分子质量、浓度增大，促进细胞融合的能力提高，但它对细胞的毒性也随之增大，故通常选相对分子质量在 1 000～6 000，浓度在 30%～50% 的 PEG，并且严格控制 PEG 的作用时间，减少它对细胞的毒性，pH 一般选在 7.4～8.0。现在采用 PEG 时，一般是同时采用高 pH，高 Ca^{2+} 浓度的溶液来促进细胞膜融合，或加入二甲基亚砜（DMSO）来提高 PEG 诱导细胞融合。特别是在低相对分子质量和较低浓度的 PEG 中，DMSO 的效果更加突出。

阎康等（1986）以鲫囊胚建立的细胞系为材料，探索出鲫体细胞融合的最适 PEG 相对分子质量是 1 000，浓度是 50%，处理时间是 1～2 min，细胞密度约为 4×10^4 个/cm^2。同时，他认为从提高融合指数（FI）和尽量减少对细胞损伤的角度考虑，适当延长 PEG 处理时间，降低 PEG 浓度，添加一定量的 PEG 作用促进剂 DMSO，将得到更佳的鱼类细胞融合的参数组合。并探索了不同助融剂对鱼类细胞诱导的影响，得到以下结论：①甘油对鱼类细胞而言无诱导能力，微量的甘油就使 PEG 作用显著下降；随着 PEG 中的甘油浓度增加，对细胞的伤害加大，并导致细胞死亡。②DMSO 可大大提高 PEG 的诱融能力，在低相对分子质量和较低浓度的 PEG 中，DMSO 的作用更有效，但 PEG 浓度不能低于 40% 这个临界浓度，否则，DMSO 就失去其浓度依赖效应。③通过杂种细胞鉴定，发现同核体比异核体多得多，表明在 PEG 诱导鱼类细胞融合中，融合具有物种特异性和组织特异性。

1993 年邱启任等用 PEG，采用悬浮法诱导了草鱼 ZC-7901 细胞株融合，采用的 PEG 相对分子质量是 1 000，测定了不同浓度的 PEG 诱导草鱼细胞的融合率，得出 PEG 诱导草鱼细胞融合时的适宜浓度是 45%（质量分数），用 45% PEG 诱导间期细胞（Ⅰ期细胞）与分裂期细胞（M 期细胞）融合，早熟凝集染色体（PCC）的诱导率是 18.85%。观察 PCC 形态，G-1-PCC 呈单股染色细纤维形；G-2-PCC 呈双股染色纤维形，较分裂期细胞染色体细长；S-PCC 呈"粉末状"染色体片段。不同于上述阎康等人在以鲫为材料进行研究时，得出最适浓度是 50% 的结论。这说明鱼的种类不同，PEG 的最适浓度可能不同。

另外，PEG 法的优点是没有种间、属间、科间的特异性或专一性，动植物间的限制也被打破。这种方法一直沿用至今，即使到了细胞电融合技术业已成熟的今天，PEG 法依然以其低廉的实验成本和相对较高的融合率，在许多实验中被大量应用。不过 PEG 法对细胞毒性大，这极大地影响了融合率和融合后细胞的存活率。

3. 电场诱导法　细胞电融合是 20 世纪 80 年代发展起来的一门新兴的细胞工程和生物物理技术。自问世以来，电穿孔和电融合已成为一门成熟的学科。

细胞电融合现象是在 1978 年发现的，并采用电脉冲方法，开创了细胞融合技术的新局面。1979 年日本科学家 Senda 利用电场刺激实现了植物细胞的融合，并首次实现了电穿孔的实验和用电刺激植物原生质体融合的实验，而后他又对植物细胞电融合技术进行了研究。以后几年里，人们把这种新的融合手段从动植物扩展到微生物和真菌的原生质体融合研究中，导致了原生质体融合技术的新突破。它实现了装置化，比病毒法、化学法操作起来更方便，物理参数更易精确测量，重复性较好。

电融合法的过程可分为两步。

（1）电介质电泳。在电融合槽的电极上输出一个正弦交流电，形成一个非均匀电场，细胞在非均匀电场中被极化，形成偶极子，细胞向高电场强度区移动。极化细胞在电泳下相互接近时，由于偶极子相互作用，相互吸引，所以细胞在融合槽中排列成珠链状。为了形成细胞珠链，必须选择合适的交流电场强度，使细胞所受电场力大于引起布朗运动的随机力，并在电场强度的阈值之内。

（2）瞬时可逆击穿。细胞排成珠链状后，在电极上输出单个或多个方波脉冲，使细胞膜上产生可逆性小孔，导致细胞融合。电脉冲融合细胞的分子机制是：通过电泳，两细胞膜紧密接触，且膜表面的蛋白质分子分离，产生了无蛋白质的类脂区。电脉冲作用时引起膜结构局部扰乱，出现小孔洞。而相对的脂双层间分子在范德华力作用下，形成脂分子桥，由于连接处的细胞膜表面曲率大，处于高张力状态，在热力学上是不稳定的，所以最终导致两细胞逐渐融合成一个圆形的大球状细胞。但 Subrata Biswas 于 1999 年报道，通过扫描电子显微镜（scanning electron microscopy，SEM）观察到两细胞膜间有膜突起物，细胞膜就是依靠这些微伸出物连接起来的，并没有观察到微小孔洞的存在。

刘沛霖、易泳兰等人以大鳞副泥鳅的囊胚细胞为材料，采用电融合法，为鱼类体细胞遗传学与体细胞育种研究开辟了新的途径。他们以 0.02 mol/L 的甘露醇和 1 mol/L 氯化钙为电场液，细胞密度为 $(2.5\sim3.0)\times10^4$ 个/mL，细胞膜紧密接触 $2\sim5$ min，脉冲处理 $1\sim3$ 次，时间常数为 $10\sim50$ μs，得到大鳞副泥鳅融合率为 46.72%，经脉冲处理后一部分生成双核细胞，大部分为多核细胞，细胞的存活率为 88.6%。在此基础上，用大鳞副泥鳅囊胚细胞（供体）和大鳞副泥鳅受精卵融合，得到 6 尾鱼苗；大鳞副泥鳅（♀）×鳗尾泥鳅（♂）杂交囊胚细胞与大鳞副泥鳅卵（受体）融合，得到 6 尾鱼苗；鲤囊胚细胞与红鲫卵融合，得到 4 尾鱼苗。采用电融合结合继代移核法，将对草鱼出血病病毒（FRV）有抗性的草鱼肝细胞株（GLA）的细胞核移植到草鱼未受精卵内，也获得了一批不同发育期的胚胎和存活的仔鱼。

张铭等人以草鱼尾鳍组织 HGC-87 细胞为材料，采用电融合和化学方法相结合，添加助融剂，发现草鱼细胞电融合需要较高的脉冲场强，低于 4 kV/cm 时，细胞很少发生融合；场强为 10 kV/cm，脉宽 $60\sim100$ μs，连续 $3\sim7$ 个脉冲，融合率可达 80%，融合后存活率可达 85%～90%。在 3% 的电场介质甘露醇液中，加入 1 mmol/L 的 Ca^{2+}，有利于细胞极化成串，提高融合率；但加入 $0.01\sim1.00$ mmol/L 浓度 Mg^{2+}，明显加速 HGC-87 细胞的极化成串，使细胞间接触紧密，促进细胞融合。

与使用聚乙二醇（PEG）的化学法相比，电场刺激法是一种非常高效的细胞融合方法。电融合技术操作简单，电参数（如脉冲强弱、长短等）容易精确地调节，无化学毒性，对细胞损伤小，可以免去细胞融合后的洗涤程序，融合率高，可应用于许多种不同的细胞。

4. 激光微束法 细胞之间相互接触是实现细胞融合的前提，除了采用病毒、化学剂或电脉冲的方法外，还可以利用激光的光镊建立两细胞间接触。简单地说，光镊（optical tweezers）所形成的光学势阱，会把细胞拉向光束中心，钳住细胞，从而实现对生物粒子的远距离、非接触式捕获。利用激光微束法成功地进行了细胞融合实验，为细胞融合找到了另一种有效的方法。

继使用准分子激光器泵浦的染料激光器诱导哺乳动物细胞融合和植物原生质体融合成功之后，1988 年，张闻迪等将激光微束融合法应用于鱼类细胞，开展了一系列的研究。首先利用 YAG 激光微束做了泥鳅受精卵的融合实验的融合研究，融合率为 40%，且融合细胞大多能继续卵裂发育。在此实验中，高峰值、短脉冲 YAG 激光器作为激光系统的基本光源，通过二倍频得到 $0.53\ \mu m$ 激光以及由它泵浦产生的 $0.59\ \mu m$ 激光作为融合用的工作激光。另有 He-Ne 激光作为光学系统的调准和激光照射瞄准。对受精卵先利用胰蛋白酶进行去卵膜处理，照射时，用 He-Ne 激光仔细瞄准两个紧贴在一起的裸卵接触处，开启工作光源，在与卵排列垂直的方向上进行照射。后来又进行了大鳞副泥鳅受精卵的同种卵融合，融合率达66%，15 例发育至幼鱼。大鳞副泥鳅与鳗尾泥鳅受精卵融合，融合率为 53%，有 14 例发育至幼鱼。另外，还进行了超远缘鱼类——斑马鱼和泥鳅受精卵的激光融合，得到 3 尾融合初孵仔鱼，这是首次利用细胞工程方法得到不同科鱼类间的组合产物，表明不同科的鱼类受精卵也是可以融合的。

激光微束融合法较以前的病毒法、PEG 法、电融合法，具有易于实现特异性细胞融合、定时、定位性强，损伤小，参数易于控制，操作方便，可利用监视器清晰地观察整个融合过程，实验重复性好等优点，但它只能逐一处理细胞，不能像其他方法那样同时处理大量细胞。细胞间相互接触是实现细胞激光融合的前提。另外，激光诱导法中所使用的设备非常昂贵，而且是一种微操作法，对操作技术要求很高。

（二）细胞融合技术的最新进展

1. 基于微流控芯片的细胞融合技术 随着微机电系统（MEMS）技术和微加工技术的发展，微电极阵列的设计加工制作也日趋成熟，加上微通道网络可以整合到生物芯片之上，这将使得微流控系统成为细胞融合的理想平台，利用微流控系统可以按照预定的要求大量融合异种细胞。目前，基于微流控芯片的细胞融合技术已成为细胞融合技术研究的重点领域。研究人员已经在微流控系统中实现了单个成对细胞的融合。他们的成功证明了利用微流控技术使细胞之间可以实现可控融合。这种可控的融合势必对于未来杂交瘤细胞的制备、克隆技术，以及对基因表达的研究方面产生巨大的影响。利用基于芯片技术的微流控系统，不仅可以实现对细胞甚至单个细胞的操控，比如转移、定位（移动到指定的位置）、变形等，而且可以同时输送、合并、分离和分选大量细胞，细胞融合在芯片上可以通过并行或快速排队的方式实现。此外由于在微通道内的腔体容积很小，所以会大幅减少细胞融合中所需的细胞数量，同时细胞融合率和杂合细胞的成活率会大大提高。

2. 高通量细胞融合芯片 高通量细胞融合芯片利用微电极阵列在细胞融合芯片的微米范围（$10\sim40\ \mu m$）内产生的高强度高梯度辐射电场，使细胞融合芯片中的细胞在此特殊辐射电场的作用下产生介电质电泳力，精确处理和刺激预定的目标细胞，使目标细胞按照预先设计的方向（细胞可以以任何预先设计好的方向）以预定的速度（可以使不同种的细胞以不同的速度定向）移动，从而可以按照设计要求准确地大批量地得到目标细胞配型；集成微电极阵列的微流控系统，可以方便灵活地实现对细胞的操作、隔离和转移。由于在微通道内微电极间距可以做得很小，因此获得同样强度的辐射电场强度只需施加较低电压的交变电场和脉冲即可，不用加载昂贵的高电压发生装置。例如，在 $20\ \mu m$ 的电极对间距施加 14V 的脉冲就相应地可以获得 $7\ kV/cm$ 的高强度场强，这足以形成细胞融合所需要的电场强度。而且高通量细胞融合芯片可以与化学诱导融合、电诱导融合等方法相互结合，如在细胞融合缓冲液中加入少量的 PEG 可大大提高细胞的融合率。此外，利用二价阳离子（如 Ca^{2+}）以及蛋白酶（protease）对细胞进行预处理，融合率也可大幅提高。然而，截至目前各国与此相关的细胞融合实验工作只有几篇文章见诸报道。许多构想也只是在理论层次上的探讨，要达到理想的目标还有相当漫长的道路要走。

由于细胞融合在生物、医学、药学上的巨大潜在应用价值，来自物理、电子、生物、医学等领域的各国科学家相继在该领域倾注了大量人力物力进行专项研究。细胞融合从最初的现象发现以来，到目前种类繁多的细胞融合技术的应用，已取得了很多重大的研究成果，并使细胞融合技术迅速发展壮大起来。美国科学家 Zimmermann 在 20 世纪 80 年代将新兴的电子技术应用于细胞融合领域，并且倾注毕生精力致力于细胞电融合领域的系统研究，为细胞电融合领域做出了大量开创性的奠基工作。目前，细胞融合技术正面临新的机遇：作为细胞工程核心技术的细胞融合技术与新兴的微流控技术的交汇，有望为细胞融合技术带来一次新的革命，细胞融合芯片技术正在不断发展完善。

第二节　核移植技术

细胞核移植是研究动物细胞核和细胞质在发育、分化和遗传中的功能及其相互作用等重要问题的有效方法。自童第周等在鱼类细胞核移植研究领域的开创性工作以来，先后获得种间、属间甚至亚科间的核质杂交鱼。在水族动物中，鱼类的细胞核移植技术也最为成熟。作为水产养殖业的一大支柱种类，鱼类的良种培育对提高鱼类产量至关重要。利用细胞核移植技术来创造鱼类优良品种，对养殖品种进行改良，在当今的鱼类新品种培育方面仍是一项很有潜在应用价值的技术。特别是把细胞核移植技术与现代生物技术相结合，有望创造出具有巨大经济价值的新品种。另外，选择在模式鱼中细胞核移植技术的研究克服了经济鱼类的性成熟时间长、繁殖季节短、遗传背景复杂等缺点，鱼类的细胞核移植经验，可以为其他水族动物的细胞核移植奠定基础。

一、细胞核移植的概念

细胞核移植技术在高等动物中的应用首先见诸于 20 世纪 50 年代在两栖类中的研究。在高等动物中，一般是通过一个单倍体的精子和一个单倍体的卵子相结合的"有性生殖"方式繁殖后代的，而细胞核移植是指将一个二倍体的体细胞核（当然也包含着一点围在核周围的细胞质）与另一个已经去掉（或灭活）细胞核的卵子（生殖细胞）的细胞质重组在一起后，在一定的条件下，它也能像受精卵一样启动发育并形成胚胎、幼体或成体（严绍颐，2000），细胞核移植所得到的杂种细胞称为核质杂种。可见，这是一种用人工的"非有性生殖"的方式来完成的繁殖和发育过程。

二、鱼类细胞核移植研究的历史

细胞核移植是 20 世纪 50 年代发展起来的，用来研究胚胎发育过程中细胞核和细胞质功能以及两者之间的相互作用关系，探讨有关遗传、发育和细胞分化等方面的一些基本理论问题。后来发现，通过细胞核移植，即通过不同的细胞核和细胞质配合，还可培育出动物新品种。因此，细胞核移植的研究无论对于基础理论研究，还是探索动物育种新途径方面都具有重要的意义。

鱼类和两栖类是研究细胞核移植的极好材料，因为它们产卵数量多，卵的体积又大，且它们进行体外受精和体外发育，胚胎操作较哺乳类简单。目前，核移植技术在鱼类和两栖类上的应用已经成熟，而我国在这一方面居世界领先水平，已经获得了多种经济价值较高的食用核质杂种鱼（表 8-1，表 8-2）。

核移植研究的最初设计和目的在于研究细胞核和细胞质在发育、分化和遗传中的功能及其相互作用。对于细胞核和细胞质在发育、分化和遗传中的功能问题，历来在遗传学家和胚胎学家中存在着争议。德国科学家 Spemann 在 1938 年首先在两栖类中提出了核移植设想：将一个胚胎细胞的核分离出来，并移植到另一个已除去了卵原核的同种未受精卵内，目的在于观察处于不同发育时期的胚胎细胞核，甚至已分化细胞的核，在与新的卵细胞质结合后，后者能否影响或改变细胞核的功能，启动重组卵的发育和可以发育到什么程度，以及细胞核的发育"全能性"在胚胎的哪一个时期才会消失等问题。但因当时没有技术可供使用，未能实现。14 年后，美国科学家 Briggs 和 King 首先在两栖类中获得核移植实验成功，他们将豹蛙（*Rana pipiens*）囊胚时期的细胞核移入同种动物的去核成熟卵内，获得了发育正常的蝌蚪和幼蛙。以后他们和其他许多胚胎学家在不同的两栖类卵中进行了大量实验。所得的结果表明：①用胚胎细胞核可获得有发育"全能性"的克隆蛙；②不同种间进行核移植获得的核质杂种蛙，无发育的"全能性"，但它们除显示供体细胞核蛙的表型特征外，还出现了一些属于受体蛙的表型或中间型的特征，从而证明细胞质对移核卵的发育、分化和遗传均有影响。

表 8-1　鱼类囊胚细胞核作为核供体移核成功的文献资料（按时间顺序）

（沙珍霞等，2003，略做改动）

核供体	胞质受体	核质杂种发育最后阶段	组合类型	胞质杂种核倍性	参考文献
金鱼	金鱼[1]	幼鱼	种内	$2n$	童第周等，科学通报，1963
鳑鲏	鳑鲏[1]	幼鱼	种内	$2n$	童第周等，科学通报，1963
金鱼[1]	鳑鲏[1]	幼鱼	亚科间	$2n$	童第周等，动物学报，1973
鳑鲏	金鱼[1]	幼鱼	亚科间	$2n$	童第周等，动物学报，1973
泥鳅[1]	泥鳅[1]	幼鱼	种内	$2n$	Gasaryan et al.，Nature，1979
金鱼	金鱼[1]	成鱼	种内	$2n$	吴尚懃等，实验生物学报，1980
鲤	鲫[1]	成鱼	属间	$2n$	童第周等，中国科学，1980
鲤	鲫[1]	成鱼	属间	$2n$	严绍颐等，中国科学（B），1984
草鱼	团头鲂[1]	成鱼	亚科间	$2n$	严绍颐等，生物工程学报，1985
罗非鱼[1]	鲤[1]	幼鱼	目间	$2n$	严绍颐等，Gytoplasm Org Sys，1989
鲤[2]	鲫[1]	成鱼	属间	$2n$	余来宁等，淡水渔业，1989
草鱼[2]	团头鲂[1]	幼鱼	亚科间	$2n$	余来宁等，淡水渔业，1989
罗非鱼[2]	金鱼[1]	囊胚	目间	$2n$	余来宁等，淡水渔业，1989
罗非鱼[1]	金鱼[1]	囊胚	目间	$2n$	严绍颐等，Int. J. Dev. Biol.，1990
金鱼[1]	大鳞副泥鳅[1]	幼鱼	科间	$2n$	严绍颐等，Int. J. Dev. Biol.，1990
大鳞副泥鳅	金鱼[1]	幼鱼	科间	$2n$	严绍颐等，Int. J. Dev. Biol.，1990
罗非鱼[1]	大鳞副泥鳅[1]	幼鱼	目间	$2n$	严绍颐等，Int. J. Dev. Biol.，1991

（续）

核供体	胞质受体	核质杂种发育最后阶段	组合类型	胞质杂种核倍性	参考文献
斑马鱼	大鳞副泥鳅①	幼鱼	科间	2n	严绍颐等，Int. J. Dev. Biol.，1991
鳙	团头鲂①	幼鱼	亚科间	2n	许桂珍等，生物技术，1997
小鼠	大鳞副泥鳅①	囊胚	纲间	2n	李书鸿，生物工程学报，1998
斑马鱼②	斑马鱼②	成鱼	种内	3n	Niwa et al.，Dev Growth Differ，1999
斑马鱼②	斑马鱼②	幼鱼	种内	2n	李荔等，高技术通讯，2000
斑马鱼②	斑马鱼①	幼鱼	种内	2n	胡炜等，科学通报，2001

注：①胞质受体为去核未受精卵；②胞质受体为未去核受精卵。

对鱼类进行核移植研究是由中国的童第周等（1963）首创的。它比两栖类的研究晚了约10年，比哺乳类早18年。但从1963—1999年的36年间，在国外只见到由前苏联科学家和日本科学家分别在1979年与1999年发表过2篇论文。其他的都是中国科学家的研究结果，所以说中国在鱼类细胞核移植研究方面，至今一直是独占鳌头（严绍颐，2000）。

表 8-2　鱼类体细胞核作为核供体移核成功的资料

（沙珍霞等，2003，略做改动）

核供体	胞质受体		组合类型	核质杂种发育最后阶段	资料来源
鲤	成体红细胞核	金鱼	属间	成体	吴尚勤等，生物工程学报，1982
培养草鱼	尾鳍四倍体化细胞	草鱼	种内	囊胚期①	陆仁后等，遗传学报，1982
培养草鱼	尾鳍四倍体化细胞	泥鳅	科间	心跳期①，肌肉效应期②	陆仁后等，遗传学报，1982
鲫	囊胚继代培养细胞	鲫	种内	原肠期①，成鱼②	陈宏溪等，水生生物学报，1986
鲫	肾短期培养细胞	鲫②	种内	囊胚期①，成鱼②	陈宏溪等，水生生物学报，1986
金鱼	肾短期培养细胞	鲫	种内	幼胚①，仔鱼②	陈宏溪等，水生生物学报，1986
草鱼	培养胚胎细胞	青鱼	属间	心跳期	张念慈等，水产学报，1990
草鱼	囊胚培养细胞	团头鲂	亚科间	体节出现期	张念慈等，水产学报，1990
草鱼	头肾细胞	鲫	亚科间	原肠期①，胚孔封闭期②	齐福印等，动物学报，1992
鲫	头肾细胞	鲤	属间	原肠期①，血液循环期②	林礼堂等，动物学研究，1996
鲮	头肾细胞	鲤	亚科间	原肠期①，心跳期②	林礼堂等，动物学研究，1996
尼罗非鲫	头肾细胞	鲤	目间	原肠期①，肌肉效应期②	林礼堂等，动物学研究，1996
斑马鱼	胚胎长期培养细胞	斑马鱼	种内	成鱼	Ki-Young Lee et al.，Nature，2002

注：①为原代培养细胞核移植；②为继代培养细胞核移植。胞质受体均为去核受精卵。

三、鱼类细胞核移植的方法

目前，我国常用的细胞核移植方法，基本上是根据童第周创立的方法做进一步改进而来。鱼类细胞核移植技术主要包括供体与受体的准备、去卵膜、挑去卵核、分离囊胚细胞和移核等5个步骤。

一般供体取囊胚中期或晚期的细胞，受体为刚排出的未受精成熟卵，两者在时间上要配合好，要求受体成熟卵刚产出时，正好供体受精卵发育至囊胚期，否则无法进行核移植。

目前有 3 种解决供体与受体时间配合问题的有效方法：

① 超低温保存供体囊胚，其中关键是要控制供体；

② 采用温度控制供体胚胎体发育的速度；

③ 用成体细胞的核代替囊胚细胞的核做供体，不经体外培养直接移植到去核卵中，或成体细胞（如肾细胞）经短期培养后再移植到去核卵中。

（一）供体细胞的制备

1. 囊胚细胞作为供体 取受精后已发育到高囊胚或低囊胚的鱼卵，去膜后，置于底部涂有琼脂，并盛有细胞分离液的培养皿内，在解剖显微镜下，用玻璃针切下位于动物极的囊胚细胞团，这些细胞在 $2\sim3$ min 内就能分散成单个的游离细胞。

2. 培养细胞作为供体 培养细胞是指胚胎细胞或已分化的细胞，在离体以后经短期培养或继代培养的细胞，以短期培养为主。要选择生长密度适中，大小多为 $15\sim20\ \mu$m，有一定形状并具弹性的细胞，加入 PBS 工作液洗涤两次。换上以 PBS 做溶剂的 0.25% 胰蛋白酶处理数秒钟，倒去酶液，用郝氏液清洗后，最后再加入郝氏液，供核移植时备用。

3. 体细胞直接作为供体 解剖供体鱼，取出供体组织放入郝氏液中，待组织块周围游离出细胞时，用小吸管吸取游离的细胞并置于去核卵旁。

（二）去卵膜

通常采用机械方法，用磨尖的不锈钢钟表镊在解剖显微镜下撕开卵膜。也可采用非机械的方法，用郝氏液做溶剂配成的 $0.25\%\sim0.50\%$ 胰蛋白酶软化卵膜（胰蛋白酶浓度视卵膜性质而有所不同），在这个过程中辅以轻微的摇动，裸卵即可脱出。

（三）去卵核

两栖类大多采用紫外光照射作为去核的方法。鱼类中通常用玻璃针挑去卵核。用消毒过的吸管将去膜后的卵子移至底部涂有琼脂层的培养皿内，皿内盛郝氏液。首先在其动物极紧靠胚盘中央处看到一个透亮且很小的极体，而紧靠此极体的胚盘表面下，就是它的卵核。此时，轻轻压住卵子，同时用右手持一玻璃针紧挨极体刺入卵内，再往外一挑，卵核即与少许细胞质一同流出。

受体卵既可以去核，也可以不去核。根据余来宁等发表的文章，利用不挑除卵核的移植方法，在鱼类的 4 种组合中进行试验，获得了 10 尾存活 7 d 以上的幼鱼，其中 1 尾未去核鲤鲫移核鱼存活两年多。在移核后的胚胎阶段或成鱼阶段进行染色体和同工酶分析，并与去核移植鱼做了比较。结果发现，不去核移植鱼和去核移植鱼一样，能获得二倍体的核质杂种鱼，卵子中未挑去的单倍体卵核被排斥了。鉴于此，在实验中可省去挑核这一步骤，对卵子的外界损伤相对减少，使成活率有了一定的提高。

（四）移核

这是最关键的一步，因为核很小且极脆弱，必须做到既不损伤细胞核，又不损伤细胞质，才能使移核卵正常地分裂发育。移核时，吸取供体核，不是将微细管插入细胞内吸取细胞核，而是将整个细胞吸入吸管内。由于吸管内径比细胞小比核大，因而吸入的细胞破裂，而细胞质仍紧包着其中的细胞核，保护细胞核以免受到损伤。细胞吸入微吸管后应控制在管端，将微吸管斜口刺入卵子的中心，以不超过鱼卵胚盘厚度的 1/2 为宜，把细胞核与其周围细胞质一起轻轻注入卵内。

核移植应在一定的时间内完成，通常不超过 30～40 min，如果时间太长，卵会变质，移核不易成功。如果卵子成熟度适中、去卵膜时卵子未受伤、挑卵核准确，以及注入供体核的时间和部位合适，则移入细胞核后的卵子一般都能进行卵裂，有些卵子的卵裂与正常者无异，其中一部分可以发育至原肠胚，有的还可以长成幼鱼和成鱼，并能达到性成熟。

（五）移核鱼的鉴定

操作过程中有可能未把受体细胞的细胞核去除，而且用未去核卵作为受体时，就更需要鉴定产生的后代是否为核质杂种鱼。

1. 染色体检查方法　在胚胎时期，用单个胚胎制片或多个混合胚胎制片法检查染色体数目和倍性。在成鱼阶段用外周血培养空气干燥法制片，检查染色体数目和做核型分析，看是否与供体鱼的一致。

2. 红细胞 LDH 同工酶及血红蛋白电泳　采用常规的聚丙烯酰胺电泳方法，从鱼尾静脉中抽血，制成酶液，在同一胶板上比较移核鱼、供体鱼、受体鱼 LDH 同工酶及血红蛋白图谱。

3. 外部形态和器官特征　根据这些特征与杂种鱼及供体鱼的相似程度来判断是否为核质鱼。

4. 分子标记鉴定　可以借助 DNA 分子标记技术，如 AFLP、RAPD、微卫星，或其他核 DNA 序列，鉴定移核鱼核基因组是否来自供体鱼。

四、鱼类细胞核移植研究的应用

（一）在同种鱼类中进行核移植研究

童第周等（1963）首先报道，将金鱼和鳑鲏的囊胚细胞核分别移入同种鱼的去核未受精卵内，都能获得正常的胚胎和幼鱼。这是首次报道细胞核移植技术在鱼类中的建立。

（二）在不同种鱼类之间进行核移植研究

以童第周等为主开始的"核质杂种鱼"的研究，是以他们对鱼卵本身结构的研究为依据的，主要是想从理论上研究"核质关系"问题。童第周等试图用核移植实验来证明这类细胞质因子对发育和分化的影响，以及对遗传的影响。

吴尚勤等（1982）首先报道了直接将鲤成体的红细胞核移植到金鱼去核卵中。她们报道在 4 年中共移植 5 106 个鱼卵，最后获得 3 尾幼鱼，其中 2 尾因感染真菌于 2 个半月后死亡，另一尾在发表论文时已成活了 17 个月。它是具有中间性状的核质杂种鱼，其单尾鳍、体长、大鳞片、喜跳跃等性状都似鲤，而嘴形状、无口须则似金鱼。陆仁后等（1982）用长期培养并经秋水仙素诱变的四倍化的草鱼尾鳍细胞核进行移核，仅获得了肌肉效应期的胚胎。

童第周和严绍颐在鲤科鱼类的不同变种之间，将鲫（$2n=100$）的囊胚细胞核移入金鱼（$2n=100$）的去核卵内获得了核质杂种鱼；在不同属之间，将鲤属的红鲤（$2n=100$）核移入鲫属的鲫（$2n=100$）去核卵内获得了核质杂种鱼。将这两种鱼的核、质反向重组后也获得了核质杂种鱼（严绍颐等，1984），这就是后来有人称其为在世界上首创的"试管鱼"。他们又在不同亚科之间，将雅罗鱼亚科的草鱼（$2n=48$）核移入鳊亚科的团头鲂（$2n=48$）的去核卵内也获得了核质杂种鱼。这些核质杂种鱼都具有发育的"全能性"，都能繁殖后代，而且已多次重复获得。将这些核质杂种鱼与它们的细胞核供体鱼相比，它们都表现出不同程度的遗传特性的变化。例如将鲤核移入鲫去核卵内所得的核质杂种鱼，其多数性状为核型，有的属细胞质型和中间型，也有新的变异性状。而且它们还显示生长速度快、肌肉蛋白质含量较高、脂肪含量较低等特点，已推广养殖，并繁殖 5 代以上。另一种更远缘的、不同亚科鱼类间（草鱼核和团头鲂的去核卵组合）的核质杂种鱼，也出现了不同程度的性状变异，并繁殖到第二代（严绍颐等，1985、1998）。后来他们又在不同科之间，将鲤科的金鱼（$2n=100$）核移入鳅科的泥鳅（$2n=48$）去核卵内，以及这两种鱼的核、质反向重组；将斑马鱼（$2n=50$）核移入泥鳅（$2n=48$）的去核卵内；不同目之间的鱼类，将尼罗罗非鱼（$2n=44$）的核移入金鱼（$2n=100$）的去核卵内，以及尼罗罗非鱼的核移入泥鳅的去核卵内等试验，都获得了核质杂种胚胎和幼鱼。他们甚至将不同纲的动物，即哺乳纲中，小鼠（$2n=40$）162 细胞时期的胚胎细胞核移入鱼纲泥鳅（$2n=48$）的去核卵内，也获得了正常的核质杂种囊胚。所有这些核质杂种卵的发育速度和模式均表现为细胞质的类型，说明它们受细胞质的影响很明显。在这些实验中，由于所得核质杂种胚胎、幼鱼或成鱼的性状主要表现为供体鱼的表型，而且为二倍体核型，所以不论其是否带有标记染色体，都能确证为正常的"核质杂种"个体。而且根据重组卵的线粒体 DNA（mtDNA）分析，它们属于卵子型也能确证这一点（严绍颐，1993；Evens 等，1999）。

潘光碧（1989、1990）又将上述鲤鲫核质杂种鱼的子二代（F_2）雄性，与散鳞镜鲤雌性进行品种间有性杂交，获得了子一代（F_1）并命名为"颍鲤"；用鲤鲫核质杂种鱼的子二代（F_2）雌性，和散鳞镜鲤雄性进行反向有性杂交，获得了子一代（F_1）并命名为"5 号鱼"。对这些子代的分析表明：镜鲤和鲤鲫核质杂种鱼对子代的某些性状都具有较强的遗传影响，这说明其某些细胞核和细胞质因子在有性杂交子代的遗传中都起着各自的作用。这些结果都为用核移植法探索鱼类育种新途径提供了宝贵的依据。

从这些实验中可以得出以下几点结论和假设：

① 与两栖类和哺乳类中的情况不同，在鱼类，不仅在同种内，而且在远缘物种之间，用胚胎细胞核移植都能获得具有发育"全能性"的核质杂种鱼，这可能与它在进化地位上比前两者低有关；也可能是因为在鱼类中，物种间的"不相容性"限制较小，因为它们之间获得有性杂交个体的可能性也较大，但两种鱼类之间的亲缘关系越远，则成功率越小。

② 鱼卵细胞质对启动重组卵（包括哺乳类的核与鱼的卵细胞质之间的重组卵）的早期发育不受种类特异性的限制。

③ 如果两种鱼类的染色体数目相同或相近，则即使它们的亲缘关系较远，也能获得具有发育"全能性"的核质杂种鱼或幼鱼。

④ 卵子发育的模式和幼鱼摄食的行为不同，会影响核质杂种幼鱼的成活。

⑤ 核质杂种鱼和有性杂交鱼之间的相似点是两者都表现出"杂种优势"，而且它们的某些特性能传给下一代，对培育新品种有利；不同点是前者能繁殖后代而后者是不育的，不能形成新品种。

⑥ 在核质杂种鱼中所表现出的性状变异，可能是因为在异种核、质的相互作用下，使在进化过程中所保留的一些"静止基因（silent gene）"被重新激活，或对基因组进行了"重编码"。

（三）培养过的鱼类胚胎细胞、体细胞和不经培养的体细胞核的移植与继代移植

20 世纪 70 年代初人们转而注意对体细胞核移植的研究。由于两栖类的核移植只能在同种中进行，为确保实验的准确性，界定已分化的细胞有 4 个标准：

① 要确凿地证明被移植的那个细胞核的确是已分化的核；

② 要肯定移植后所得的个体确是来自被移植的那个细胞核；

③ 移植后所得的个体的细胞核必须是一个正常的二倍体核，而不是单倍体或多倍体核；

④ 被移植的那个细胞核本身或其表型必须要有遗传标记，以便和可能因未被除尽而残留在受体卵内的卵原核参与个体发育的情况相区别。

迄今能满足其中个别要求的两栖类只有豹蛙及其变种，可用色素标记，以及爪蟾及其变种，可用单核仁和双核仁标记。其中最广为引用的例子便是上述用爪蟾蝌蚪肠细胞核移植后获得的 2 个能生育的成体，但是由于研究者判断肠细胞已分化状态所用的标准是细胞形状的大小，证据不充分；至今没有见到作者或其他人对此有重复验证的报道，因此对于这一实验结果仍有争议。

（四）鱼类细胞核移植中需要考虑的问题

1986 年，陈宏溪等报道了两组实验：①将鲫肾组织的细胞经短期培养后，移植到同种鱼的去核卵内得到囊胚，再将它的囊胚细胞核第两次移植到同种鱼的去核卵内，最后得到一尾成鱼（1.2%），它的染色体数目为三倍体（$3n=150$），外观像雌性，但实际上它的性腺发育不良；②用金鱼肾组织的细胞短期培养后，同样经过两次连续移核到白鲫或鲫的去核卵内，仅得到 3 尾幼鱼，它们的尾鳍像金鱼。从这些实验中，得出结论：①这些移核鱼都是来自短期培养的鲫和金鱼肾细胞核，而不是因雌核发育或受体卵内未剔尽的核参与发育等情况而发生。它们中有少数细胞核仍保持遗传的"全能性"，并能促进去核卵发育成"性成熟"的个体；②连续移植能促进移核卵的更进一步发育，增加了获得成鱼的可能性。

但是，也有研究者在以下方面提出质疑：①用于移核的鲫肾细胞培养的纯度如何，是否也含有其他干细胞在内（如来自血细胞和结缔组织的干细胞）。②由鲫肾组织的细胞核所获得的那尾鱼（$3n=150$），实际上其性腺并未发育好。在鱼类有性杂交后代中，经常会见到性成熟的第二性征，但实际上它们却是一种"性腺不育"的现象。在青鳉的移核鱼中，这种现象也表现得很典型，它们能表现出雌雄差异，其雄性个体的精子是活的，也能使卵子受精，但受精后的胚胎却不能发育下去，因此像这样的个体似乎还不能认为它们具有发育的"全能性"。③如果它不是同源三倍体，那么在没有精子进入移核卵内的情况下，其中多余的那组单倍体（$1n=50$）来自何处，如果排除了卵原核的参与，则对此应做何解释？如果能将体细胞核加以标记，或在表型特性不同的变种、亚种和种之间进行移核，将有助于解决这些问题，因为在鱼类中利用核质杂交来验证是可以做到的。

（五）未去核的未受精卵内的细胞核移植和电融合法的核移植

在细胞核移植的研究中，大鳞副泥鳅囊胚细胞和同种鱼未受精卵融合，得到了融合细胞及孵出的仔鱼，但未得到成鱼。在亲缘关系不同的鱼类间进行细胞融合，部分鱼类中也获得一定的融合率。例如，将红鲤核移入鲫的未去核的未受精卵内（属间），融合率 11.2%，并获得了一尾成活 6 个月的供核型二倍体鲤鲫核移鱼；草鱼核移入团头鲂的未去核的未受精卵内（亚科间），融合率为 0.7%；鲢核移入团头鲂的未去核的未受精卵内（亚科间），融合率为 0.6%；罗非鱼的核移入金鱼的未去核的未受精卵内（目间），融合率为 0。这 4 组胚胎的染色体均为供核型二倍体。严绍颐（2000）认为未受精卵内的单倍体卵原核，在供体的二倍体核移入后的发育过程中被排斥了，去核过程可以省略。

将一种体色品系的青鳉的囊胚细胞细胞核移入另一种具有橘红色品系的青鳉未去核的未

受精卵内。其中有 27 尾（3.2%）长成成鱼（有第二性征，14 个雌性，13 个雄性）。对这些核移鱼的葡糖磷酸变位酶、DNA 含量和染色体计数，均证明它们的细胞核是由移入的细胞核和未被去掉的卵原核合并成的三倍体，而且都是不育的。因此，严绍颐（2000）提出以下几点讨论：

① 鱼类中用电融合法来代替注入法进行移核实验，由于鱼卵和所用细胞的直径相差悬殊，在显微镜下很难将两者一对一准确地在鱼卵的某个部位用电融合仪进行操作，所以融合时只能将含有很多细胞的悬浮液与鱼卵放在一起，结果可能有多个细胞与卵融合，而且融合的部位也是随机的，最后得到了各式各样不正常的胚胎或幼鱼，要从中再筛选出正常的个体，较为烦琐。

② 从未去核的未受精卵内移核的实验结果来看，不同实验室所得的结果完全不同，可能是由于所用的实验材料不同所致。但在同种鱼类内，因为鱼类卵子自然的雌核发育和人工的雌核发育很容易发生，用不经标记的核移入未去核的未受精卵内，对于最后所得的个体，究竟是来自被移入的核还是由于卵原核所引起的雌核发育尚存在争议。现在已可用报告基因标记等办法来追踪早期胚胎中的基因表达，但还未能解决对早期活细胞核的标记问题。因此，在这种情况下用不同种鱼类进行核质杂交仍是进行这方面研究的一个可行办法。

五、鱼类细胞核移植的意义

在细胞核移植技术应用之初，是为了从理论上探讨在胚胎发育过程中细胞核与细胞质功能，以及它们之间的相互作用。随着研究的深入，鱼类细胞核移植在以下方面都具有重要意义。

（一）研究胚胎发育过程中细胞核与细胞质的功能

根据童第周等和严绍颐等所得到的结果，说明细胞核对后代的遗传性状起主要作用，但细胞质也有一定的影响。在不同的细胞核与细胞质的配合情况下，它们在胚胎发育中的作用不尽相同，核质之间的相互作用也有所不同。在最初几代核移植时，受体细胞质对性状分化的影响不明显，但多代核移植后，由于细胞质的影响，移核鱼中出现受体性状的个体越来越多，而且这种影响可以积累。

（二）获得优良性状的核质杂种鱼

迄今为止，我国利用鱼类囊胚细胞作为供体进行的核移植，得到过 5 种属间、亚科间和目间核质杂种鱼。这种核质间的远缘无性杂交与有性杂交相比，具有后代可育和性状不分离的优点，并会出现类似于有性杂交的杂种优势，这在遗传育种和生产上是极其重要的。其中，鲤鲫核质杂种鱼具有明显的生长优势，营养价值高，是一个很有应用价值和推广前景的优良核质杂种鱼。荷包红鲤的细胞核和鲫的细胞质组合，并经自交繁殖而创造出来的新鱼类群体，表现出物种远缘核质杂交后所产生的新特征：生长速度快，易于繁殖和饲养，味道鲜美，肌肉蛋白质含量高，脂肪含量低，也是一种值得推广和具有应用价值的优良品种。

将易患病的草鱼的囊胚细胞核移植到不易患病的团头鲂的去核卵，期望得到一种既抗病又在生长速度方面介于两亲之间的核质杂种鱼，有个别饲养到性成熟的雄鱼，与正常草鱼回交得到生长良好的子代，克服了远缘有性杂交不育弊病。可以说，细胞核移植已成为鱼类育种的一种重要方法，为生物工程法培育鱼类新品种探索了一条新途径（楼允东等，1998；赵浩斌等，2002）。

（三）研究细胞核发育潜能

在鱼类中，不仅在同种内，而且在远缘物种之间，用囊胚细胞核移植都能获得发育全能性的核质杂种鱼，但两种鱼亲缘关系越远，则成功率越小。在鱼类中诸多细胞核移植后，最后得到了性成熟的成鱼，说明体细胞核包含全套遗传信息，可以指导胚胎正常发育。

（四）鱼类纯合二倍体的产生

利用两个不同属的泥鳅杂交，然后将受精卵的雌核去除，得到普通泥鳅雄核单倍体。待单倍体发育至囊胚，再将它的细胞核移入大鳞副泥鳅的去核卵，结果得到了5尾分别养至2个月、7个月以上的雄核发育纯合二倍体幼鱼和成鱼，是真正的雄核发育纯合二倍体。由于雄核二倍体是纯合的，所以只需两代雄核发育即可获得纯系。通过细胞核移植人工诱导雄核发育，再通过染色体加倍得到纯合二倍体，对于纯化优良品种性状，保持纯种提供选育种原始材料是很有价值的。此外，还为生产单性鱼，研究鱼类性别控制提供了一条捷径。这也是获得转基因同质化鱼的一条途径。

（五）鱼类多倍体育种

通过秋水仙素处理鱼，使其细胞染色体加倍成为四倍体，建立四倍化的细胞株，然后再将这种四倍化培养细胞移植到鱼的去核卵内，为解决鱼类远缘杂种不育和开辟鱼类多倍体育种新途径做了有益的探索。

（六）鱼类染色体转移

基于鱼类早期囊胚细胞具有发育的全能性，因此，如果用囊胚细胞的融合来引进外来的染色体以及改造原有细胞的遗传组分，然后再把融合的囊胚细胞的核移植到去核的成熟卵里去，那么就有可能产生具有新的遗传性的个体。可以利用这一技术研究鱼类外源染色体对发育的影响以及探索改良品种的可能性。

六、问题与对策

目前，在细胞核移植中仍然存在一些共性问题。这些问题是在鱼类、两栖类和哺乳类核移植的研究中都共同存在的，例如：

（1）在细胞核移植研究中所指的发育的"全能性"，应准确地定义为，由此所得到的动物应能发育到性成熟并能繁殖后代。应该与仅得到胚胎或者没有达到性成熟的个体的"多能性"有所区别。这种结果在用核移植研究的各种动物中已屡见不鲜，但两者有很大区别，不能混为一谈。

（2）在用细胞核移植法研究已分化的细胞或体细胞为材料移核时应有明确的标准。由于研究者对已分化的细胞或体细胞在性质上的判断不一致，这两个概念并没有严格区分。

例如，最广为引用的例子是用爪蟾蝌蚪肠细胞核移植后，获得了2个能生育的成体。因其仅靠细胞的大小来判断所用的细胞是已分化的肠细胞，其证据不确凿。一般来说，从发育的起始阶段以后，胚胎细胞便开始进行不同程度的分化，这些不同程度分化的细胞，不论在幼体、胎儿以至成体中都始终存在。例如，在许多动物组织中都有供再生用的干细胞，特别是像乳腺上皮细胞、身体表面的各种上皮细胞、输卵管上皮细胞等，它们在生存一段时间后都会死亡，而由新的干细胞，经不断地分化而补充，而分化又是一个渐进的过程，所以在这类组织的混合培养中，可能包含着各种不同分化程度的细胞。至于卵丘细胞则是一种并未很好分化的营养性细胞，成纤维细胞也是一种并未完全分化的多潜能细胞。由于这些细胞都可称为体细胞，而对它们的分化程度现在还没办法来确定其标准，所以对这些偶然获得的结果，到底是因为极少数已完全分化的体细胞还能恢复其发育的全能性，还是由于被移植的正好是少数并未完全分化的体细胞，对此尚难做出评价，目前这些报道的成功率也尚无规律可循，需要继续探讨。

与两栖类的核移植研究相比，对鱼类的研究还不够深入。另外，由于鱼类生活在水体中，许多鱼类的繁殖季节相仿，生物隔离的生态系统不十分严格，有些鱼类的染色体数目又很多，还出现了许多表型上的多态性，而这些多态性又并非属于物种之间基因型的差别。对它们的遗传背景不易搞清楚，在研究上便有困难。

在今后的研究中，应当对下述几方面的问题加强研究。

（1）在远缘鱼类物种之间可克服核、质的不亲和性而获得有发育全能性的核质杂种鱼，这在两栖类和哺乳类中至今还未获成功，其原因是什么？是物种进化上的原因，还是仅仅属于技术上的问题？而且在核质杂种鱼中明显地表现出细胞质的功能以及它对细胞核的影响，它的物质基础和作用机理是什么？

（2）用体细胞或培养的体细胞核已获得了移核鱼（克隆鱼），但其中有的核型为三倍体，在这种情况下能否完全排除卵原核的参与？

（3）怎样才能用客观的指标来确定体细胞已分化到什么程度？在培养的体细胞中是否能肯定不存在尚未完全分化，或其他干细胞在移核时被误用了？用什么办法可证明这一点？

（4）在两种亲缘关系虽较远的鱼类中，只要它们之间的染色体数目相同，就比较容易进行有性杂交和核移植杂交，但有性杂交的后代是不育的，而核质杂交的后代是可育的，两者之间的共同点和差异的基础是什么？

（5）在三倍体移核鱼和有性杂交鱼的后代中都出现了性腺不育现象，因此并不能认为它们具备了发育的全能性，造成这种后果的原因是什么？

（6）在未去核的未受精卵中移核后，对卵原核是否参与移核卵的重建问题，不同作者报道的结果完全相反，其原因何在？

在应用方面也要加强探索。

（1）在动物的核移植研究中有一个很重要的目的是可用它研制纯化的模型动物，因为在种内由克隆动物再克隆是可以做到的，而且可以缩短纯化的时间。

例如，将自然界存在或用人工诱变而得的突变体进一步纯化为稳定的突变体模型动物。又如，在鱼类育种中，传统的办法之一是从江河湖泊中自然选育出优良个体，再进行驯化繁殖，但由于对这些个体的历史背景不清楚，育种所耗时间往往很长。如用克隆的办法使它们连续产生纯化的后代，因为这些后代都是单性别的，所以可以得到稳定而又严格隔离的雌、雄个体。再用性别转化的办法将单性别的克隆鱼转变为双性，以此为基础再进行自交或品种间杂交，这样就能缩短纯化和育种的时间。鉴于长期的鱼类品种内自交繁殖会出现某些退化现象，因此长期使用纯种克隆鱼自交并非上策。但用纯化的克隆鱼模型进行品种间的杂交繁殖就可以对其后果有所预测，比较理想。在这方面我们也应当注意我国自己实验材料的可贵性。现在国外都在注意研究青鳉和斑马鱼中的一些突变体，而它们的形态直观上并不明显。我国有很多特有的金鱼突变体，它们的形态直观上却非常明显，而且是经过历史悠久的人工选育而成的。它们的差异可表现在各个方面，而且一目了然。这些表型特征的差异当与其基因型的表达和调控有直接关系。如果将这些现有的突变体用克隆的办法，获得进一步纯化，再用它们作为研究发育、分化、遗传，以及基因表达和调控机制的模型动物，是非常理想的，有望获得很好的研究成果。

（2）克隆转基因动物正在研究之中，目前对用作食品和它们对生物多样性及生态环境可能产生的影响等问题，科学家们还有很多争议。不过对用转基因动物制备一些天然药物或疫苗似乎前景看好，不过由于鱼类的卵子很多，所以研制转基因鱼并非一定需要用克隆技术来配合。

（3）用克隆的办法对濒危动物进行保种和繁殖，也是一个值得关注的问题。

总之，对细胞核移植的研究，已经延续了半个多世纪，从科学的意义来说，对有关发育、分化和遗传等理论问题还远远未见分晓。从应用技术上说也并非不可能，因为用未分化细胞获得克隆动物，在多种动物中都已比较成熟，在今后的研究中，也将会有更多新的发现。

复习思考题

1. 根据细胞融合及核移植技术的发展历史，在水族动物新品种的培育中，哪些技术与方法更为可行？

2. 结合鱼类发育早期细胞的特征，谈谈在培育新的遗传特性水族动物中的应用。

3. "三倍体"在水族动物的生产与应用中具有什么作用？

4. 在核质杂种鱼中明显地表现出细胞质的功能以及细胞质对细胞核的影响，其物质基础和作用机理是什么？

主要参考文献

陈宏溪，易咏兰，陈敏容，等，1986. 鱼类培养细胞核发育潜能的研究 [J]. 水生生物学报，10 (1)：1-7.

高晓虹，李光三，杜淼，等，1990. 电脉冲介导金鱼囊胚细胞融合及其发育能力的研究 [J]. 动物学报，36 (2)：199-204.

林礼堂，夏仕玲，朱新平. 1996. 硬骨鱼类体细胞核移植的研究 [J]. 动物学研究 (3)：337-340.

李荔，张士璀，李红岩，等，2002. 斑马鱼体细胞核移植——头肾细胞和尾鳍细胞核移入成熟具核卵子发育能力的初步研究 [J]. 青岛海洋大学学报（自然科学版），32 (1)：73-78.

李荔，张士璀，王锐，等，2000. 斑马鱼的克隆——囊胚细胞核移入正常具核卵子的发育 [J]. 高技术通讯，10 (7)：24-27.

李书鸿，毛钟荣，韩文，等，1998. 不同纲动物间的细胞核移植——将小鼠细胞核移到泥鳅细胞质中 [J]. 生物工程学报. 14 (3)：345-347.

刘沛霖，易泳兰，刘汉勤，等，1988. 鱼类细胞电融合的初步研究，水生生物学报，12 (1)：94-96.

楼允东，江涌，1998. 我国鱼类细胞核移植研究的进展 [J]. 中国水产科学，13 (2)：80-84.

陆仁后，李燕鹏，易咏兰，等，1982. 四倍化草鱼细胞株的获得、特性和移核实验的初步试探 [J]. 遗传学报 (5)：59-66.

罗立新，2003. 细胞融合技术与应用 [M]. 北京：化学工业出版社：1-12.

齐福印，许桂珍，郑明霞，1992 草鱼→鲤的细胞核移植 [J]. 中国兽医学报 (1)：24-27.

邱启任，戴慧芳，钱安厦，1993. 草鱼细胞融合及早熟凝集染色体的诱导 [J]. 遗传，15 (1)：14-16.

沙珍霞，陈松林，刘洋，等，2003. 鱼类细胞核移植研究进展及前景展望 [J]. 中国水产科学，10（4）：338-344.

童第周，叶毓芬，陆德裕，等 . 1973. 鱼类不同亚科间的细胞核移植 [J]. 动物学报（3）：4-15.

童第周，1980. 硬骨鱼类的细胞核移植——鲤鱼细胞核和鲫鱼细胞质配合的杂种鱼 [J]. 中国科学（4）：376-380.

魏东旺，2000. 我国鱼类细胞核移植研究的进展 [J]. 水产学杂志，13（2）：80-84.

吴尚懃，蔡难儿，徐权汉，1980. 不同品系金鱼间细胞核的多代移植 [J]. 实验生物学报，13（1）：68-80.

许桂珍，齐福印，1997. 鳊团移核鱼的形态性状与个体生长 [J]. 生物技术（1）：13-16.

阎康，陈敏容，陈宏溪，等，1986. 鱼类细胞融合中助融剂效应和特异性 [J]. 水生生物学报，10（4）：373-379.

严绍颐 . 1985. 硬骨鱼类的细胞核移植Ⅲa，不同亚科间的细胞核移植——由草鱼细胞核和团头鲂细胞质配合而成的核质杂种鱼 [J]. 生物工程学报，1（4）：15-26.

严绍颐，2000. 鱼类细胞核移植的历史回顾与讨论 [J]. 生物工程学报，16（5）：541-547.

严绍颐，陆德裕，杜淼，等，1984. 硬骨鱼类的细胞核移植——鲫鱼细胞核和鲤鱼细胞质配合的杂种鱼 [J]. 中国科学（B辑），14（8）：729-732.

易咏兰，1988. 鱼类细胞核的移植及其应用 [J]. 生物科学动态（5）：12-17.

易咏兰，刘沛霖，刘汉勤，等，1988. 鱼类囊胚细胞和卵的电融合 [J]. 水生生物学报，12（2）：189-192.

余来宁，杨永铨，柳凌，等，1989. 用未去核卵作受体的鱼类细胞核移植研究 [J]. 淡水渔业（3）：3-7.

张铭，毛树坚，1992. 鱼类细胞电融合条件的研究 [J]. 杭州大学学报，19（2）：196-200.

张念慈，曹铮，尹文林，等，1990. 草鱼、青鱼体外培养细胞的属间、亚科间核移植 [J]. 水产学报，14（4）：344-346.

张闻迪，赵白，姚纪花，等，1992. 超远缘鱼类——斑马鱼和泥鳅—受精卵的激光融合 [J]. 青岛海洋大学学报，22（3）：11-17.

赵浩斌，朱作言，2002. 转基因红鲤体细胞的核移植 [J]. 遗传学报，29（5）：406-412.

Gasaryan K G，Hung N M，Neyfakh A A，Ivanenkov V V，1979. Nuclear transplantation in teleost *Misgurnus fossilis* L. Nature：280，585-587.

Tung T C，Wu S Q，Ye Y F，et al. ，1963. Nuclear transplantation in fishes. Scientia Sinica（notes）[J]. 14（8）：1244.

YAN S Y，1998. Cloning in fish-nucleocytoplasmic hybrids [M]. Hong Kong：IBUS Educational and Cultural Press Ltd.

K Niwa，T Ladygina，M Kinoshita，et al. ，1999. Transplantation of blastula nuclei to non-enucleated eggs in the medaka，*Oryzias latipes* [J]. Development Growth & Regeneration，41（2）：163-172.

第九章

转 基 因 技 术

随着世界人口的不断增长，粮食匮乏的问题也日趋严重。在陆地面积和渔业资源不可能增加的情况下，生物技术有可能成为解决粮食安全问题的核心技术。

基因工程是生物技术的核心之一，它是将经基因重组技术改造后的 DNA 片段转入生物体，从而产生出人类需要的基因产物，或改良创造出新的物种。自从 Palmiter 等于 1982 年将大鼠生长素基因注入小鼠受精卵中并获得了比正常小鼠大 1 倍的巨型鼠以来，转基因技术在高等植物及动物中的应用日益广泛和成熟，目前，已有不少转基因产品陆续问世并迅速占领市场。

近年来以"基因组计划"为代表的遗传学研究在认识基因组构成等方面进展很快，也为转基因动物技术提供了坚实的基础。

鱼、虾、贝等水产动物是人们主要的蛋白质来源之一，但是目前水产动物的捕捞与养殖总量尚不能满足人们的需求。我国水产养殖业规模居世界首位，但总体技术含量不高，缺乏高效、优质和抗逆性强的养殖品种。利用转基因技术对水产养殖动物基因组进行改造，使其获得新的性状，从而得到优质苗种，将对未来从种质上防治水产病害，促使水产养殖业向优质、高产、持续、健康的方向发展具有重要意义；另外，也有些水族动物种类具有重要的观赏价值，利用基因转移技术对它们进行遗传改良，对于提高其观赏和经济价值具有重要意义。

第一节　转基因技术的原理和方法

20 世纪 70 年代以来，分子生物学技术的发展，基因克隆与重组技术的诞生和随之而来的飞速发展，为定向改变动物性状提供了理论依据和技术支撑。与此同时，各种转基因技术蓬勃发展，使利用基因转移技术培育动物新品系成为可能并得以实现。

利用转基因技术手段，将具有特殊性状的外源基因转入动植物，使其有效整合，高效表达，从而培育出性状优良、遗传稳定、经济价值高的转基因动植物，是人类孜孜以求的目标。朱作言等（1986）报道了将小鼠重金属结合硫蛋白基因启动子和调控序列与人生长激素基因的重组 DNA，通过显微注射方法导入鲫的受精卵内，获得了快速生长的转基因鱼，证明人源生长激素基因可以在受体鱼内整合，成功表达并具有促生长作用，拉开了水产动物转基因研究的序幕。自 20 世纪 80 年代后期开始，国际上掀起了鱼类等水生生物转基因研究的高潮，20 多个实验室相继投入这一领域的研究，取得了不同的进展。目前转基因技术已成为水产养殖品种改良的前沿生物技术之一，转基因鱼、转基因对虾等研究都为水产动物新品种培育提供了一条重要途径。

一、转基因技术概述

转基因技术是将外源 DNA 导入细胞内的一种技术，是基于现代分子生物学、动物胚胎和配子生物工程技术的一项实验技术。它能够使人类按照自己的意愿有目的、有计划、有根据、有预见地改变动物的遗传组成，赋予动物新的表型特征。

目前在转基因的选择上主要有 4 类：①参与调节机体组织生长发育的编码蛋白基因；②与动物生产力密切相关的经济性状的主效基因；③抗性基因；④治疗疾病所需的蛋白质基因。通过特定的技术手段，将这些基因转移到受体动物。

二、转基因技术的一般方法

构建转基因动物首先是获得目的基因，然后进行基因克隆，最后把外源基因导入受体动物（受精卵）。有效地向受体动物导入外源基因，是研制转基因动物的关键步骤之一。目前，转基因动物的研究方法很多，有显微注射法、电脉冲转移基因方法、用精子做载体的基因导入方法、基因枪喷射技术等。在水族动物中，转基因鱼的研究较为深入与成熟，其中更多的方法是在转基因鱼的研究中广泛采用。

（一）显微注射法

1. 显微注射法流程　显微注射法是目前广泛使用、效果较好的一种方法。显微注射是一种精细的转基因实验操作技术，即在显微镜下，借助显微操作器，将直径几微米的玻璃细针插入受精卵原核或核附近的细胞质中，注入一定量的外源基因，注射后的受精卵于室温下在生理盐水中发育一定时间。

现在常用的有 3 种显微注射法：①从受精孔将 DNA 溶液注入卵中，简称 MP 法；②在受精卵刚受精后卵壳尚未变硬时直接注射，简称 EI 法；③用金属针在卵壳上打一个孔，再进行显微注射，简称 LI 法。

在显微注射前，必须对受精卵膜进行处理。对于某些卵膜较软的鱼类来说，可用磨尖的镊子或用 0.25% 胰蛋白酶消化去除卵膜后注射；对于一些卵膜较硬的冷水性鱼类，用胰蛋白酶消化无法去除卵膜，可采用其他方法进行显微注射。注射基因的时间，多在单细胞时期进行，以避免嵌合体鱼的比例过大。由于外源基因在受体鱼基因组中的整合是在受体鱼染色体的复制期进行，外源基因在受精卵内停留时间过长，容易受到内源 DNA 酶类的消化，降低外源基因在受体鱼基因组中的整合率，因此注射外源基因的时间应在受精卵发育的单细胞后期进行。

影响基因显微注射成功的主要因素是外源 DNA 的浓度（一般为 1 ng/μL）、外源 DNA 的结构（线性分子的整合率比环状的高出 5 倍）、注射位点（雄性原核＞雌性原核＞细胞质），以及动物品系（杂种动物的受精卵最佳）。显微注射法的优点很多，转化频率高达 20%。通过显微注射获得转基因动物不是很困难，但由于是人工操作，受实验者技巧和熟练程度的影响很大，一次能处理的卵很少，对细胞损伤也很大，死亡率较高，耗时费力。

2. 显微注射的注意事项　在哺乳动物，精子进入卵细胞进行受精的一段时间内，精原核和卵细胞核是分开的。卵细胞核要到完成减数分裂之后才形成卵原核，此时精原核和卵原核进行融合。显微注射时，受精卵位置很重要，要求持卵管尽可能持住受精卵有极体的一侧，精卵核尽可能位于持卵管中线并靠近受精卵的表面，这样既可以快速将注射针插入精卵核，又可以减少受精卵的损伤。显微注射针的质量是转基因成败的关键之一，理想的注射针应该畅通，要求针尖开口小于 1 μm，尖部长度适宜（50～80 μm）。注射后，受精卵的精原核膨大，核膜清晰，如果未出现上述现象，说明 DNA 未注入核内；如果核变形，核仁流出，可能是注入的 DNA 样品过多，导致核破裂。

3. 显微注射的效率　以小鼠为例，大约 66% 受精卵能在显微注射中存活，移植到子宫后，大约 25% 受精卵发育成幼鼠，而且其中大约 25% 的幼鼠是转基因鼠。这样每 1 000 个接受显微注射的受精卵里只能产生 30～50 只转基因鼠。一般情况下，通过显微注射获得转基因动物的成功率很低，只有 1/1 000。

此外，由于显微注射 DNA 在实验动物基因组中是随机整合的，并且可能发生多个拷贝插入同一位点的情况。因此，可能出现转入的基因碰巧整合在具有重要功能的基因之中，从而干扰基因的正常表达，影响转基因动物的正常发育与代谢。有的个体可能因基因插入位点不适合而无法表达产物，有的个体因基因拷贝数过多导致表达过量，干扰自身的正常生理活动。

4. 显微注射技术的改进

（1）双原核注射。显微注射 DNA 生产转基因动物的传统做法是向体积较大的雄原核注射 DNA 溶液，这样幼体中可能有 1%～5% 是转基因个体，这样的效率比较低。提高转基因效率的可能途径之一，是向两个原核都注射 DNA，从而提高外源基因整合的机会。其具体做法是，通过调整受精卵的位置，使雄原核和雌原核在同一个平面上直线排列。然后，用一根较平时更长和更细的玻璃注射针，先刺通近端的原核，然后刺入远端的原核。注射时先将 DNA 溶液注入远端的原核，再把针撤回到近端原核内注入 DNA，然后将针撤出。注射完毕后，胎生动物的受精卵经过载体外短暂培养，除去裂解的胚胎，将其余的移植给受体；鱼类的受精卵直接体外发育。结果表明，双核注射对胚胎的损伤略高于单核注射，但是可以明显提高转基因效率。

（2）严格控制注射 DNA 的时间。研究发现，掌握好显微注射时间能够提高转基因的效率。过去认为，嵌合体的产生是影响基因转移效率的主要障碍。采用 CMV 启动子驱动的 GFP 基因在胚胎中表达，可以确切地知道何时注射可能产生嵌合体，很直观地阐明了影响转基因效率的时间因素。一般来说，只有在第一次 DNA 复制前发生整合，才会得到真正转基因胚胎；在第一次 DNA 复制后发生的外源 DNA 整合，将得到不同程度的嵌合体，整合得越晚，转基因细胞相对于非转基因细胞的比例越低。在实际操作中，掌握在胚胎进行第一次 DNA 复制前使外源 DNA 到达细胞核并不容易。从体内获取受精卵时，受精卵的发育阶段很不一致，几乎不可能确切找出 DNA 尚未复制的胚胎用于显微注射，即使利用体外受精技术获取受精卵，也要摸索出在什么时间注射基因整合率高，这不仅仅是一个时间指标，还有在特定条件下胚胎成熟快慢的问题。

（3）利用标记基因筛选转基因胚胎。用显微注射 DNA 的方法生产转基因动物最大的困难之一，是需要使用大量的受体动物，这在牛、羊等单胎动物尤其突出。克服这个困难的另一个途径，是对胚胎进行筛选，只移植那些已整合外源基因的转基因胚胎。对胚胎进行筛选的方法之一，是选用标记基因在胚胎中表达，以便直观地挑选那些已整合外源基因的阳性胚胎。可以用作标记基因的，一个是水母的绿色荧光蛋白基因，另一个是萤火虫的荧光素酶基因。使用标记基因对改进显微注射生产转基因动物的效率作用很大，这一点在具有整合概率低、受体成本高和生殖周期长等缺点的转基因牛生产中特别有用。

（4）使用分子技术筛选胚胎。改进显微注射生产转基因动物的另一项技术是通过分子检测，筛选转基因胚胎，然后只移植那些分子检测阳性的胚胎。通常采用的分子检测方法是PCR检测，具体操作方法描述如下。显微注射后的原核胚发育到桑葚胚或囊胚时，采用胚胎切割的方法切下几个到十几个细胞，最好是切下滋养层细胞而使内细胞团细胞保持完整，切下必要的细胞后把胚胎放回培养小滴中继续培养。切下的细胞用于提取DNA，迅速进行PCR检测。PCR检测阳性的胚胎和可疑的阳性胚胎可以继续培养。虽然PCR检测准确率不高，但也可以节约90%以上的受体，使实验的规模、成本和时间都大大减少。

在水族动物的转基因研究中，显微注射法是应用得最为广泛的一种方法。杨隽等利用PCR技术删除大麻哈鱼生长激素基因的启动序列，通过基因重组构建出全鱼基因（鲤MT启动子结合大麻哈鱼生长激素基因），以融合全鱼基因为外源基因，通过显微注射方法将其线性片段导入鲫受精卵内，研究其整合与转录效率。结果表明，全鱼基因在鲫基因组中的整合率为36.4%，对转基因阳性鱼的RNA样本进行Northern印迹杂交检测，转录率为25%。曾志强等将β-actin基因启动子驱动的草鱼生长激素基因cDNA——"全鱼"基因pCAgcGHc用显微注射方法导入四倍体鱼卵，获得了生长快、个体硕壮的转基因四倍体鱼。Fernandez报道，将呼吸道合胞病毒（RSV）RSV-LTR启动子与鳟生长激素GHCDNA由受精孔显微注入斑马鱼（*Danio rerio*）受精卵中，胚胎孵化率平均达32%；试验鱼主要用于生长研究与整合分析，通过点印迹与Southern印迹发现信号呈阳性反应，进一步证实外源基因与鱼体基因组的整合。

（二）电脉冲转移基因方法

电脉冲法即电穿孔法，最好在裸卵中进行。这一方法操作简便，可同时处理大量的受精卵，但电脉冲处理时DNA转移无定向性，转移效率较低。然而，也有研究报道该方法所获得的转基因鱼的存活率及外源基因的整合率均可达到显微注射法的水平。以泥鳅脱膜受精卵为材料，电穿孔转移外源基因，大约可获得10%的转基因泥鳅。

电脉冲法将裸卵直接浸泡在外源DNA溶液中，通过一定强度的电脉冲处理，使卵膜瞬间开孔，外源DNA片段进入裸卵的动物极，部分DNA片断可整合到受精卵基因组中。该法的基本原理是利用外部高电压短脉冲使细胞膜的结构改变，使其产生可逆的孔隙或孔洞，一定大小的分子包括DNA即可通过孔隙或孔洞进入细胞。电穿孔法已在微生物、哺乳动物和植物原生质体基因转移中得到广泛应用，现在也开始用于水族动物基因转移。将去核的裸卵和外源基因放入电脉冲用的小杯中，调整各级参数，使外源基因进入受精卵。钟家玉等将稀有鮈鲫精子与重组质粒pGAhLFc线性DNA混合温育，经电脉冲处理后与卵子受精，孵化出苗。从鱼苗中提取DNA，经PCR检测，25.5%~66.7%鱼苗带有外源基因；Sarmasik等将Cecropins抗菌基因通过电脉冲法导入青鳉的受精卵中，40%~60%的胚胎能够存活下来，利用PCR技术检测，5%~11%的青鳉具有Cecropins抗菌基因。电穿孔法的优点是操作简便，一次可处理大批受精卵。缺点是外源基因的导入是随机的，且转移的频率较低。

（三）精子载体法

精子载体法又称精子介导基因转移，是以精子作为外源基因的载体，通过人工授精将外源基因导入动物胚胎，从而将外源基因带入子代的基因组中以实现基因转移。在受精过程中，精原核能自动找到卵子中的卵原核，其准确性之高远非至今任何精密仪器所能比拟。因此，精子是比较理想的基因导入的运载工具。

精子载体法主要有 3 种方式：直接混合法、脂质体介导法和电穿孔法。

直接混合法是在受精前将精子直接加入事先配好的保存液中，然后与外源基因混合，一定温度下恒温混合培育 0.5 h 后按常规方法受精。但是单纯的共孵育很难将外源基因深入到细胞质，更难进入到精子的核区。但是如果将外源 DNA 与精子混合培养之前，先用脂质体包裹，脂质体自发地与 DNA 相互作用，形成脂质体-DNA 复合体，该复合体易与精子细胞质膜融合，从而进入精子内部，同时脂质体的包裹还可以防止核酸酶的降解及 DNA 被稀释。

在用精子作载体进行转基因研究中，许多研究者从精子膜的特性寻找突破口。研究发现高电压能使精子质膜的通透性产生暂时的可逆性变化，电击后精子摄取 DNA 的量增加 10 倍，随后多名科学家发展了电穿孔精子载体法。虽然该方法能明显增加外源 DNA 进入精子核内的数量，但它却过早地引发了顶体反应，从而使精子受精能力下降。这可能是由于增加的电场会影响到精子的活力。

一般可以将鱼的精子与目的基因在保存液中孵育 30 min，受精后得到部分导入外源基因的精子。常洪等以含 lacZ 基因的质粒 pCH110 为外源 DNA，采用外源 DNA 和精子在保存液里混合保温处理，再进行精、卵的体外受精，观测了精子介导的报道基因在转基因泥鳅胚胎中的表达，4 次重复实验均获得了较稳定的实验结果，有 9.6% 的个体呈现了 lacZ 基因表达阳性。利用一种鱼的启动子将另一种鱼的某个特定基因导入第三种鱼的精子，并利用处理的精子与成熟个体的卵子受精，可以检测到 50%～70% 的基因导入阳性率。Jesrthasau 等将精核与编码绿色荧光素蛋白的 DNA 预处理 20 min，结果在胚胎的所有细胞中都能检测到这种基因的表达。钟家玉等通过电脉冲-精子法对稀有鮈鲫转基因，获得了转基因鱼个体。

由于用这种方法构建转基因动物省去了显微注射的复杂过程和设备，简化了基因导入过程，因此引起了人们的极大兴趣。虽然精子可以与外源 DNA 结合，但关于精子与外源 DNA 结合的调控机制尚不清楚。

在关于精子携带外源基因的机制研究中，实验证明精子头部能结合外源 DNA。并且，用与外源 DNA 竞争结合的多阴离子聚合物洗涤，再用 DNase 消化，只能除去部分与精子头部结合的外源 DNA，说明至少有一部分外源 DNA 已经进入了精子头部。当外源 DNA 与精子一起保温时，外源 DNA 进入精子头部，受精时，精子头部的质膜与卵子质膜融合，精子的核和胞质进入卵内，外源 DNA 即可随之进入卵子。当破坏精子头部的蛋白时，精子不再吸收 DNA，并发现外源 DNA 主要是与一种称 30-35 KD 的蛋白结合。对精子吸附的 DNA 定位研究发现，DNA 主要作用部位在精子头部的顶体后区。Lavitrano 等（1997）研究发现，敲除组织相容性因子Ⅱ（MHCⅡ）基因的小鼠，精子结合 DNA 的能力比正常精子低，而敲除 CD4 基因（CD4 为哺乳动物体内重要的免疫细胞）的小鼠，精子结合 DNA 能力正常却失去进一步吸收 DNA 能力，说明精子与 DNA 作用过程中，DNA 与精子结合与MHCⅡ有关，而 DNA 的进一步吸收却要部分依靠 CD4 基因。对精子做载体转基因法的重复性以及对其详细机理还有待进一步的研究。

该法较简单、方便，依靠生理受精过程，免去了对原核的损伤。通过此法获得的精卵受精和受精卵成活率几乎不会受到影响。但精子携带基因转移法仍存在转基因阳性率低、转移率不稳定等缺点。

（四）基因枪喷射技术

基因枪法又称粒子轰击或高速粒子喷射技术，是利用 DNA 包裹在钨微粒子上面，通过高速轰击受体细胞以达到外源 DNA 转移的目的。该法是由美国康奈尔大学生物化学系 John C. Santord 等于 1983 年研究成功的。

该方法将直径 4 μm 的钨粉或金粉在供体 DNA 中浸泡，然后用基因枪将这些粒子打入细胞、组织或器官中，具有一次处理多个细胞的优点，但转化效率较低，另外这种方法也用于基因治疗和抗体制备，并已取得初步成效。基因枪根据动力系统可分为火药引爆、高压放电和压缩气体驱动 3 类。其基本原理是通过动力系统将带有基因的金属颗粒（金粒或钨粒，DNA 吸附在颗粒表面），以一定的速度射进受体细胞，由于小颗粒穿透力强，因此，在植物中也不需除去细胞壁和细胞膜而进入基因组，从而实现稳定转化的目的。它具有应用面广、方法简单、转化时间短、转化频率高、实验费用低等优点。基因枪的转化频率与受体种类、微弹大小、轰击压力、制止盘与金颗粒的距离、受体预处理、受体轰击后培养有直接关系（图 9-1）。

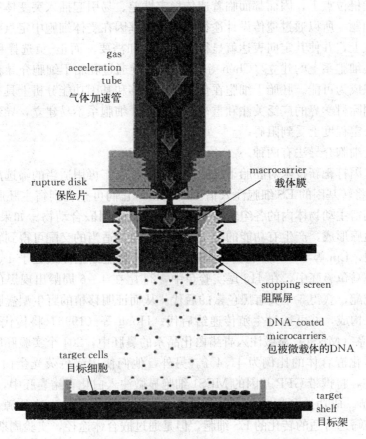

gas acceleration tube
气体加速管

rupture disk
保险片

macrocarrier
载体膜

stopping screen
阻隔屏

DNA-coated microcarriers
包被微载体的DNA

target cells
目标细胞

target shelf
目标架

图 9-1　伯乐（Bio-Rad）PDS-1 000/He Biolistic 基因枪作用方式示意

这种方法在植物细胞的基因转移中使用得较多。由于大多数鱼类的卵核比较小而卵黄比较多，用这个方法把外源基因导入卵内，外源基因达到受体细胞核并与受体基因组整合的机会比较少，其稳定性和表达存在问题，这一技术在鱼类中的应用还有一定难度，但在对虾中有成功的报道。刘志毅等用基因枪的方法，以绿色荧光蛋白（GFP）基因作为报告基因，和带有切割对虾白斑病病毒基因的核酶基因质粒 pGDNA-RZ1 导入中国对虾受精卵中，利用荧光显微镜分别对各个不同发育时期对虾幼体的处理组和对照组做了检测，绿色荧光蛋白在无节幼体和溞状幼体中的瞬间表达强烈，对成体的 RT-PCR 和 PCR 检测表明，外源的 GFP 基因已转移到中国对虾体内并有相应的基因产物表达，初步建立了转基因虾的操作方法，为今后虾类基因工程育种在生产实践中的应用奠定了实验基础。

（五）胚胎干细胞介导法

胚胎干细胞（ES）是在动物胚胎发育早期——囊胚中未分化的细胞。人类囊胚含有约 140 个细胞，外表是一层扁平细胞，称滋养层，可发育成胚胎的支持组织（如胎盘等）。中心的腔称囊胚腔，腔内一侧的细胞群，称内细胞群，这些未分化的细胞具有分化为体内各组织细胞的潜能。通过某种实验手段（显微注射法、逆转录病毒感染法、电穿孔法或磷酸钙沉淀法）把外源基因导入 ES 细胞，再用适当的筛选法如 PCR 法（聚合酶链式反应法）、PNS 法（正负选择法）、药物法等筛选出基因转化的 ES 细胞。

利用传统转基因技术所获得的转基因鱼，外源基因几乎均以随机插入的方式整合在受体细胞染色体的随机位点上，因而都面临着遗传稳定性差、易引起插入突变体和基因修饰并导致遗传病变等问题。所以通过遗传设计途径，使外源基因在受体细胞中定点整合在特定染色体及其特定位点上，并使其定向表达就显得更加迫切和需要。而正-负选择程序及同源重组载体技术在鱼类细胞系上的建立（Chen 等，2001），使通过胚胎干细胞介导获得定点整合的转基因鱼的构想成为可能。胚胎干细胞在鱼类基因转移和基因功能分析上具有重要的应用价值，因而引起国际科学界的广泛关注和重视。但胚胎干细胞系不易建立，导致胚胎干细胞介导法的发展在一定程度上受到阻碍。

目前胚胎干细胞介导法有两种。

（1）利用基因打靶新技术对胚胎干细胞进行定点整合，再用适当的筛选法筛选出基因转化的 ES 细胞。将转基因的 ES 细胞注入宿主的囊胚，它们可整合到宿主胚胎，参与胚胎发育，最后嵌合到宿主动物体内的各组织器官中，形成转基因嵌合动物。如果基因转化的 ES 细胞参与了生殖腺形成，产生有功能的配子，那么，通过适当的交配可得到转基因后代。已成功的报道有限，Lin 等（1992）将野生型斑马鱼囊胚胚盘细胞注入处于 1 000 个细胞阶段的受体白化型斑马鱼囊胚中，在 418 尾实验鱼中，23 尾在 4～6 周龄出现黑色素。将嵌合体与白化体进行交配，获得 5 个具有黑色素的后代。从而证明移植的野生型囊胚细胞可以参与受体胚胎生殖系构成，并可通过生殖传递给后代。Hong 等（1996）将传代培养达 40 代的青鳉 ES 样细胞系（MES1）显微注入青鳉白化品系的囊胚中，204 个实验胚胎中有 5 个嵌合体胚胎，黑色素化嵌合体的比例为 41.4%。另外，他们使用绿色荧光蛋白（GFP）cDNA 转染 MES1 细胞，将携带 GFP 基因的 MES1 细胞显微注入白化青鳉囊胚中，其中 90% 发育成 GFP 阳性鱼苗。成功地利用鱼类 ES 样细胞系获得了嵌合体。本法外源基因整合率高，能在植入囊胚前筛选合适的转化的 ES 细胞，但是通过嵌合体途径，实验周期较长。

（2）通过胚胎干细胞核移植法。在中国，鱼类细胞核移植有着悠久的历史。早在 20 世纪70年代后期，中国科学院动物研究所和中国科学院水生生物研究所等单位就合作完成了鲤、鲫间的细胞核移植，培育了第一尾鲤鲫囊胚细胞核移植鱼。80年代初，中国科学院水生生物研究所将鱼类细胞培养与细胞核移植技术相结合，克隆了第一例体细胞脊椎动物，即肾细胞核移植鲫。迄今，细胞核移植技术已经较为成熟。据报道，在鲤、鲫移核鱼（属间）的成功率为3.2%～31.2%，鲫、鲤移核鱼的成功率为0.9%～19%，草团移核鱼（亚科间）的成功率为3.6%～31.6%（楼允东，1998）。

通过胚胎干细胞介导，利用显微注射核移植技术将转基因细胞核注入鱼类受精卵中，获得转基因鱼克隆纯系。此法既实现了外源基因的定点整合，又可以在细胞水平上实现转基因筛选，省去了通过嵌合体途径在子代筛选转基因鱼的麻烦，直接获得转基因鱼纯系。在不远的将来，胚胎干细胞介导法将有望成为生物学家获得转基因鱼的首选途径。但由于涉及的技术较新，难度较大，至今仍未有成功报道。

（六）染色体片段显微注入法

这是一种超大型外源DNA转移方法，就是通过显微切割特定的染色体片段，然后注入受体动物受精卵中。据报道，正常虹鳟的精子用γ辐射使父源DNA断裂，白化雌鱼的卵子与处理过的精子受精后，热休克得到雌核发育二倍体鱼，2%～13%的实验鱼胚胎能存活并发育。这些胚胎除常规数目的染色体外，还含有额外的染色体片段。这些父源基因能复制并保存至成体中，还能表达。转基因亲鱼的额外染色体片段也能遗传给子代。尽管这种基因转移方法的忠实性和整合率均不清楚，但由于它具有不需经基因重组就可转移超大型外源DNA的独特优点，所以在多基因转移中可能会有前途。

（七）脂质体融合法

脂质体融合法是根据生物膜的结构和功能特征，用磷脂等脂类化学物质合成的双层膜囊将DNA或RNA包裹成球状，导入原生质体或细胞，以实现遗传转化的目的。脂质体是一种人造膜，因含有脂质头部，能与DNA结合形成DNA载体复合体，这瞬间结构有利于外源DNA进入胞膜。其优点是制备简单，可通过聚碳酸酯滤膜消毒灭菌，用它包装DNA在4℃可长期保存不失活性，而且毒性低，包装容量大，可以保护DNA免受核酸酶的降解作用等，但是感染率低于DEAE-葡聚糖法。利用脂质体对鲑肾胚细胞（CHSE-214）进行转染，发现当质粒DNA的浓度为1 μg，细胞密度为（2～5）×10⁶个/mL（75 mL培养瓶）时，转化效果较佳。

（八）DEAE-葡聚糖法

二乙胺乙基葡聚糖（DEAE-dextran）是一种高分子质量的多聚阴离子试剂，能促进培养细胞捕获外源DNA。其促进细胞捕获DNA的机理还不清楚，可能是因为葡聚糖与DNA形成复合物而抑制核酸酶对DNA的作用，也可能是葡聚糖与细胞结合而引发细胞的内吞作用。

DEAE-dextran的浓度及处理细胞的时间是影响转染效率的主要因素。一般用高浓度（1 mg/mL）短时间（0.5～1.5 h），或低浓度（250 μg/mL）长时间（8 h）两种方法来进行转染。由于DEAE-dextran对细胞有毒性，所以采用低浓度长时间的方法比较可靠。

DEAE-dextran的优点是可用于转染少量DNA，转化效率高。缺点是一般用于克隆基因的瞬时表达，不宜形成稳定转化细胞系，由于它对细胞有毒性作用，某些细胞系（如BSC-1、CV-1、COS等）用该转染技术效率很高，而其他类型的细胞则效率不高。

（九）逆转录病毒感染法

逆转录病毒作为一种基因转移的高效载体，几乎可与其他每一种基因转移方法结合运用。此类病毒是一种 RNA 病毒，进入宿主后从 RNA 逆转录成 DNA，并结合到宿主细胞的染色体上。如果把目的基因组合到病毒染色体上，用改造的病毒侵染宿主细胞就有可能向细胞内导入外源基因。这种方法已广泛应用于转基因动物模型的基因表达机制、基因产物、细胞缺陷校正和遗传病基因治疗研究诸多领域。Elwood 等（1999）将 e-GFP 基因插入逆转录病毒 LTR 区，构建了可以进行荧光蛋白表达的逆转录病毒载体。病毒贮液的浓度为 1 mL 可转染（1～3）×10^9 个 3T3 细胞。将病毒载体显微注入斑马鱼 500～1 000 细胞时期的胚胎中，结果全部胚胎都表达 GFP 基因。转基因的成功率很高。

逆转录病毒感染法的优点是，无论在体外还是在体内，其宿主的范围都十分广泛。逆转录病毒为直接保持宿主基因组中一定结构的原病毒，可被整合并与染色体上其他基因一起活动。插入的外源 DNA 可达 10 kb，适用于超长基因转移。逆转录病毒通过感染可在受体细胞中进行外源基因的高效转移和筛选。该方法的缺陷是载体病毒 DNA 序列有时会影响外源基因在受体动物细胞中的表达，特别是载体病毒导入受体动物细胞后的安全问题令人担忧。

（十）其他方法

在鱼类基因转移中，还有可能使用其他方法，如激光处理等技术，但是它们还处于试验阶段。有效地向受体鱼导入外源基因，是研制转基因鱼的关键步骤。应根据不同的研究对象、不同的目的采用相应的转基因技术以获得最佳的实验结果。随着研究的进展，现有基因转移方法仍将得到发展和完善，新的基因转移技术也将逐步建立。

然而，转基因水产动物要进入商业化生产，还有待转基因技术的进一步完善，以及转基因动物的生态和食品安全性等一系列问题的解决。

第二节　转基因水族动物实例

鱼类是脊椎动物中较原始的类群，从多倍体、雌核发育、雄核发育的成功例子来看，鱼类的遗传可塑性很大，从远缘杂交、细胞核移植等实验结果来看，不同种属甚至亚科之间亲和和协调都较容易。因而可以认为鱼类的受精卵具有较强的接受、整合和表达外源基因的潜力。鱼类怀卵量大，受精卵易得，胚胎发育快，对发育的条件要求低，容易满足，易于培育和观察，使鱼类转基因技术的研究得以迅速发展起来。

目前，已有 20 多个国家和地区的几十个实验室开展了这项研究，使用多种人工构建的外源基因和启动子，在十几种鱼、虾等水族动物中进行基因转移的研究，其中多例能获得表达，少数还能遗传给后代，这些研究结果对鱼类育种具有重要意义和广阔的应用前景，在不远的将来有可能培育出更多的快速生长和抗病的新品种。

一、转基因鱼的研究

（一）转基因鱼的研究意义及必要性

基因转移技术的应用打破了生物种间界限，使育种工作可以充分利用所有可利用的遗传变异，利用人工方法越过自然界亿万年生物进化历程，创造出自然界原来没有的新品种或品系。

转基因水生生物与其他转基因生物一样，是利用分子生物学手段，将某一特定目的基因导入水生生物体内，其遗传组成和遗传背景发生相应改变的水生生物。1985年，我国科学家朱作言通过显微注射方法，将人的生长激素基因和小鼠重金属螯合蛋白启动子相结合，注入鲫受精卵，成功构建了世界上首例转基因鱼，掀起了世界各国对转基因鱼的研究热潮。此后，转基因鱼研究有了长足发展，30多年来，国内外对转基因技术在水产上的应用日益多元化、完善化。设计的对象包括各种海、淡水经济鱼类，海洋贝类等。转入的目的基因有生长激素基因、抗病基因、抗冻基因等。有关学者预言，转基因技术将成为水产养殖业的一场技术革命。

在水族动物方面，随着转基因技术的成熟和观赏鱼产业的发展，近年已出现转基因技术与观赏鱼行业相结合的趋势。2002年，全球第一尾通体发绿色荧光的转基因青鳉"邰港一号"由中国台湾邰港生物科技公司与中国台湾大学渔业科学研究所蔡怀桢教授联合研制而成。"邰港一号"采用肌肉特异性（肌动蛋白）启动子与绿色荧光蛋白基因相结合，注入青鳉胚胎中，经培育、筛选而获得，整条鱼通体发出绿色荧光，令人赏心悦目。2003年，采用同样方法，"邰港二号"在中国台湾诞生。"邰港二号"是转红色荧光蛋白基因青鳉，通体发出的是红色荧光，观赏性大为提高（图9-2）。同年，新加坡国立大学宫知远教授利用自己分离的斑马鱼肌球蛋白轻链2（MYLZ2）启动子和荧光蛋白基因，生产转红色荧光蛋白基因斑马鱼和转绿色荧光基因斑马鱼，两种斑马鱼分别发出红色和绿色荧光，彻底改变了斑马鱼原来的体色，而且红色斑马鱼和绿色斑马鱼的杂交后代为橙色（红色和绿色的混合色）。而进一步的研究则表明，MYLZ2启动子的活性与其长度正相关，利用不同活性的启动子生产的转基因鱼，其发射的荧光强度有差异。因此，理论上可以生产出不同荧光强度的红色和绿色转基因斑马鱼，再进行各种组合杂交，即可得到红色到绿色之间的任何体色的斑马鱼新品种。实际上，除了红色和绿色荧光斑马鱼，宫知远教授还研究并培育出黄色、紫色等多种颜色的转基因斑马鱼，理论上还可以通过杂交组合生产更多体色各异的转基因斑马鱼新品系。

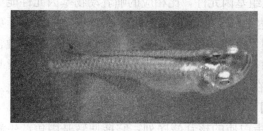

图9-2 "邰港一号"与"邰港二号"转基因青鳉

2003年，中国水产科学研究院珠江水产研究所也开展了转荧光蛋白基因观赏鱼的研究，并成功获得了转红色荧光蛋白基因唐鱼。2004年转红色荧光蛋白基因斑马鱼在美国观赏鱼市场上市，标志着转基因观赏鱼时代的到来。2007年，中国水产科学院珠江水产研究所科研人员成功地将红色荧光蛋白基因转入唐鱼，使唐鱼的身体由原来的暗绿色变成红色，具有很好的观赏性，并已将转基因鱼培育到第三代，筛选到可稳定遗传的新品系。转荧光蛋白基因唐鱼新品系的建立在世界上尚属首次。目前，转基因观赏性鱼类主要有斑马鱼、青鳉、金鱼和唐鱼4种，转入目的基因主要为荧光蛋白基因（斑马鱼、青鳉、金鱼和唐鱼）（图9-3）和生长激素基因（金鱼、唐鱼），外形表现为体色改变并发出荧光，以及体形超大（金鱼、唐鱼）。

图 9-3 转荧光蛋白基因斑马鱼和唐鱼

随着转基因观赏鱼在市场上的普及，人们开始担心这些转基因鱼流放到自然环境会带来生态污染，而新加坡国立大学科学家发现，经过遗传改良通体呈荧光色的斑马鱼，并不具有吸引异性的魅力，所以其对于生态基因的污染应该是微乎其微的。不过目前大多水族专家还是主张不要将观赏鱼放生到自然水域，以免造成生态污染，因为其对自然生态环境的污染很难估测。

随着科学技术的日新月异，人们对水族动物观赏鱼的日渐喜爱和关注，必将会培育出更多奇特的观赏鱼品种，陶冶人们的情操，满足人民生活的需求。

（二）外源基因的结构

转移到受体鱼中的外源基因，其结构至少应包括三部分：①启动子；②编码序列；③转录终止信号。

在构建转基因元件方面，朱作言等（1986）首次生产转基因鱼所用的启动子，是小鼠的重金属硫蛋白基因（MT）启动子。也有采用病毒，如猴空泡病毒（SV40）和禽肉瘤病毒（RSV）等。出于存在遗传和生态环境安全性问题的考虑，研究人员克隆了鱼类自身的高效启动子和鱼类生长激素、抗冻蛋白基因、珠蛋白基因，并构建了全鱼元件基因重组表达载体。现在研究认为由鱼的启动子和结构基因组成的重组基因元件，比相应的哺乳动物基因元件能更有效地在鱼体内表达，从而提高外源基因的表达率以及使用的安全性。1990年，朱作言等克隆鲤肌动蛋白基因和草鱼、鲤 GH 基因，并构建了鲤肌动蛋白基因启动子和草鱼 GH 基因融合的"全鱼"基因，获得了大量转基因鲤和鲫。吴婷婷等用含有该启动子的大麻哈鱼生长激素基因（opAFP-GHc）生产转基因团头鲂，其整合率在 20% 以上，生长速度比对照组快 15% 以上。

（三）已开展转基因研究的主要目标基因

1. 生长激素基因　编码序列即编码特定蛋白质的核苷酸序列，它能使转基因鱼产生新的表型。由于鱼类生长性状与鱼类养殖的经济效益密切相关，因此，从 Zhu 等（1985）开始对转基因研究之初，转移生长激素基因也就成为转基因鱼研究的热点。此后，关于转基因鱼的研究，有的导入牛生长激素基因（bGH）（魏彦章等，1990），也有导入羊生长激素基因（oGH）的报道。但是，从安全性的角度考虑，国内外学者一致强调构建"全鱼"基因的重要性与迫切性，另外，鱼类生长激素对鱼类生长的促进效应是哺乳类生长激素对鱼类生长促进效应的10～100倍（Kawauchi 等，1986）。目前，已经克隆了多种鱼的生长激素基因及其他有关的基因。

2. 抗冻蛋白基因　鱼类的抗逆性也是人们普遍关心的问题，通过提高鱼类抗逆性，如提高某些鱼类的抗寒能力，从而扩大这些鱼类的养殖地域以及更好越冬，为节省鱼类的养殖成本及提高经济效益服务。迄今已经克隆到多种鱼的抗冻蛋白（AFP）基因，并进行转移抗冻蛋白基因鱼的实验。

冬季北冰洋等海域的温度常低至$-1.4\sim-1.9\ ℃$，大多数海鱼均不能忍受这种低温，常在低于$-0.7\ ℃$时死亡。美洲拟鲽等鱼种却能在有冰环境中，借血液中产生能使血液及组织冰点降低的蛋白质而存活（Hew 等，1988）。科学家们对美洲拟鲽的抗冻蛋白及基因进行了大量的研究。这些蛋白为螺旋状，富有丙氨酸，相对分子质量为 3 300～4 500。目前已经从多个物种中分离到 AFP 基因。美国及加拿大的两个实验小组则试图将抗冻蛋白基因转移入鲑中，以期大西洋鲑更能抗冻。将克隆的美洲拟鲽 AFP 基因转入虹鳟、鲑等的细胞系中。他们观察到了细胞中抗冻蛋白 DNA 的存在，也检测到了该基因的表达。后来又将美洲拟鲽 AFP 基因导入大西洋鲑的卵中，发现注射 DNA 的大西洋鲑卵，约有 80％存活孵化，注射后 8 个月的幼鱼个体，有 66％幼鱼的 DNA 能与美洲拟鲽 DNA 探针杂交，其整合率相似于其他转基因鱼研究的结果。初步的证据表明，美洲拟鲽 AFP 基因可在转基因鲑中表达，但是其表达水平很低，还不足以抵抗冰冻。

3. 抗病基因　随着人口的增加、环境恶化，以及水产养殖业盲目扩大生产导致的种质退化，水产养殖对象频繁发生各种细菌性和病毒性疾病。加上在治病过程大量使用抗生素或其他药物，破坏了水环境的生态平衡，某些病原体对药物产生了耐药性，因而无法有效地控制疾病的发生。由于缺乏有效的防治措施，严重地制约着水产养殖业的发展。因此，对主要水产养殖种类免疫抗病基因的研究，也成为近年来功能基因研究的热点之一。

通过转基因技术将抗病基因导入鱼体内，使其获得新的性状，从而得到优质种苗，向我们展示了转基因鱼研究的广阔前景。将溶菌酶、抗菌肽等抗病基因等导入鱼体，其子一代表现出较强的抵抗病原菌的能力。

（四）转基因鱼的构建

1. 获得目的基因　首先从基因文库中得到一个含侧翼调控序列的合适的目的基因。侧翼调控序列包括位于基因编码序列上游的启动子及位于编码序列上游或下游的组织特异增强子。在转基因研究中，为了使外源基因在受体中能更好地表达，导入的目的基因最好来自基因组，而不是 cDNA，因为基因组序列包含有完整的内含子和侧翼调控序列。如果要使用其他启动子序列，最好用从鱼类基因组中分离出的启动子序列，并将其插入基因编码序列上游。

2. 基因克隆　获得的基因必须克隆到质粒或噬菌体中，并在合适的菌株中扩增。提取这种重组质粒或噬菌体 DNA，用合适的限制性内切酶酶切，分离出插入载体的外源基因序列。通过电泳分析，确定分离的 DNA 片段的分子质量，以证实所分离的序列是所需的基因片段。

3. 受体鱼（卵）的获得　在鱼类繁殖季节，选取成熟的雌、雄鱼，注射激素催产，分别收集精液和卵子，干法授精。受精卵去膜，将裸卵移至 Holfreter 溶液（适于淡水鱼，海水鱼可用消毒海水或海水鱼用生理盐水）中，选取质量好的裸卵移至手术杯中进行基因导入。

4. 导入外源基因　目前有几种将外源基因导入鱼卵的方法：显微注射法、电穿孔法、精子载体法和基因枪法等。详见本章第一节。

5. 注射后鱼卵的处理　在实验过程中需要注意的问题是，必须保留与注射 DNA 的鱼卵同一批次的鱼卵作为对照，以便比较转基因实验各步骤中的成活率。鱼卵孵化后，杀死部分幼鱼作为提取 DNA 的样品用于转基因的检测，或等幼鱼长大后进行活体采样用于检测。大多数实验室同时采用上述两种方法。

区别完全的转基因鱼与嵌合体转基因鱼。如果外源基因在受精卵分裂后某阶段才整合入受体基因组中，则肯定那些从整合了外源基因的细胞发育而来的组织才含有外源基因序列，这种仅在部分组织中整合有外源基因的动物称为嵌合体。

（五）转基因鱼的检测

外源基因注入受体鱼受精卵后，外源基因有可能进入核中，也可能没有进入核中。进入核中又存在几种情况：①外源基因游离于核染色体之外；②部分同源序列插入核 DNA 中；③外源基因全部插入核 DNA 中。由于注射的外源基因发生上述情况，必须要进行筛选和鉴定，用斑点杂交和 PCR 法初步筛选出含有外源基因的实验鱼，用 Southern 杂交法确定真正整合的转基因鱼。由于整合了外源基因的转基因鱼不一定能很好表达，故必须用 Northern 杂交法筛选能将外源基因转录成 mRNA 的鱼，并用放射免疫法确定其表达情况。

1. 注射外源基因受体鱼的筛选　从注射了外源基因的受体鱼中筛选出含有外源基因的鱼，从而可以为以后进一步检测外源基因的整合和表达缩小检测鱼的数量。

现在 PCR 技术正越来越多地用于对转基因实验中受体鱼的初步筛选。由于 PCR 法灵敏度极高，即使在受体鱼中外源基因拷贝数很低的情况下，仍可扩增出阳性带。在使用与受体鱼亲缘关系极近的其他鱼类的外源基因进行转基因实验时，PCR 法更是显示出其优越性。例如，将大鳞大麻哈鱼的生长激素基因注入大西洋鲑受精卵中时，由于大西洋鲑自身的内源性生长激素基因与来自于大鳞大麻哈鱼的外源生长激素基因差异极小，同源性极高，一般很难区别，而利用 PCR 扩增法可区分出它们之间在分子质量上的差别，从而确定受体鱼中是否含有外源基因，这就避免了内源性产物在斑点杂交时可能出现的假阳性（Du 等，1992）。另外，PCR 法比斑点杂交法简便、快速，所需样品量极少，几微升血液或几片鱼鳞即可进行检测分析，适用于大批量样品的检测。但 PCR 法由于灵敏度很高，有时也可能产生非特异性扩增带，产生假阳性信号。

PCR 只能检测细胞中所有 DNA 序列，对于未整合入受体鱼基因组而处于游离状态的外源基因仍能显示假阳性信号，不能区分外源基因注入受体鱼卵中是游离于核基因组外，还是部分插入受体鱼基因组中，或是全部插入。因此 PCR 法无法鉴别外源基因是否真正整合入受体鱼基因组，只能采用 Southern 杂交等方法做进一步分析。

2. 外源基因整合的检测　注射了外源基因，经 PCR 法检测阳性的受体鱼，还不能确定外源基因是否真正整合入基因组，需采用 Southern 杂交法进一步检测其是否真正整合。

Southern 杂交法，就是从受体鱼组织或血液中提取 DNA，选用特定的限制性内切酶酶切，将酶切产物在琼脂糖凝胶电泳中分离，经碱变性后将 DNA 转印至滤膜，与同位素标记的外源基因探针杂交，根据放射自显影中的杂交阳性带即可判断外源基因在受体鱼中的存在状态，即整合或非整合态。下面具体说明判断方法。

（1）外源基因整合的判断。外源基因在受体鱼中整合的部位是随机的，且通常为首尾相连的多拷贝。当选择在外源基因片段中仅有单切点的限制性内切酶对受体鱼 DNA 进行酶切时，Southern 杂交产生的阳性带大小如果与预期大小一样，则表明外源基因已整合入受体鱼基因组。除了此条主阳性带外，还会出现一些其他阳性杂交带，这些带可能呈现如下几种形式：一种是当整合的外源基因为单拷贝时，会产生两条新的阳性带；另一种是当整合为多拷贝时，可产生两条乃至多条阳性较弱的带，这是由整合的外源基因片段两端的拷贝所产生。这些新阳性带的大小均取决于整合的外源基因片段两侧的受体鱼 DNA 上该内切酶位点的位置。

（2）非整合形式的外源基因的判断。当注入受体鱼的外源基因呈游离状态存在时，如果用单切点内切酶进行 Southern 杂交检测，就没有与外源基因片段大小一致的阳性带，而出现两条较小的阳性带。在整合了外源基因的受体鱼样品中，有时也可能出现这两条较小的阳性带，但杂交信号较弱，这是受体鱼中同时含有整合及非整合的外源基因的结果。

（3）除了上述整合或非整合形式外，外源基因还可能部分整合入受体鱼基因组，或发生基因重排后再整合入基因组，这些情况较为复杂，除了用单切点酶分析外，还需结合其他内切酶的分析，甚至需进行 DNA 序列分析。

3. 外源基因转录的检测 整合入受体鱼基因组的外源基因不一定都能转录成 mRNA，这要取决于外源基因上的启动子等结构是否适合受体鱼。通常采用 Northern 杂交法来检测外源基因的转录，即从肝等组织中提取 Poly（A）mRNA，用变性凝胶电泳分离，再将 RNA 转印至滤膜上，与同位素标记的外源基因片段探针杂交，放射自显影，如在特定分子质量位置有阳性条带，就表示有基因转录。

由于 mRNA 极易降解，且 Northern 杂交需要的 mRNA 量较大，故此法对实验操作要求较为严格，步骤也较烦琐。近年来人们更多地采用反转录 PCR 法（RT-PCR）来检测外源基因的转录，就是先将少量 Poly（A）mRNA 通过其 3′端引物反转录成 cDNA，然后用此产物直接进行 PCR 扩增，如在特定分子质量处有扩增带，则表明受体鱼体内的外源基因能进行转录。RT-PCR 法比 Northern 杂交法更简便、快速、灵敏度高，尤其适用于检测转录水平低的样品。

4. 外源基因表达产物的检测 构建转基因鱼的最终目的是要使注射的外源基因在受体鱼体内得到表达，而这与外源基因的结构密切相关。及时了解外源基因在受体鱼中不同组织的表达水平，对进一步改进外源基因表达系统，提高表达效率十分重要，这也是构建组织特异性表达系统的基础。

根据具体情况，可采用不同方法检测表达产物。

（1）当表达产物具有酶活性而受体鱼本身又无相关的内源性酶时，可直接检测组织提取液中酶活性，以推知外源基因的表达水平，如转 β-半乳糖苷酶基因鱼的检测即采用此法。

（2）当外源基因表达产物本身无酶活性（如生长激素、抗冻蛋白等），或表达水平较低时，可采用标记的特异性抗体与组织提取液或血清等进行免疫吸附反应，根据对抗体上标记物的检测，间接推断外源基因的表达水平。根据抗体标记方法的不同，该法又可分为：①免疫荧光法，即将荧光素偶联到抗体上，根据荧光强度检测外源基因产物量；②放射免疫法（RIA），即将放射性碘同位素标记于抗体上，与样品免疫吸附后，经液体闪烁计数仪检测同位素比活性，确定表达产物量；③酶联免疫法（ELISA），即将碱性磷酸酶或辣根过氧化物酶等通过连接臂偶联到抗体上，在与样品发生免疫吸附反应后，通过显色反应，用酶标仪测定基因产物量。酶联法还可与蛋白印迹术（western blotting）相结合，将含外源基因产物的组织提取液用凝胶电泳分离，再通过电转渍法转移至硝酸纤维素膜上，然后用酶联免疫法检测结合于膜上的外源基因表达产物。这样，根据阳性条带的分子质量，就可判断外源基因的表达产物是否完整，这对进一步检测外源基因产物对受体鱼的生物学效应是十分必要的（楼允东，2001）。

二、转基因虾的研究

对虾是我国和世界主要海水养殖动物之一，观赏性虾由于其体形纤美、色泽亮丽，深受人们喜爱。对虾生产对于解决高品质蛋白质来源问题具有十分重要的意义。近十几年来，病害暴发以及品质下降等问题，严重制约了对虾养殖业的发展。实践证明，培育和利用抗病、高产、优质品种是解决上述问题经济而有效的方法。由于驯化程度低、品种选育周期较长、抗性亲本缺乏等原因，通过常规育种手段获得优质抗病对虾品种相当困难。20 世纪 80 年代以来，生物技术的兴起与发展，特别是基因工程技术的广泛应用，为培育高产优质新品种提供了新的手段，同时也开辟了对虾基因工程育种的新时代。转基因技术可以导入对虾高产抗病相关基因或其基因库中不具有的基因，实现传统育种方法无法实现的基因重组，大大提高育种水平。虽然目前的对虾基因改造研究距离生产应用还有相当远的距离，但是由于它潜在的巨大意义，因此仍是国内外研究的热点。

(一) 对虾转基因研究的发展

作为主要水产养殖对象的对虾类，其转基因研究一直倍受关注，然而直到近年才有少量的研究报道。

虾的转基因可以用显微注射、基因枪、电脉冲等不同方法，这些方法也都在虾的受精卵中得到了瞬时表达。Arenal 等（2000）通过对南美白对虾（*Litopenaeus vannamei*）受精卵进行电脉冲和对成虾进行肌肉注射开展转 lacZ 基因研究，他们发现鲤 β-actin、CMV 和 SV40 三种启动子在对虾中都有活力，检测到 19.14％幼体转基因为阳性。美国夏威夷大学在凡纳滨对虾转基因工作中做了较好的工作，克隆得到对虾肌动蛋白启动子，应用显微注射、基因枪和电脉冲等方法获得了转基因凡纳滨对虾并且申请了专利。有人通过比较显微注射、电脉冲和基因枪法将外源质粒 DNA 导入日本囊对虾（*Marsupeaneus japonicus*）1～4 细胞期胚胎，认为显微注射是最可行的方法，电脉冲可以导入少量的质粒进入胚胎，而基因枪不能获得转基因对虾。同年 Tseng 等用电脉冲仪将带有细菌碱性磷酸酶（BAP）基因的质粒导入斑节对虾受精卵，转基因胚胎的孵化率比对照组显著下降（46％），幼体存活率十分低（0.14％～0.16％）。利用点杂交实验检测各发育时期的基因转化率：糠虾幼体阶段为 37％；15 d 仔虾为 23％；45 d 仔虾为 19％；4 月龄成虾为 21％。Southern 杂交证明有 31％斑节对虾整合了外源 DNA，同时在一些对虾的卵巢中检测到了外源基因所表达的融合蛋白。

刘萍等（1996）曾较早地尝试了将生长激素基因导入中国明对虾卵，通过 PCR 和斑点杂交检测到了幼体中阳性信号。刘志毅等（2000）采用基因枪将外源 DNA 导入中国对虾受精卵和 2、4 细胞胚胎，他们将含 SV40 启动子、GFP 基因和核酶基因的质粒 pGTR 导入虾卵，通过显微荧光观察和 RT-PCR 检测，得到了转 GFP 基因的中国明对虾（*Fenneropenaeus chinensis*）成体。还有一些学者对对虾细胞进行了外源基因的转染实验，这些实验都是针对对虾病原研究（特别是病毒）建立稳定细胞系为目的。Shike 等（2000）以反转录病毒为载体，对蓝对虾的淋巴器官（oka）和卵巢的原代培养细胞进行了转染，报告基因为 Luc 基因，试验了 4 种启动子，得到了很好的表达。据此认为，广泛性反转录病毒作为载体表达癌基因将推动对虾永久细胞系的建立。

Bensheng 等（1997）把带有荧光素酶基因的两种质粒 pMTLuc 和 pRSVLuc 显微注入沼虾的胚胎中，10 d 后仍高效表达。Li 等（2000）用精荚显微注射（spermatophore-micro-injection，SMI）技术将外源 DNA 导入罗氏沼虾，Southern 杂交显示 70％的基因组整合有外源 DNA。Sarmasik 等（2001）以广泛性反转录病毒为载体，携带 neo(R)基因，注入克氏原螯虾的精巢和卵巢中，50％得到表达，并且在子代中也可以检测到 neo(R)基因表达。

由此看来，世界范围内转基因对虾的方法以显微注射、电脉冲、基因枪、精荚注射法为主，受体主要是受精卵和 2、4 期细胞胚等材料，有多种外源基因与不同的启动子重组后被导入对虾的基因组内，其研究的不同基因构件与结果见表 9-1。

表 9-1 转基因虾类研究报道

对虾名称	材料	转基因方法	外源基因	启动子	表达情况	整合情况	文献来源
西方滨对虾 (Litopenaeus Schmitt)	受精卵 受精卵肌肉	显微注射 Beakonzation 电脉冲 肌肉注射	lacZ lacZ	鲤 β-actin CMV SV40	瞬时表达 幼体 19.4%	—	Pimentel et al., Biotecnol Apl. 1996 Arenal et al., Biotecnol Apl. 2000
凡纳滨对虾 (L. vannamei)	受精卵	显微注射 基因枪 电脉冲		对虾 β-actin	瞬时表达	—	Sun et al., 个人通讯, 2000
斑节对虾 (Penaeus monodon)	受精卵	电脉冲	bap	CMV		糠虾 37% 15 日龄虾 23% 45 日龄虾 19% 4 月龄虾 21%	Tseng et al., Theriogenology. 2000
日本囊对虾 (Marsupenaeus japonicus)	1~4 细胞胚胎	显微注射 电脉冲 基因枪	质粒		瞬时表达		Preston et al., Aquaculture, 2000
中国明对虾 (Fenneropenaeus chinensis)	精荚 1~4 细胞胚胎	基因枪 反转录病毒	羊生长激素 基因 GFP Luc	SV40, CMV MoMLV LTR	瞬时表达 整合表达		孔杰等，海洋水产研究, 1992; 刘萍等，中国水产科学, 1996; 刘萍等，中国水产科学, 1996; 刘志毅等，科学通报, 2000
细角滨对虾 (L. stylirostris)	淋巴器官和卵巢 原代培养细胞		neo (R) beta2gal	RSV LTR, HSP70 baculovirus IE21			Shike et al., Cell. Dev Biol-Animal, 2000 Shike et al., Mar Biotech. 2000
克氏螯虾 (Procambarus clarkii)	性腺	反转录病毒			整合表达	50%	Sarmasik et al., Mar Biotech. 2001
沼虾 (Macrobrachium Lanchesteri)	胚胎肌肉						Bensheng et al., Aquaculture Res. 1997
罗氏沼虾 (M. rosenbergii)	精荚	显微注射	Luc	CMV		瞬时表达 70%	Li et al., Mol Rep Dev. 2000

注：引自张晓军和相建海. 2003，略做修改。

由于繁殖和发育生物学的特殊性，进行对虾转基因遗传操作难度很大。上述报道，大多是尝试将其他动植物的转基因元件转入对虾细胞中，观察到外源基因表达的情况，但是缺乏进一步有关表达整合以及传代的研究。因此可以说目前对虾的转基因研究与鱼类转基因研究相比，尚处于初级阶段。

（二）转基因对虾研究中存在的问题和对策

1. 对虾的转基因方法　对虾中现有的各种转基因方法效率不高，表现为结果不稳定，很难重复，畸形胚和死胚现象严重。因此最紧迫的问题是解决导入外源基因的方法问题。

（1）显微注射法。有学者认为显微注射在转基因虾的研究中较为可行，但是多数研究者认为显微注射在对虾中成效不大而不宜采用。这主要是因为对虾卵子较小，直径 $50 \sim 100 \, \mu m$，显微操作难度较大；同时虾卵发育很快，一般 1 h 内已经卵裂，来不及大量注射；并且分裂前的虾卵非常脆弱，处理后在孵化率上也难以保证。如果能够控制虾卵发育速度同时熟练操作，显微注射法将是非常直接有效的对虾转基因方法。

（2）电脉冲法。效率很高，一次可以处理上百个虾卵，操作简单。但进入外源基因的量较少，其嵌合体比例很高，并且目前电脉冲方法的操作条件还不稳定，其中，电压、脉冲长度、DNA 浓度可能是转基因虾成败的关键条件，但是在不同的种属之间差异较大。随着研究的深入，除了电压、脉冲长度和 DNA 浓度，其他一些参数，如脉冲数目、间隔时间、胚胎发育时期、卵膜通透性处理等因素也必须考虑。

（3）基因枪法。转化频率比较高，导入的外源 DNA 的拷贝数目比较多，可以不经过转化阶段，有利于瞬时表达。Gendreau 等曾利用基因枪法将 Luc 基因转入卤虫 20 h 胚胎并且得到瞬时表达，刘志毅等（2000）用基因枪在中国明对虾上已经获得了转基因幼体，结果较稳定，重复性较好，通过比较认为该技术是获得转基因对虾最成功的方法；但也有学者采用基因枪法未能将外源基因成功转入对虾。

（4）精子载体法。以其简单、高效和广泛适用等特点而吸引国内外许多实验室开展这方面的研究，在鸡、兔、鼠、鱼中已生产多批转基因动物。但目前对精子吸附 DNA 的原理和是否能够达到很高的整合率还有争议，需要在外源基因设计和结合精子上加以改进。对中国明对虾来说精荚注射法不失为一种相对简单的转基因方法，因为在人工授精技术还没有成功的情况下，对雌虾纳精囊中的精子进行处理，这不论是从保证受精率，还是从维持外源 DNA 在纳精囊内的浓度上，都是比较容易控制的。

近年在鱼类和螯虾中采用复制缺陷性病毒注射性腺取得了较好的转基因结果，不但转染效率高，并且外源基因比较容易整合到染色体上，达到稳定遗传。这将成为对虾转基因研究很有发展前途的方法，只是由于对对虾病毒基因的表达调控了解很少，以及病毒载体安全性等问题，目前这种方法的实施还有很大难度。

宫知远等用肝产生的卵黄蛋白原作为携带外源 DNA 的载体，注射卵黄蛋白原 DNA 复合物到性腺或受精卵中，这种方法可以应用在包括对虾在内的所有多黄卵的基因转移研究。

目前以上多种方法共存的情况说明了对虾转基因技术的不成熟，随着研究的深入，对虾的转基因方法也将集中于一两种途径。

2. 对虾转基因元件

（1）基因资源。普遍受到关注的快速生长、抗病、抗逆相关基因，以及与重要生命活动有密切关系的特殊功能基因和生物活性物质基因成为对虾转基因研究的重点。

①提高生产性能：科学家们一直希望通过基因转移来大幅度提高动物的生长速度，并获得了一定成果。水产经济鱼类中，转基因技术促进快速生长的例子非常多，我国培育的快速生长的转"全鱼"基因黄河鲤（120日龄）的个体体重超过对照组最大个体体重；显微注射 β-actin 启动子-生长激素基因，得到生长快速、体形巨大的泥鳅；转 GH 基因的大西洋鲑，1 龄时即可增重 4～6 倍，个别情况甚至可达对照的 10～30 倍。有理由相信，如果将促进生长的基因转移到对虾中，得到生产周期短的对虾新品种，产量将会大大提高。其他有经济价值的控制特定目的的性状，例如氨基酸含量、肉质风味基因也是将来对虾转基因研究的方向。

②增强抗病性：对虾养殖一直受病害严重影响，通过转基因来增强对虾对病原的抵抗力，是一个很有前途的研究方向。达到这一目的可以通过两种途径：一是增强对虾整体防御系统对广泛病原的抵抗能力，二是聚焦在某一种或一类病原疾病。前一种途径，就是寻找与防御疾病相关的基因，如抗菌肽、溶菌酶、凝集素等广泛抗病候选基因，导入对虾细胞。对虾防御系统主要由非特异性免疫系统组成，几乎没有具有记忆功能的特异性免疫系统存在，血淋巴是对虾防御机制的主要部分，在受到病原攻击时产生噬菌、包装细胞毒等作用。存在于血淋巴中的广谱防御分子，如溶菌酶和体液凝集素基因，如果能被克隆和转移进入对虾体内，由组成型或诱导型启动子控制表达，必将会从整体上提高对虾的抗病能力。后一种途径可以通过转基因技术，使对虾合成病原体生命活动的抑制物来抵抗某种疾病，如对虾抗病毒病转基因可以从研究病毒外壳蛋白的基因开始，通过转化和表达某种编码识别和附着宿主细胞表面蛋白基因，竞争病毒的细胞表面位点，达到抑制病毒进入对虾细胞的目的。这些研究同时对揭示对虾疾病的发病过程、机理及探索治疗途径也具有十分重要的意义。近年来，转入携带 iRNA 的基因来抑制病毒的增殖，也是一个值得重视的方向。

（2）转基因表达载体。由于这些载体都不是针对对虾转基因研究而设计的，一般认为转基因表达效率低乃至不表达的问题，主要与构建表达载体的设计不当有关。启动子对于外源基因的表达非常关键，它不仅能控制外源基因表达量，还能控制转移基因的时空表达和初、次级效应。目前人们所能控制基因表达的办法只是在启动子上做工作，从提高启动子的功能上来提高转基因的表达水平。与其他动植物转基因研究中种类众多的启动子相比，对虾的启动子研究明显不足，目前仅肌动蛋白启动子一种。Piera Sun 等提出用对虾肌动蛋白（actin）启动子构建载体，由于肌动蛋白高效表达并具有组织特异性，其基因启动子可能为研究基因表达提供一个有价值的调控元件，表达效率将会大大提高。

采用对虾肌动蛋白基因启动子，构建对虾白斑杆状病毒反义 RNA 转录载体系统，在转基因对虾的研究中也是可行的。启动子的效率最好是在培养细胞中通过用 GFP 基因瞬间表达进行分析，但是在对虾中这方面工作仅仅是刚刚起步，缺乏深入的研究。

合适的报告基因能极大地提高转基因动物的筛选效率。绿色荧光蛋白（GFP）是动物转基因实验中最常用的报告基因。目前开发出更多的突变型 GFP，它们或具有更高的荧光活性，或者具有不同的吸收或发射光谱特性。如 EGFP（加强型绿色荧光蛋白）、RFP（红色荧光蛋白）、EBFP（蓝色荧光蛋白）、YFP（黄色荧光蛋白）和 GFPuv（紫外激发绿色荧光蛋白）等。这些丰富多彩的突变体在动植物的基因表达调控中被广泛使用，使转基因个体筛选工作简单、快速（Gong 等，1999）。在斑马鱼作为动物模型研究中，这些 GFP 基因使用很多，在对虾中应用很少，这与对虾基础研究没有达到一定程度有关。

构建合适的载体对基因转移与整合是十分必要的。最早用于表达载体是质粒和转化型 DNA 病毒，如 SV40 和腺病毒。这些载体的主要缺点是接受外源 DNA 的容量有限，不可能表达许多结构复杂的功能基因。但病毒具有很好的基因转移和整合效果，Sarmasik 等 （2001）用复制缺陷反转录病毒载体通过性腺注射在鱼类和甲壳类进行转基因尝试，取得了很好的结果。为避免病毒启动子干扰和发生诱变的可能性，许多研究者还构建出一类已被剪除了自身启动子和增强子序列的病毒。尽管病毒载体的效果是明显的，但它们是否会对人类健康造成影响，如何进一步提高基因的整合效率，还需要大量的研究。

3. 外源基因的稳定遗传 现在的技术将外源基因导入对虾胚胎或细胞并非难事，但随着细胞分裂次数的增加，转基因阳性率都有下降的趋势，超过 24 h，质粒 DNA 在对虾中几乎全部降解或丢失。因为目前转基因技术很难做到定点整合，导入的目的基因在染色体上整合的数量及部位不能预先精确设定，又缺少调控手段，故目的基因在受体中随机表达，表达率往往很低，获得的转基因动物畸形众多，嵌合体极为常见。

许多实验也证明，外源基因在传代过程中会发生丢失或分离，优良性状不能稳定遗传，获得纯系非常困难。把转基因技术与克隆技术结合起来可能是一次获得纯系最可行的办法。转基因动物最终必须按育种程序进行选育和建系，只有在整体动物的背景上对目的基因的功能进行详细的研究，才能进一步开发出符合要求的转基因动物。这一过程比把外源基因转入动物细胞要复杂和漫长得多（张晓军等，2003）。

第三节　转基因的安全性问题

自 20 世纪 80 年代转基因技术及其产品问世以来，相关争议就一直不断，但在显著的经济和社会效益引导下，全球转基因研究的发展依然强劲。现在亟待解决的问题不是要不要研究和开发转基因产品，而是如何运用转基因技术为人类的生存与发展提供更多、更安全的优质产品。我国是世界水产大国，将转基因等现代生物技术引入传统的水产养殖中，已成为必然的发展趋势。转基因生物安全问题在国内外已经引起极大的关注，不同领域的专家都从自己的专业角度对这个问题进行了很多研究，积累了丰富的资料。这些研究主要集中在生态学、科技伦理、环境科学等方面，主要通过技术层面来分析转基因生物的安全性问题。随着研究的深入，人们一致认为，生物安全是一个综合性问题，它对于人类社会的深远影响已经超过人们的预期。

一、转基因水族生物的安全性

转基因水产品最终要进入市场，因此在研究时必须慎重考虑多方面的因素。作为养殖品种，必须考虑具有优良性状而带来经济效益；作为食用对象，必须考虑其营养品质和安全性；作为经过人工遗传修饰的生物体，更要考虑环境释放后的遗传安全和对生态的胁迫作用（朱作言等，2000）。在转基因开始研究的同时，我们必须考虑生物安全问题，将各种风险消灭在试验阶段。

目前对转基因生物的安全性评价主要集中在食品安全性和环境安全性两个方面。到目前为止，没有证据证明转基因食品对人体有害。

在植物中，转基因作物（如耐储存番茄），以及一些类似的品质改良的转基因作物，与其原来的品种比，没有任何添加成分，对环境中性。而另外一些转基因作物则对生态环境有益，如抗虫作物。我国抗虫转基因作物田间调查数据表明，由于对棉铃虫不打或少打药，害虫天敌大量增加，对蚜类的害虫也得到了有效控制，因此对蚜虫也可不打或少打药。预期其他抗虫转基因作物的推广也会得到类似的效果。如果在主要作物和蔬菜的生产中能明显减少农药用量，我国的生态环境将会得到极大的改善。

在水族动物中，同样，遗传改良的转基因水产动物具有许多优良经济性状，朱作言等（2000）发现转"全鱼"基因CAgcGH鲤的食品安全性等级可以归于 I 级，即各种生化指标与正常鲤完全一致。营养安全实验用未蒸煮的转基因鲤饲喂动物 180 d，试验组和对照组在血液常规和生化成分方面无明显差别。世界上第一批转基因鱼问世以来，以提供优质食品蛋白来源为目的，迄今已成功研制了 30 多种转基因鱼，这些转基因鱼包括世界水产养殖的许多重要品种，如鲤、罗非鱼、鲇类及鲑鳟鱼类等。经遗传改良后的转基因鱼具有生长速度快、饵料转化效率高、抗冻耐寒、抗疾病能力强等优良性状。

虽然在水族动物中转基因鱼的研究最为成熟，但是，迄今尚无一例作为食品的转基因鱼释放到自然水体中进行商品化养殖，主要原因之一在于对转基因鱼逃逸或放流到自然水体中可能产生的生态风险的担忧。从科学的角度而言，转基因水族动物潜在生态风险的实质是：一方面，转植基因可能导致转基因水族动物的种群适合度发生改变，使转基因水族动物具有较强的生存力和竞争力，可能在自然生态系统中形成优势种群，挤占其他野生种类的生态位，从而改变群落结构，甚至影响生物的物种多样性；另一方面，转基因水族动物可能通过有性交配方式与自然生态系统中的同种或近缘物种杂交，从而导致转植基因漂移，造成野生基因库污染，影响遗传多样性。因此，如何客观全面地评价转基因水族动物潜在的生态风险，如何对转基因水族动物可能具有的生态风险实施相应的控制策略以保障生态安全，成为目前转基因研究领域一个亟待解决而又极富挑战性的问题，是转基因鱼商品化必须突破的瓶颈，也是今后转基因水族动物育种研究能否深入持续进行的关键。

二、转基因水族动物自身安全性的评价

评价转基因水生生物自身的安全性，必须在保证对环境和人类健康前提下进行。需对受体水生生物进行详细的生物学调查，包括受体水生生物的分布、形态、繁殖及生命史特征，生理和行为特征，生理和代谢特征，物理因子耐受力，食物利用情况，对有毒或有害物质的富集能力，对水环境或水生生物多样性是否有害，以及对致病因子的抗性等。需对转基因水生生物能否保持水生生物的原有特征，已经发生或可能发生的正面或负面的效应做出客观评价。

三、拟接受转基因水族动物的水体的调查

对计划接受转基因水生生物的水体进行生态学调查，包括：①水生生物区系；②水生态系统结构，如物种间相互作用、食物和空间利用情况；③水生态系统演替过程，如与食物链相关的能流和营养模式；④水生态系统的持久性，如现有生态系统结构和种类组成随时间变化的稳定性等。

四、转基因水生生物与其他水族动物的相互作用

1. 转移基因扩散的可能性　转基因水生生物通过与同种和近缘物种的交配，对野生资源基因库产生影响。

2. 捕食被捕食相互作用　竞争、共生和寄生相互作用。

3. 非直接相互作用　如转基因生物通过改变环境条件使其不适合其他物种或种群的生存。

五、转基因水族动物释放（逃逸）对水体生态系统的影响

环境安全性评价要回答的核心问题是：转基因生物释放到环境中去是否会将基因转移到野生物种中，或者是否会破坏自然生态环境，打破原有生物种群的动态平衡。转基因水产生物更面临环境安全性的挑战。因为水体是一个开放的系统，水产动物难以如畜禽那样隔离饲养，一旦放入海洋或者江河中将会是不可逆和无法控制的，所以从生态学角度来看，转基因水产生物的生产要比陆地转基因动物需要更深入、更长期研究才能付诸实施（李思发，2000）。

水体生态系统经过长期演化，在不受外界干扰的状况下，是遵循一定规律演变的。转基因水生生物个体或群体的介入，可能会干扰乃至打破原有水体生态系统的种群结构和演替进程，或导致水体生态系统的退化。在遗传多样性方面，随着转基因个体的扩散，通过同种之间或相关种之间的交配，转植的基因将逐渐渗入水体生态系统的基因库。

六、转基因水族动物遗传安全性研究

转基因水生生物所获得的新基因及其相应的表达能否稳定地遗传，而且对其后代有无不良影响？如何借助倍性育种、性别控制等技术使新获得的新基因及其相应的表达稳定地遗传下来？在没有突破现有的转基因技术的"瓶颈"之前，这类问题尚难入手，但须及早考虑，及时进行。

七、转基因水族动物生态风险防范对策研究

一般情况下，在没有翔实的实验数据对转基因的潜在危险性做出正确的评价之前，彻底解决某一特定转基因动物养殖的途径是使其不育。具有不育性的三倍体动物，不会通过杂交把基因传播给近缘野生种，因而不存在基因扩散现象，人们可以有效地控制其种群规模，使转基因研究和推广养殖具有生态和遗传安全性，但是由于部分三倍体可育，也存在一定风险。

从前述转基因水族动物潜在生态风险实质的分析不难看出，转基因水族动物潜在生态风险的核心与其繁殖特性密切相关，因此，如果研制不育的转基因动物，不仅可以控制转基因动物通过有性交配导致转植基因的遗传漂移，而且可以防止逃逸到自然水体中的转基因动物形成优势种群并对水生态系统产生不利影响，进而从根本上解决转基因动物的生态安全问题。

（一）人工诱导三倍体策略

奇数的染色体组可能导致减数分裂的失败，使性腺发育受阻，故一般来说，三倍体动物是不育的。因此，采用物理、化学手段人工诱导三倍体鱼等培育不育鱼品系的传统技术，目

前已成为转基因水产动物生态风险控制的对策之一。但是，人工诱导三倍体的效率难以达到100％，而且，在人工诱导的三倍体鱼中，有少数个体的性腺可以正常发育，并排出正常有功能的成熟精子或卵子（吴清江和叶玉珍，1999），故人工诱导的三倍体鱼群体中存在的少数可育个体具有潜在的生态风险。此外，人工诱导方法难以满足转基因鱼大规模商品化生产的需求。因此，通过人工诱导三倍体途径控制转基因鱼的潜在生态风险，存在技术本身无法克服的困难。

（二）倍间杂交培育不育三倍体鱼策略及其不育机制

湖南师范大学以日本白鲫（$2n=100$）为母本，以湘江野鲤（$2n=100$）为父本杂交，在杂交的子一代（F_1）中发现部分可育后代，F_1自交获得二倍体的F_2，一些二倍体的F_2能产生二倍体的卵子和二倍体的精子，受精后在F_3中形成了两性可育的异源四倍体鲫鲤，这是世界上在鱼类乃至脊椎动物中人工培育的首例两性可育异源四倍体鱼类，目前已经连续繁殖了15代。

针对人工诱导三倍体鱼途径控制转基因鱼潜在生态风险的不足，中国科学院水生生物研究所与湖南师范大学合作，将转基因二倍体鲤与异源四倍体鲫鲤杂交，通过倍间杂交的方法研制出了转基因的三倍体鱼，转基因三倍体鱼生长速度比对照鲤增重快15％，饲料利用率提高11.1％，具有优良的养殖性状。尤为重要的是，三倍体鱼的性腺发育特点呈现为不育卵巢型、不育精巢型和不育脂肪型3种败育状态（刘少军等，2000）。通过精巢细胞直接制片法研究三倍体鱼精母细胞染色体第一次减数分裂中期配对情况，发现三倍体鱼精母细胞形成50个二价体和50个单价体，减数分裂过程中二价体和单价体的共存，引起同源染色体在配对和分离中出现紊乱，最终导致非整倍体生殖细胞的产生和三倍体鱼不育。因此，鲤鲫杂交能产生完全不育的转基因鱼三倍体鱼，从而避免人工诱导三倍体途径的不足，可以从根本上解决转"全鱼"GH基因鲤潜在的生态风险问题（胡炜等，2007）。

（三）转基因水族动物的扩散及防范措施

1. 扩散途经　转基因水族动物的扩散主要由人类有意或无意造成。有意的如有目的放养、引种及驯化；无意的如通过航运将水生生物从一个水域携带到另一个水域，或由于开挖新的水运渠道，为水域间水族动物的迁移提供新通道，或国家、地区间的贸易往来，或自然灾害（水灾、台风等）造成的逃逸等。

2. 防范措施　转基因水族动物投入实际应用之前，逃逸是其主要的扩散途径，而逃逸的因素很多。为防止逃逸个体在水生态系统中产生不良影响，研究者需谨慎选择安全性良好的饲养场所，设置有效的防逃设施，制定严密的防逃措施（图9-4）。在非常情况下，可利用物理或化学方法，处理进、出水，使有可能逃逸的转基因水生生物及时地全部消灭（李思发，2000）。

图9-4　美国奥本大学转基因鱼养殖池塘

复习思考题

1. 转基因技术的原理是什么？
2. 从实际操作可行的角度，哪些转基因方法用于观赏性的水族动物更为可行？
3. 简述你对转基因动物的看法，以及哪些类基因更适合用于水族动物的转基因。
4. 简述转基因技术在观赏性水族动物培育中的应用前景。
5. 简述转基因水族动物潜在的生态风险，以及如何评估及规避。

主要参考文献

常洪，余其兴，周荣家，等，1999. 精子介导的报道基因在转基因泥鳅胚胎中的表达 [J]. 武汉大学学报（自然科学版），45（4）：473-476.

宫知远，Sudha P M，巨本胜，等，1999. 转基因技术在鱼类及对虾中的应用（英文）[J]. 中国海洋大学学报（自然科学版）（4）：649-657.

胡炜，汪亚平，朱作言，等，2007. 转基因鱼生态风险评价及其对策研究进展 [J]. 中国科学（C辑）：生命科学（37）：377-381.

孔杰，孙孝文，麦明，等，1992. 中国对虾的精子介导外源基因转移的初步研究 [J]. 海洋水产研究（13）：139-142.

李书鸿，毛钟荣，韩文，等，1993. 斑马鱼卵母细胞的体外成熟及成熟卵的受精发育 [J]. 生物工程学报（4）：314-319.

李思发，2000. 转基因水生生物研制及其安全问题 [J]. 中国水产科学，7（1）：99-102.

刘萍，孔杰，王清印，等，1996. 中国对虾（*Penaeus chinensis*）精子做载体将生长激素基因导入受精卵的研究 [J]. 中国水产科学，3（1）：6-9.

刘萍，孔杰，王清印，等，1996. 显微注射生长激素基因导入中国对虾（*Penaeus chinensis*）受精卵的研究 [J]. 中国水产科学，3（4）：35-38.

刘少军，胡芳，周工建，等，2000. 三倍体湘云鲫繁殖季节的性腺结构观察 [J]. 水生生物学报（24）：301-306.

刘志毅，相建海，周国瑛，等，2000. 用基因枪将外源 DNA 导入中国对虾 [J]. 科学通报，45（23）：2539-2544.

楼允东，江涌，1998. 我国鱼类细胞核移植研究的进展 [J]. 中国水产科学，13（2）：80-84.

楼允东，孙景春，2001. 江西三种红鲤起源与遗传多样性研究的进展 [J]. 水产学报，25（6）：570-575.

陆仁后，李燕鹍，易咏兰，等，1982. 四倍化草鱼细胞株的获得、特性和移核实验的初步试探 [J]. 遗传学报（5）：59-66.

潘光碧，唐刚胜，杜森英，等，1989. 鲤鲫移核鱼与散鳞镜鲤杂交优势及遗传性状的研究 [J]. 水产学报，13（3）：230-238.

潘光碧，1990. 鲤鲫移核鱼的遗传改良及其后代性状遗传的研究 [J]. 遗传，12（5）：10-14.

魏彦章，许克圣，俞豪祥，1990. 牛生长激素向"缩骨鲫"受精卵转移的初步研究 [J]. 水产科技情报，17（4）：100-103.

吴清江，桂建芳，1999. 鱼类遗传育种工程 [M]. 上海：上海科学技术出版社：235-243.

吴婷婷，杨弘，董在杰，等，1994. 人生长激素基因在团头鲂和鲤中的整合和表达 [J]. 水产学报，18（4）：284-289.

严绍颐，陆德裕，杜淼，等，1984. 硬骨鱼类的细胞核移植——鲫鱼细胞核和鲤鱼细胞质配合的杂种鱼

　　[J]. 中国科学（B辑），14（8）：729-732.

严绍颐，1985. 硬骨鱼类的细胞核移植Ⅲa. 不同亚科间的细胞核移植——由草鱼细胞核和团头鲂细胞质配合而成的核质杂种鱼［J］. 生物工程学报，1（4）：15-26.

严绍颐，1998. 关于克隆动物研究报道的一点补充［J］. 生物科学进展（2）：22-30.

杨隽，李云龙，孙孝文，1995. PCR技术改建基因的研究［J］. 生物医学工程研究，（z1）：44-47.

汪亚平，胡炜，吴刚，等，2001. 转"全鱼"生长激素基因鲤鱼及其 F_1 遗传分析［J］. 科学通报，46（3）：222-225.

杨隽，孙效文，李云龙，等，2002. 全鱼基因的构建及其在鲫鱼体内的整合与转录［J］. 动物学杂志，37（4）：10-13.

曾志强，周工建，2000. 四倍体鱼的种质改良研究［J］. 高技术通讯，10（7）：12-16.

翟玉梅，鹿培源，崔博文，等，2001. 用精子载体法将 MT-hGH 基因导入泰山赤鳞鱼［J］. 海洋与湖沼，32（1）：37-41.

张晓军，相建海，2003. 对虾转基因研究的现状和展望［J］. 中国生物工程杂志，23（12）：36-42.

钟家玉，茅卫锋，朱作言，2002. 电脉冲作用将外源基因导入稀有鮈鲫精子的研究［J］. Journal of Genetics and Genomics，29（2）：128-132.

朱作言，许克圣，李国华，等，1986. 人生长激素基因在泥鳅受精卵显微注射转移后的生物学效应［J］. 科学通报，31（5）：387-389.

朱作言，许克圣，谢岳峰，等，1989. 转基因鱼模型的建立［J］. 中国科学（B辑）（2）：147-155.

朱作言，曾志强，2000. 转基因鱼离市场还有多远［J］. 生物技术通报（1）：1-6.

Arenal A，Pimentel R，Guimarais M，et al.，2000. Gene transfer in shrimp (*Litopenaeus schmitti*) by electroporation of single-cell embryos and injection of naked DNA into adult muscle［J］. Biotecnol Apl，17（4）：247-250.

Bensheng J，Khoo H W，1997. Transient expression of two luciferase reporter gene constructs in developing embryos of *Macrobrachium lanchesteri* (De Man)［J］. Aquaculture Res，28（3）：183-190.

Chen S L，Hong Y H，Schartl M，2001. Development of positive-negative selection procedure for gene targeting in fish cells［J］. Aquaculture，214（1）：67-69.

Du S J，Gong Z，Hew C L，et al.，1992. Development of an "all fish" gene cassette for gene transfer in aquaculture［J］. Mol Marine Biol Biotech（1）：290-300.

Elwood Linney Nancy L，Hardison Bonnie E，Lonze Sophia Lyons，et al.，1999. Transgene expression in zebrafish：a comparison of retroviral-vector and DNA-injection approaches［J］. Developmental Biology，213（1）：207-16.

Fletcher G L，Shears M A，King M J，et al.，1988. Evidence for antifreeze protein gene transfer in Atlantic salmon (*Salmo salar*)［J］. Can J Fish Aquat Sci（45）：352-357.

Gong Z Y，Sudha P M，Ju B S，et al.，1999. Applications of the transgenic technique to fish and shrimps［J］. J Ocean Uni Qingdao，29（4）：649-657.

Hew C L，Wang N C，Joshi S，et al.，1988. Multiple genes provide the bais for antifreeze protein gene transfer in Atlantic Salmon (*Salmon solar*)［J］. Can J Biol Chem（263）：12040-12055.

Hong Y，Winkler C，Schartl M，et al.，1996. Pluripotency and differentiation of embryonic stem cell lines from the medaka fish (*Oryzias latipes*)［J］. Mech Dev，60（1）：33-44.

Kawauchi H，Moriyama S，Yasuda A，et al.，1986. Isolation and characterization of chum salmon growth hormone［J］. Arch Biochem Biophys（244）：542-552.

Lavitrano M，Camaioni A，Fazio V M，et al.，1989. Sperm cells as vectors for introducing foreign DNA into eggs：Genetic transformation of mice［J］. Cell（57）：717-723.

Li S S, Tsai H J, 2000. Transfer of foreign gene to giant freshwater prawn (*Macrobrachium rosenbergii*) by spermatophore microinjection [J]. Molr Repro Dev (56): 149 - 154.

Lin S, Long W, Chen J, Hopkins N, 1992. Production of germ-line chimeras in zebrafish by cell transplants from genetically pigmented to albino embryos [J]. Proc Natl Acad Sci U S A., 89 (10): 4519 - 4523.

Preston N P, Baule V J, Leopold R, et al., 2000. Delivey of DNA to early embryos of the Kuruma prawn, *Penaeus japonicus* [J]. Aquaculture, 181: 225 - 234.

Sarmasik A, Jiang I K, Chun C Z, et al., 2001. Transgenic live-bearing fish and crustaceans produced by transforming immature gonads with replication-defective pantropic retroviral vectors [J]. Mar Biotech, 3 (5): 470 - 477.

Sarmasik A, Wan G, Chen T T, 2002. Production of transgenic medaka with increased resistance to bacterial pathogens [J]. Mar Biotechnol, 4 (3): 310 - 322.

Shike H, Shimizu C, Klimpel K S, et al., 2000. Expression of foreign genes in primary cultured cells of the blue shrimp *Penaeus stylirostris* [J]. Marine Biology, 137 (4): 605 - 611.

Tseng F S, Tsai H J, Liao I C, et al., 2000. Introducing foreign DNA into tiger shrimp (*Penaeus monodon*) by electroporation [J]. Theriogenology, 54 (9): 142 - 143.

Zhu Z, He L, Chen S, et al, 1985. Novel gene transfer into the fertilized eggs of gold fish (*Carassius auratus*) [J]. J Appl Ichthyol (1): 31 - 34.

10

第十章
分子标记与育种

长期以来，动物育种都是基于表型进行选育的，但是许多有重要经济价值的性状都是数量性状，依据表型选育是不准确的。遗传育种家们很早就提出了利用标记进行辅助选择以加速遗传改良进程的设想。形态学标记等常规遗传标记是最早用于动植物育种辅助选择的标记，但由于它们数量少、遗传稳定性差，且常受环境的影响，因而其利用受到很大限制。分子遗传标记能够稳定遗传，且遗传方式简单，可以反映生物的个体和群体特征，与形态学标记、细胞学标记、生理生化标记相比，具有标记位点多，特异性强，标记稳定可靠，遗传信息量大，实验重复性强，不受生物的年龄、发育阶段、性别和养殖环境条件的影响等特性，因此，DNA 分子标记的出现和发展对动物遗传育种学产生了重大的影响。

目前我国水产养殖业迅猛发展，养殖的种类、数量越来越多，养殖的面积和规模越来越大，但这些水产养殖动物大多是未经人工选育或改良的野生品种，缺乏高效、优质和抗逆性强的养殖品种，这在很大程度上制约了我国水产养殖业的发展。

分子标记方法已出现了几十种，新的标记还会不断涌现。在水产养殖领域常用的遗传标记有同工酶、mtDNA、RFLP、RAPD、AFLP、SSR、ISSR、SNP 和 EST 等。目前，分子标记已被广泛地应用在基因定位、品种鉴定、资源评价、物种亲缘关系和系统演化分析、分子标记辅助选择育种等诸多方面。

第一节 分子遗传标记的类型与原理

分子标记可分为 I 型标记（功能已知的基因）和 II 型标记（未知基因片断）。RAPD、VNTR、AFLP 等为 I 型标记，而 RFLP、SSR、STS 等既有 I 型标记，又有 II 型标记，同工酶和 EST 为 I 型标记。I 型标记在遗传图谱构建、数量性状基因定位研究中具有重要作用。而 II 型标记是选择中立的，在种群遗传学研究中具有广泛应用价值，还可被用作 QTL 连锁的标记。

一、同工酶标记

同工酶的分离和发现开创了真正意义上分子标记技术的先河。20 世纪 60 年代中期，同工酶电泳技术问世，并在随后的 20 多年时间内成为研究群体遗传变异和群体间遗传分化、系统发育的主要手段。同工酶是基因表达的产物，如果分子的大小和形状有所不同，在一定的缓冲介质中不同的同工酶所带电荷就不同，它们可通过电泳分离，并经过与底物反应或是染色，检测其是否存在以及判断分子质量大小。通过同工酶的电泳表型可推断出编码同工酶的基因的基因型，并且可以得到基因及基因型在群体中的分布频率，以此对群体的遗传结构和遗传变异水平进行研究。同工酶具有表达完全、共显性表达、不受外界环境干扰等特点，可以揭示基因的序列和功能差异，因此最早成为研究生物群体结构的遗传标记，在近30年的时间里一直占据着分子标记的主导地位，被广泛应用于系统分类与进化、种群分析、资源评价等的研究中。但是同工酶分析的是基因的表达产物而不是基因本身，检测的位点数相对较少，难以全面反映基因组的遗传变异情况，因此在遗传多样性、QTL定位、遗传图谱构建和分子进化等需要大量标记的研究中逐渐为DNA分子标记所取代。然而，同工酶分子的共显性表达、重复性强的Ⅰ型标记，使其仍然在种群遗传、分子进化功能基因的克隆等方面具有DNA分子标记无可替代的作用。

二、分子标记基因和序列

核酸分子标记基因种类很多，其中线粒体DNA（mtDNA）和核糖体DNA（rDNA）中的特征基因或序列的应用最广。

（一）线粒体DNA

自20世纪60年代，M. Nass和S. Nass首次用电子显微镜直接观察到线粒体内细丝状的DNA以后，线粒体中存在遗传物质的事实才逐渐被人们接受。随后，关于线粒体DNA结构与遗传特性的研究工作迅速展开，至80年代末90年代初，人们对mtDNA的研究远比对同等长度的核基因的研究更为深入。动物线粒体基因组通常编码37个基因，其中13个和氧化磷酸化相关的蛋白质基因、22个tRNA基因和2个rRNA基因（16S rRNA和12S rRNA），除了编码基因外还包含1个大的非编码区，因为该区富含A＋T碱基，所以称为（A＋T）丰富区。mtDNA是真核生物中比较简单的DNA分子，其信息容量仅为核DNA的几万到几十万分之一。它作为核外的遗传物质，与核DNA相比有很多特点，分子结构简单，以母性遗传方式遗传，核苷酸歧义度大，进化速度快，在种间、种内有丰富的遗传多样性。作为一种遗传标记，它在研究水产动物的起源进化、亲缘关系、种群遗传结构及其与水产动物生产性能的关系等方面都具有重要意义。目前，线粒体DNA中16S rRNA基因、细胞色素c氧化酶亚基Ⅰ（COI）和D-loop序列等是常用的测序分子标记。

（二）核糖体DNA

核糖体是由几十种蛋白质和若干核糖体RNA组成的亚细胞颗粒，执行蛋白质合成的功能。真核生物的核糖体都有3种rRNA，即18S rRNA、5.8S rRNA和28S rRNA，这些rRNA基因都是以串联重复形式存在，编码这些rRNA的基因按顺序排列在一条DNA上，这段具有特定转录功能的DNA片段称为rDNA操纵子。rRNA基因及与其相邻的间隔区合称rDNA。

rDNA是由转录单位和非转录单位的间隔区组成的一个重复单位。其中18S、5.8S和28S rRNA基因组成一个转录单元，形成一个前体RNA。而非转录单位包括3个部分：①非转录间隔区（NTS）位于rDNA相邻重复单位之间；②外转录间隔区（ETS）位于18S RNA的上游；③内转录间隔区（ITS）包括第一转录间隔区（ITS1）和第二转录间隔区（ITS2），分别位于18S rRNA和5.8S rRNA、5.8S rRNA和28S rRNA之间（图10-1）。由于内转录间隔区（ITS）属于非编码区序列，最终不加入成熟核糖体，所以受到的选择压力较小，进化速度快，具有可变性，并且变异的速度在不同的物种间也存在着较大的差异，因此不长的 ITS 序列能够提供比较丰富的变异位点和信息位点。在不同的物种中比较适合做种间、亚种和种群水平上的系统发生的研究，因此 ITS 是目前应用最广泛的测序分子标记之一。

图 10-1 真核生物 rDNA 一个拷贝的结构

（三）DNA 分子标记

目前主要的 DNA 分子标记有：限制性片段长度多态性（RFLP）、随机扩增多态 DNA（RAPD）、小卫星及应用较普遍的微卫星、扩增片段长度多态性（AFLP）、单核苷酸多态性（SNPs）等。

1. 限制性片段长度多态性（RFLP） 20 世纪 70 年代，限制性内切酶的发现，促使 DNA 变异研究成为可能。1974 年，RFLP 作为遗传工具由 Grodjick 创立，1980 年由 Botstein 再次提出，并由 Soller 和 Beckman 于 1983 年最先应用于品种鉴别和品系纯度的测定，这是第一个被应用于遗传研究的 DNA 分子标记。RFLP 的分子基础如图 10-2 所示。所谓 RFLP，是指用限制性内切酶切割不同个体基因组 DNA 后，含同源序列的酶切片段在长度上的差异。限制性内切酶可识别并切割基因组 DNA 分子中特定的位点，一旦由于碱基的突变、插入或缺失，或者染色体结构的变化而导致生物个体或种群间该酶切位点的消失或新的酶切位点的产生，用限制性内切酶消化基因组 DNA 后，则产生长短不一、种类不同、数目不同的限制性片段（图 10-2）。这些片段经电泳分离后，在聚丙烯酰胺凝胶上呈现不同的带状分布，通过与克隆的 DNA 探针进行 Southern 杂交和放射自显影后，即可产生和获得反映生物个体或群体特异性的 RFLP 图谱。一般 RFLP 分析中所使用的探针是随机克隆的，与被检测物具有一定同源性的单拷贝或低拷贝基因组片段或 cDNA 片段。

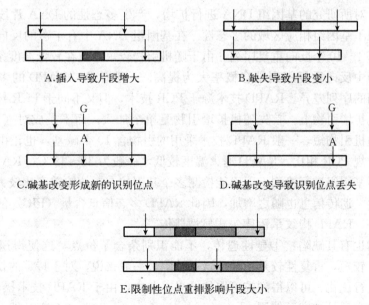

A.插入导致片段增大   B.缺失导致片段变小

C.碱基改变形成新的识别位点   D.碱基改变导致识别位点丢失

E.限制性位点重排影响片段大小

图 10-2 RFLP 多态性的分子基础

RFLP 指纹图谱的主要优点表现在：①具有较高可靠性，因为它由限制性内切酶切割特定位点产生；②来源于自然变异，依据 DNA 上丰富的碱基变异不需任何诱变剂处理；③多样性，通过酶切反应来反映 DNA 水平上所有差异，因而在数量上无任何限制；④共显性，RFLP 能够区别杂合体与纯合体，在图 10-3 中，8 kb 的片段中由于一个碱基的替换而产生了一个新的限制性识别位点。纯合子 AA 只产生一条 8 kb 的带；纯合子 BB 出现 3 kb 和 5 kb 两条带，杂合子 AB 出现 8 kb（来自等位基因 A），3 kb 和 5 kb（都来自等位基因 B）三条带。

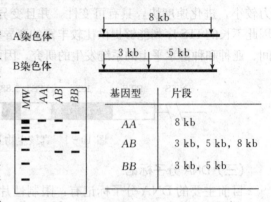

图 10-3　RFLP 的共显性遗传模式

在 20 世纪 80 年代，随着 PCR 技术的出现与发展，并且由于测序工作的大量进行，PCR-RFLP 技术应运而生，它提高了 RFLP 的分辨率，降低了技术难度，并且可用生物素标记探针替代放射性探针，避免污染。但是 RFLP 指纹技术也有其固有的缺陷。首先是操作烦琐，相对费时；其次是具有种属特异性，且只适应单/低拷贝基因，限制其实际应用；最后，它最主要的缺点是由于它的产生是因为碱基突变导致限制性酶切位点的丢失或获得，所以 RFLP 多态位点数仅 1~2 个，多态信息含量（PIC）低，仅 0.2 左右。但是，随着线粒体 DNA 的研究，RFLP 的应用有了新的发展。由于 mtDNA 结构简单，分子质量小（仅 15.7~19.5 kb），适用于 RFLP 分析，而且其不受选择压力的影响，进化速度快，适用于近缘物种及种内群体间的比较；另外，mtDNA 属母性遗传，一个个体就代表一个母性群体，因此有利于群体分析，用有限的材料就能反映群体的遗传结构，因此，mtDNA-RFLP 指纹技术用于遗传多样性的研究有其独到的优势。

2. 随机扩增多态性分子标记（RAPD）　RAPD 技术是 1990 年发明并发展起来的，是以 PCR 技术（图 10-4）为基础的 DNA 指纹技术，以人工合成的碱基顺序随机排列的寡核苷酸单链为引物，对所研究的基因组 DNA 进行扩增，产生多态性的 DNA 片段，这些扩增片段的多态性反映了基因组相应区域的多态性。在基因组 DNA 中有丰富的反向重复序列，几乎每 2 000 bp 有 1~10 个反向重复序列。由于随机引物较短，且在较低温度条件下退火，因而引物与基因组中反向重复序列结合概率大为提高。一般认为，RAPD 的多态性是两个反向重复序列之间的序列差异。RAPD 技术源于 PCR 技术，但又不同于 PCR 技术。这种差别主要体现在随机扩增引物上。首先随机扩增引物是单个加入，而不是成对（正、反向引物）加入。其次是随机引物短，一般 RAPD 技术采用的引物含 10 个碱基，也正由于随机引物较短，因此，与常规 PCR 相比，RAPD 退火温度较低，一般为 35~45 ℃。RAPD 技术是以一系列随机引物对基因组进行检测，因而能检测多个基因位点，故覆盖率比较大，并且引物越多，覆盖面越广，遗传信息也随之增加，因此 RAPD 多态信息含量（PIC）值波动较大，在 0.2~0.9。另外，RAPD 指纹呈孟德尔式显性遗传。

RAPD 技术也有其缺陷：①显性遗传，不能识别杂合子位点，这使得遗传分析相对复杂；②随机引物较短，重复性较差。关于这一缺陷，一般来说，对于特定的仪器设备，反复对其反应条件进行优化，可以得到较可取的结果。总之，由于 RAPD 技术操作快速、简便，因此在遗传研究中还是被广泛使用。

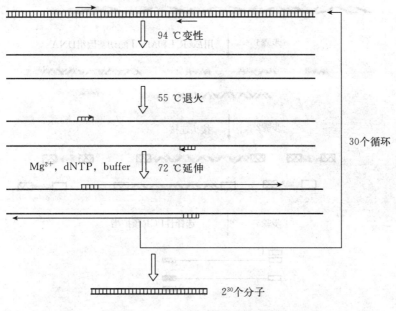

94 ℃变性

55 ℃退火

30个循环

Mg²⁺, dNTP, buffer　72 ℃延伸

2³⁰个分子

图 10 - 4　PCR 的原理与过程

3. 扩增片段长度多态性（AFLP）　AFLP 技术的出现是 DNA 分子标记技术的重大突破，是由荷兰 Keygene 公司 Zabeau 和 Vos 等发展起来的一种分子标记技术（图 10 - 5）。AFLP 是 RFLP 与 PCR 相结合的一种技术，其基本原理是对基因组 DNA 限制性酶切片段的选择性扩增，使用双链人工接头与基因组 DNA 的酶切片段相连接作为扩增反应的模板。接头与接头相邻的酶切片段的几个碱基序列作为引物的结合位点。

引物由三部分组成：①核心碱基序列，该序列与人工接头互补；②限制性内切酶识别序列；③引物 3′端的选择性碱基。选择性碱基延伸到酶切片段区，这样就只有那些两端序列能与选择性碱基配对的限制酶切片段被扩增。

为了使酶切片段大小分布均匀，一般采用两个限制性内切酶，一个酶为多切点，另一个酶切点数较少。因而 AFLP 反应过程中产生的主要是双酶切片段。采用双酶切的主要原因有：①多切点酶产生较小的 DNA 片段，而切点数较少的酶能够减少扩增片段的数目，因为扩增片段主要是多切点酶和切点数较少的酶组合产生的酶切片段，这样就可以减少选择扩增时所需的选择碱基数；②双酶切可以进行单链标记，从而防止形成双链造成的干扰；③双酶切可以对扩增片段数进行灵活调节；④通过少数引物可产生许多不同的引物组合，从而产生大量不同的 AFLP 指纹。

Pieter Vos 等（1995）对 AFLP 的反应原理进行了验证，结果表明 PCR 反应过程酶切片段扩增效率的差异主要与引物有关，而与酶切片段无关，这一点对于 AFLP 分析至关重要。而引物的设计主要取决于人工接头的设计，接头为双链的寡核苷酸，其设计遵循随机引物的设计原则，应避免自身配对并具有合适的 G、C 含量。引物选择碱基的数目一般不超过3 个，当引物具有 1 个或 2 个选择碱基时，引物的特异选择性较好，选择碱基增加到 3 个时，引物的选择特异性仍可接受，但随着引物选择碱基的增加，引物与模板的错配频率相应增加，扩增特异性下降。

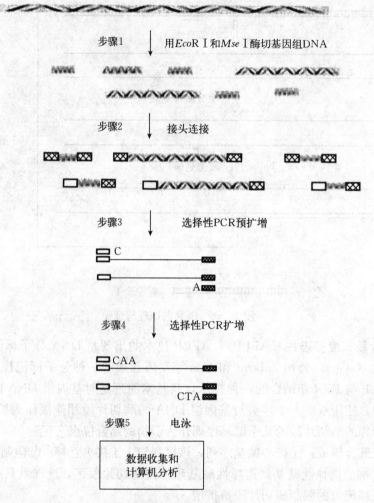

步骤1 用 *Eco*R Ⅰ 和 *Mse* Ⅰ 酶切基因组 DNA

步骤2 接头连接

步骤3 选择性PCR预扩增

步骤4 选择性PCR扩增

步骤5 电泳

数据收集和
计算机分析

图 10-5 AFLP 技术流程

由于 AFLP 是限制性酶切和 PCR 相结合的一种技术，因此具有 RFLP 技术的可靠性与 PCR 技术的高效性。其优点可概括如下：

(1) 重复性好。AFLP 分析基于电泳条带的有或无，高质量的 DNA 和过量的酶可以克服因 DNA 酶切不完全而产生的失真，PCR 中较高的退火温度和较长的引物可将扩增中的错误减少到最低限度，因而 AFLP 分析具有很强的可重复性。

(2) 多态性强。AFLP 分析可以通过改变限制性内切酶和选择性碱基的种类与数目，来调节扩增的条带数，具有较强的多态分辨能力。设计不同的人工接头就会相应地产生不同的 AFLP 引物，引物 3′ 端的选择性碱基数目可以是 2+2，2+3，也可以是 3+3，这些碱基的组成也是多种多样的。AFLP 引物设计的巧妙与搭配的灵活，使得 AFLP 能产生的标记数目是无限的。迄今为止，每个 AFLP 反应能检出多态片段之多、信息量之大、效率之高是其他任何一种分子标记所无法比拟的。

(3) 分辨率高。AFLP 扩增片段短，适用于变性序列凝胶上电泳分离，因此片段多态性检出率高，而 RFLP 片段相对较大，内部多态性往往被掩盖。

（4）不需要 Southern 杂交，无放射性危害，且不需要预先知道被分析基因组 DNA 的序列信息，是一种半随机的 PCR。

（5）稳定的遗传性。AFLP 标记在后代中的遗传和分离中符合孟德尔式遗传规律，种群中的 AFLP 标记位点遵循哈代-温伯格平衡。

总之，在技术特点上，AFLP 实际上是 RAPD 和 RFLP 相结合的一种产物。它既克服了 RFLP 技术复杂、有放射性危害和 RAPD 稳定性差、标记呈现隐性遗传的缺点，同时又兼有两者之长。近年来，人们不断将这一技术完善、发展，使得 AFLP 迅速成为迄今为止非常有效的分子标记。

4. 小卫星和微卫星标记 Wyman 等（1985）认为在人体基因组中含有高变区（HVRs），并证明这些高变区是一些串联重复序列（VNTRs）。Jeffreys 等（1985）发现重复序列中重复单位的核心序列是相似的。串联重复序列由两种类型组成，小卫星 DNA 和微卫星 DNA（SSR）。小卫星 DNA 是一些重复单位在 11～60 bp，重复次数在成百以上，总长度由几百至几千个碱基组成的串联重复序列，主要分布于染色体近端粒区和着丝粒区。

微卫星是以少数几个核苷酸（1～6 个）为单位首尾相连组成的简单串联重复 DNA 片段，一般长为几十到几百碱基对（bp），重复次数从几次到数万次不等。微卫星的多态性源于等位基因间重复单位数的不同导致的序列长度差异（图 10-6）。有关微卫星的报道最早见于 Skinnner 等（1974）在研究寄生蟹的卫星 DNA 时发现的一种简单的串联重复序列，Ali 等（1986）首次将合成的寡聚核苷酸用于人的指纹研究，Jeffreys 等和 Gao 等（1988）进一步将其发展成为一种新的遗传标记技术。Tautz 等（1989）报道微卫星具有丰富的多态性。早期的研究者将微卫星称为"简单序列""简单序列重复""简单串联重复"等；Weber 按照重复结构的不同，把微卫星标记分为完全重复型（perfect）、不完全重复型（imperfect）和复合型（compound）3 种。Winter 等（1992）报道，除着丝粒及端粒区域外，微卫星广泛地分布于染色体几乎所有区域，在哺乳动物中，几乎每个基因都存在一个微卫星标记。小卫星与微卫星均遵循孟德尔共显性遗传方式。

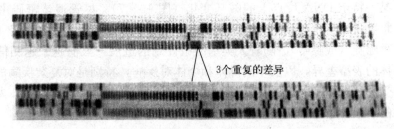

图 10-6 微卫星的多态性

（引自 Liu&Cordes，2004b）

微卫星位点由核心重复序列和侧翼序列两部分组成。核心序列的重复单位可以是单核苷酸如 $(A)_n$、二核苷酸如 $(TA)_n$、三核苷酸如 $(AAT)_n$ 及四核苷酸如 $(GATA)_n$，其中 n 的数目可以发生变化（增加或减少），这种变化是形成微卫星位点多态性的基础。

微卫星具有以下几个特点。

（1）共显性遗传特性。与其他遗传标记（如 RFLP、RAPD 等）不同，微卫星标记表现为共显性遗传特性，即对来自亲本双方的等位基因型可以同时表现出来，因而可以用于杂交子代的鉴别等。

（2）数量多、分布广泛而均匀。Hamada 等指出，在人类基因组中，平均每 10～50 kb 片段就有一个微卫星位点。微卫星广泛分布在基因组中，除染色体的着丝粒及端粒区域外，染色体的其他区域广泛分布微卫星。目前，越来越多的报道指出，有大量的微卫星位于蛋白质的转录区，包括蛋白编码区和表达序列标签区。但这些区域的微卫星数量是有限的，一般<20%。

（3）多态性丰富、杂合度高、通用性好。微卫星分子标记的一个显著特点是高度的多态性，经常是一个微卫星位点具有多个等位基因。形成高多态性的机理目前比较公认的理论是"滑动错配"和姐妹染色体的不等交换。一般说来，一个微卫星 DNA 的核心序列重复数越高，其等位基因数越多，即多态性越高。Launey 等发现牡蛎微卫星的平均等位基因数要比同工酶的等位位点丰富得多，杂合度也比同工酶高很多。微卫星的侧翼序列在不同物种中具有很高的保守性，而近缘物种间的序列相似性高，因此在设计引物时，在不同的科、属、种间有时可以通用，因而提高了微卫星标记的应用效率。

（4）扩增反应所需模板量少，重复性好。可以从更多的材料如毛发、粪便、精细胞、微量的血液、牙齿、骨骼和标本甚至非损伤样品中提取模板，获得微量 DNA。微卫星具有理想的分子标记应具备的特点，是一种比较好的分子标记。

微卫星位点的获得主要有两种方法：①通过构建和筛选基因组文库，包括经典的分子克隆法和现代的磁珠富集法。这两种方法都是首先构建小片断基因组文库，利用同位素标记或用生物素标记的重复寡核苷酸作为探针对文库进行筛选，一般说来，应该根据不同的物种设计不同的重复寡核苷酸来筛选阳性克隆。根据得到的阳性克隆进行测序，就可以得到微卫星序列，进行引物设计及研究分析。也可以通过构建 cDNA 文库，克隆后对克隆载体直接进行测序分析。②利用微卫星的侧翼序列在不同物种中具有很高的保守性的特点，通过近缘物种获得。

近年来，微卫星作为一种分子标记，已成为种群研究和进化生物学最常用的分子标记之一，广泛地应用于生物杂交育种、遗传连锁图谱、种群遗传多样性、系统发生和遗传图谱的构建与生产性状位点的连锁分析等研究领域。

5. 单核苷酸多态性（SNPs） SNPs 被定义为不同个体基因组上某一个位点的碱基差异，或者是在某一特定 DNA 位点上的碱基变化（图 10-7）。尽管遗传密码由 4 种碱基组成，但 SNPs 通常只是一种双等位基因。SNPs 大多数为转换，即由一种嘧啶（或嘌呤）碱基转换为另一种嘧啶（或嘌呤）。随着人类基因组计划的进展，人们越来越相信这类多态性有助于解释个体的表型差异，以及不同群体和个体对疾病，特别是对复杂疾病的易感性、对各种药物的耐受性和对环境因子的反应。DNA 芯片技术的问世，使得以 SNP 为标志的研究成为快速有效的手段。单核苷酸多态性称为第三代的 DNA 分子标记。

图 10-7 位于 DNA 序列上特定位点的碱基替换

SNPs 的特点如下。

（1）数量多且分布广泛。据估计，在人类基因组中平均每 1 900 bp 就会出现 1 个 SNPs，整个基因组中大约有 142 万个 SNPs，其发生频率超过 1%。正是由于 SNPs 数量巨大，从而可弥补其多态性不足的缺点。Kruglyak 认为使用 700～900 个 SNPs 进行基因组扫描构建遗传图谱的能力，相当于目前使用 300～400 个微卫星标记，而如果使用 1 500～3 000 个 SNPs 做基因组扫描，其结果明显高于目前普遍采用的微卫星标记。

（2）富有代表性。某些位于基因内部的 SNPs 有可能直接影响蛋白质结构或表达水平，因此它们可能代表某些性状的遗传基础。

（3）遗传稳定性。SNPs 是基因组中分布最广泛且稳定的点突变，突变率低，与微卫星等重复序列多态标记相比，SNPs 具有更高的遗传稳定性，尤其是处于编码区的 SNPs。

（4）检测易于实现自动化。SNPs 通常是一种双等位基因的遗传变异，在检测时无须像检测微卫星标记那样对片段的长度做出测量，只需一个"＋/－"或"全或无"分析的方式，有利于发展自动化筛选或检测 SNPs。

SNPs 的检测方法：从技术上来讲，凡是能够检测出点突变的方法都可以用来鉴定 SNPs。随着分子生物学技术的飞跃发展，SNPs 基因分型技术也不断涌现。在一些经典的 SNPs 检测技术，如单链构象多态性（SSCP）和限制性片段长度多态性（RFLP）等，仍在实践中广泛使用的同时，近几年又出现了一系列高灵敏度、高通量的基因分型方法，如温控高效液相色谱法、TaqMan 探针法等，可以满足大样本及多 SNPs 位点的基因分型要求。在实际应用时要根据研究目的、实验条件以及费用情况等来进行有目的的选择。

在这些众多的检测方法中，根据其检测原理可以大致分为以下 4 种类型：①直接测序法；②以构象为基础的检测法（包括单链构象多态性、温度梯度凝胶电泳、变性梯度凝胶电泳、变性高效液相色谱等）；③基于 PCR、酶切的检测法；④基于杂交的检测法（如 Taq-Man 探针技术、基因芯片检测）。

6. 内部简单重复序列（ISSR） ISSR 也是一种新兴的分子标记技术。用于 ISSR-PCR 扩增的引物通常为 16～18 个碱基序列，由 1～4 个碱基组成的串联重复和几个非重复的锚定碱基组成，从而保证了引物与基因组 DNA 中的 SSR 的 5′ 或 3′ 末端结合，通过 PCR 反应扩增 SSR 之间的 DNA 片段。SSR 在真核生物中的分布是非常普通的，并且进化变异速度非常快，因而锚定引物的 ISSR-PCR 可以检测基因组许多位点的差异。与 SSR-PCR 相比，用于 ISSR-PCR 的引物不需要预先的 DNA 测序，也正因如此，有些 ISSR 引物可能在特定基因组 DNA 中没有配对区域而无扩增产物，通常为显性标记，呈孟德尔式遗传，且具有很好的稳定性和多态性。

ISSR 标记无须知道序列的信息，可检测到微卫星的高度多态性；同时引物较长，PCR 条件更为严谨，能快速扫描对应的靶标区域，一旦扩增条件优化，由琼脂糖凝胶电泳即产生可读性信息，甚至是对于种内变异的高度多态性。该标记在育种、种质评估和对遗传背景不清种质的指纹图谱识别等方面具有极大的潜力，并已应用于遗传多态性分析和种群研究中。因此，ISSR 标记在遗传多样性研究中具有广阔的应用前景。

7. 建立在 mRNA 基础上的分子标记技术 表达序列标签（EST）是指从不同组织来源的 cDNA 序列。这一概念是由 Adams 于 1991 年提出的。EST 标记主要是在 cDNA 文库中随机挑选克隆，并进行测序而产生的 200～400 bp 的核苷酸序列片段。EST 的获得不但是寻找新基因的有效途径，也是基因组作图的重要途径。Adams 等最早用 EST 对表达序列进行研究，测序发现了一系列在脑部表达的新基因。与一般的遗传标记相比，EST 的优越性在于直接与一个表达基因相关，而且易于转化为 STS 标记。大量的 EST 可以累积建立一个新的数据库，为表达基因的鉴别等研究提供大量信息。

第二节　分子标记在育种中的应用

近年来，分子遗传标记技术已成为动物遗传育种研究中的热点和重点，为多种生物的物种（品种）鉴定、系统进化、群体遗传变异分析、标记辅助育种、基因定位等方面的研究做出了很大的贡献。在此方面，水产工作者也做了很多工作，国内外许多学者采用多种分子遗传标记，对多种水族动物的遗传育种进行了研究。

一、分子系统发育和亲缘关系的分析

分子系统发育和亲缘关系的分析是进行生物遗传育种的基础。生物系统发生学研究的中心任务是，将从共同祖先遗传下来的同源性和由于趋同进化从不同祖先演变而来的相似性区分开来。这种相似性往往给分类造成麻烦，在相当程度上限制了传统的形态学分类。近年来发展的分子标记技术，作为一种崭新的辅助手段，越来越受到分类学者的重视。物种间亲缘关系的研究为确定育种方案、预测杂交优势提供了重要的理论依据。分子标记技术为揭示物种间的亲缘关系提供了可靠的依据。因此，传统的形态解剖分类与分子标记技术结合，将较好地解决单纯依靠形态分类造成的局限，显著提高系统发生学的研究水平。目前，用于系统发生学研究的分子标记技术主要有同工酶、RFLP、RAPD、AFLP、核糖体内间区序列（ITS）、线粒体 DNA 等。水族动物分子系统发育的研究取得了很大的进展。

Mulvey 等使用等位基因酶和线粒体 16 S rRNA 的 DNA 序列数据在珠蚌类的 2 个有疑问的属 *Amblema* 和 *Megalonaias* 中寻找可诊断的进化显著单元，在 *Amblema* 属内，识别出 3 个种类，在 *Megalonaias* 属内只识别出一个分类学上的显著单元。White 等用美国宾夕法尼亚州 Allegheny 河支流中法国小溪珠蚌的成体组织进行实验，通过限制性酶消化，应用 PCR 找到了 25 个种类各自特定的遗传"指纹图谱"，通过对鱼体上寄生的 70 种钩介幼虫的鉴定，认为这种分子遗传图谱是鉴定寄生在寄主鱼体上珠蚌钩介幼虫的一种新途径。江世贵等用 mtDNA 扩增出细胞色素 b（cytb）基因，对 4 种鲷科鱼类进行了分类和系统进化研究，得出了与传统形态学分类不一样的结论。王志勇等采用 AFLP 标记对杂色鲍、九孔鲍、盘鲍和皱纹盘鲍进行亲缘关系分析，实验结果显示盘鲍和皱纹盘鲍亲缘关系较近，杂色鲍和九孔鲍亲缘关系较近，王志勇认为杂色鲍与九孔鲍之间的差异只是属于不同地方群体的差异，达不到亚种差异水平，而皱纹盘鲍与盘鲍趋异较大，属于不同亚种。

线粒体基因组已经成为系统学研究的一种手段，此种研究方法将不同进化速率的基因片段相结合，可以避免单个基因由于自身特点而引起的弊端，因此已经成为系统学研究发展的方向。Jun（2005）等用线粒体全序列估计了两种腔棘鱼的分化时间，认为它们分化时间是 3 000～4 000 万年。Blair（2006）对来自不同地点的翡翠贻贝的 3 个近缘种（*Perna viridis*、*P. canaliculus* 和 *P. perna*）的 COI 和 ND4 基因的部分片段进行了变异位点以及遗传距离的研究；Wood（2007）等则对来自于不同海域的这 3 种翡翠贻贝的 ITS 和 COI 片段进行了系统树的构建，分析了三者的系统关系以及三者的分化时间。

在水产动物方面，将 SNPs 标记应用于 mtDNA 来研究特种的进化和亲缘关系已经取得了一系列进展。Chow 等用 4 种限制性内酶（Alu、Dde Ⅰ、Hha Ⅰ和 Rsa Ⅰ）对 13 个不同海域的 456 尾剑鱼（*Xiphias gladius*）的线粒体 DNA 进行了 PCR-RFLP 分析，共检测到了 52 种基因型，Rsa Ⅰ 在地中海剑鱼群体中没有发现多态性，说明很少有外来剑鱼进入该水体中；同时还成功地将大西洋与太平洋的剑鱼群体进行了区分。Aranishi 等对亲缘关系非常接近的 3 种鳕科鱼类的细胞色素 b 基因进行了 PCR-RFLP 分析，成功地将 3 种鳕进行区分。

二、遗传多样性和遗传结构分析

遗传多样性广义上是指地球上生物所携带的各种遗传信息的总和。狭义的遗传多样性主要是指种内的遗传多样性，即生物种内基因的变化，包括种内个体之间或一个群体内不同个体的遗传变异总和，任何一个物种或一个生物个体都保存着大量的遗传基因，因此，可被看作是一个基因库。一个物种所包含的基因越丰富，也就是遗传多样性越丰富，它对环境的适应能力越强。也就是说种内的遗传多样性是一个物种对人为干扰进行成功反应的决定因素，另外，种内的遗传变异程度也决定其进化的潜势。

孟宪红采用 RAPD 技术对真鲷野生群体及人工繁殖群体进行了 DNA 多态性检测，认为真鲷野生群体及人工繁殖群体的遗传多样性较为丰富，但人工繁殖群体的遗传多样性低于野生群体。王志勇等利用 AFLP 技术研究了我国沿海真鲷群体的遗传变异，结果显示：北部湾群体的变异量最低，它与威海群体的遗传差异显著，两者明显属于相互独立的不同亚种群。Enriquez 等利用微卫星 3 个 DNA 位点分析了包括中国、日本和太平洋西南部 8 个地点的真鲷（*Pagrus major*）的遗传差异，证明太平洋北部与西南部的群体遗传差异明显。李莉等应用 RAPD 和 SSR 对皱纹盘鲍的野生群体和养殖群体进行遗传结构与遗传多样性分析，结果均表明，由于人工选择的结果，养殖群体的遗传多样性低于野生群体。所以，为了保护种质资源，在养殖过程中要定期用野生群体来复壮种质。周遵春等利用 AFLP 技术分别对海胆、珠母贝、栉孔扇贝、大黄鱼、笛鲷等进行遗传多样性和遗传结构分析，表明 AFLP 技术适合于种群和群体遗传结构的研究。

宋林生等（2002）采用 RAPD 技术对我国栉孔扇贝（*Chlamys farreri*）野生种群和养殖群体的遗传结构及其分化进行了研究，发现我国栉孔扇贝野生种群的多态性位点比例和杂合度处于较高水平，说明我国栉孔扇贝野生种群的遗传多样性水平较高，种质资源尚处于较好状态。李家乐、汪桂玲等利用 RAPD、SSR、ISSR 及线粒体基因片段等技术研究了中国五大淡水湖泊三角帆蚌群体遗传多样性和遗传结构的变异，筛选出了优异种质群体鄱阳湖三角帆蚌作为育种的基础群体。

三、种质鉴定

准确鉴定和筛选具有优良遗传性状的个体是育种工作的前提。传统的分类手段所依靠的表型特征易受到被观察对象的个体差异、生境变化等因素的干扰和分类者主观态度的影响，特别是海水鱼类，在不同的生理条件下，尤其是应激状态下，其体色、花纹等常常发生明显变化，给外形分类鉴定造成困难。另外随着海水养殖业的发展，不同群体间基因渐渗概率大为提高，也将对分类鉴定造成困扰。形态分类所依据的结构特征均为基因表达加工后的产物，所以，DNA 分子标记技术的发展为解决这一问题提供了强有力的工具。在鱼类育种过程中，准确地鉴定和筛选具有优良遗传变异的个体是育种工作的前提，但鱼类个体标志、家系标志甚至群体和种类标志一直是难以解决的问题，而且有些遗传变异性是早期无法鉴定和筛选的（如产卵量、品质、成熟期等），有些变异性状则需要创造逆境才能知晓，如抗病力、抗逆性等，这些都给鱼类遗传育种带来了困难。DNA分子标记技术的发展无疑为解决这一难题提供了有力的工具，如果利用这些性状跟DNA分子标记紧密连锁，不但能够在早期选择这些性状，而且还不需创造逆境条件，这样不仅可省大量的人力、物力和时间，而且能提高育种的效率。

Govidaraju等应用RAPD对7个种类的石斑鱼进行RAPD指纹研究，为石斑鱼的分类鉴定和选育提供了依据。易乐飞等用RAPD技术对红鳍笛鲷、紫红笛鲷、勒氏笛鲷3个种群的DNA多态性进行了研究，筛选出3种鱼的种间特异性条带，为鉴别这3种鱼提供了特异的遗传标记。杨弘利用RAPD技术分析日本鳗、欧洲鳗、美洲鳗的种间遗传差异，为鳗的种质鉴定提供了依据。张俊彬等利用AFLP技术对笛鲷属的后期仔鱼进行研究，可以通过成鱼和仔鱼AFLP图谱的分析比较而对仔鱼进行有效鉴定；Georgina（2001）等通过对mtDNA ctyb段464bp的限制性片段长度多态性（RFLP）的分析区分鉴定几种不同的鱼，并使用该方法分析混合加工后的鱼的种类，在混合样本中所含鱼的种类可被正确地鉴定出来。

四、杂种优势预测

杂种优势是一种非常普遍的生物遗传现象，很久以前即被用于生物领域品种的生产实践中，并取得了突出成绩。杂种优势的形成受多方面因素的调控，对不同的生物，不同的质量性状、数量性状，杂种优势形成的机理也不尽相同。因而，杂种优势的表现比较复杂。为了减少杂交组合筛选的盲目性，需要对杂交亲本的遗传组成有所了解，应对杂交子代的表现性状进行预测。最初使用数量遗传学的方法，通过对配合力和遗传距离的估算来预测杂种优势，目前可通过强优势组合基因组的差异情况，预测亲本的组成差异、亲本间的遗传距离与杂种优势的关系，为杂交育种中的亲本的选择、杂交子代优势预测提供了有力的依据。

近年来在水产动物中用分子遗传学标记来预测杂种优势的研究取得了可喜进展。董在杰等（1999）运用RAPD技术对兴国红鲤、德国镜鲤、苏联镜鲤及其杂交后代进行RAPD分析，结果为兴国红鲤与苏联镜鲤遗传距离最大，由此推断这两个品种的杂种优势较强，这与生产实践上所反映的结果相一致。宋林生（1998）用20个随即引物对不同属的栉孔扇贝、虾夷扇贝及其杂种的基因组DNA进行PCR扩增，得出杂交后代表现明显的母性遗传的结论，同时对栉孔扇贝和虾夷扇贝是否具有杂交亲和性能否用于杂交育种进行了讨论。张国范等（2002）采用RAPD技术对皱纹盘鲍（*Haliotis discus hannai*）的中国群体和日本野生群体自交与杂交这4个家系及其父母本个体的遗传结构进行分析，开展杂种优势的预测。包振民等利用ISSR标记技术，对栉孔扇贝（z）、华贵栉孔扇贝（x）及其两者的种间杂交子代、种内近交子代进行遗传关系的分析，结果表明杂交子代与两种亲本的遗传关系并不对等，表现出明显的倾向性，更加偏向于母本一方；而种内近交子代则没有出现明显的偏向亲本一方的现象，从而对杂交子代表现出来的杂交优势、共享亲本对子代的贡献率大小进行解释和评价。

李家乐、汪桂玲等利用微卫星及ISSR技术，研究了我国五大湖三角帆蚌中遗传多样性高、生长性能好的鄱阳湖、洞庭湖和太湖3个群体及其6个正反交后代的遗传变异，并从分子角度对杂交后代杂交优势进行了预测，与实际杂交优势测定结果相符。以上这些研究成果对于各种鱼类及贝类杂交育种中亲本的选择、F_1杂种优势的预测具有重要的指导意义。

五、遗传图谱的构建

遗传连锁图谱，是生物基因组结构研究以及进行 QTL 准确定位的一个重要前提。遗传连锁图谱上包括的标记数越多、分布越均匀，则定位的基因就越精确，这将为标记辅助选择、重要经济性状的 QTL 定位乃至最终实现基因型选择创造条件。到 20 世纪 80 年代，各种 DNA 分子标记的出现使得构建中高密度遗传连锁图谱成为可能，特别是微卫星（SSR）曾一度成为育种学家的最爱。SNPs 在基因组中分布的广泛性及其在同一位点上的双等位特性，使其适合于自动化大规模扫描，成为继 SSR 之后最受推崇的作图标记。

构建水产动物遗传连锁图谱，对遗传学研究、基因定位、遗传育种等领域都具有很重要的意义。尽管水产动物图谱的研究还不够深入，但也取得了一些成绩。美国农业部（United States Department of Agriculture，USDA）1997 年开展了 5 种水产经济动物的基因组研究工作，首要任务是构建斑点叉尾鮰（*Ictalurus punctatus*）、大西洋鲑（*Salmo salar*）、虹鳟（*Oncorhynchus mykiss*）、罗非鱼（*Oreochromis sp.*）、虾类（*Penaeus vannamei*，*P. stylirostris*）以及牡蛎（*Crassostrea gigas*，*C. virginica*）的连锁图谱，并最终建立以 DNA 分子标记为选择手段的育种技术。

我国的孙效文（2000）利用黑龙江鲤（*Cyprinus carpio haematopterus*）和柏氏鲤（*Cyprinus pellegrini*）的杂交 F_2 单倍体构建连锁图谱，包含 RAPD 分子标记 56 个，SSLP 标记 26 个，基因标记 91 个，共有标记 262 个，构成 50 个连锁群，估计鲤的基因组大小在 5 789 cM 左右。这是我国首次报道的水产动物的遗传图谱，为进一步的数量性状定位和基因克隆打下基础。

六、数量性状基因位点的定位

QTL 定位是以一定饱和度的遗传连锁图谱为基础，通过连锁分析，确定动物一些与经济性状相关的数量性状位点。由于水生动物较难建立合适的作图群体，且高密度连锁图谱构建较少，总体来说，我国海水养殖动物复杂性状或数量性状的定位研究处于初级水平。只有不断增加图谱上的标记数，实现 QTL 精确定位，通过分子标记辅助选择技术对目标性状进行跟踪，才能加速优良品种的选育。

基因是决定生物遗传性状的物质基础，现代研究表明，鱼类的许多重要经济性状都是数量性状，如生长速度、产卵量、肉质、抗病力等。过去，鱼类遗传育种学家曾利用数量遗传理论和技术对这些遗传性状进行了分析，这对育种工作起到了一定的指导作用。如利用 DNA 分子标记不仅可以对某一特定 DNA 区域内的与经济性状紧密连锁的主基因进行定位，而且还可以对数量性状进行定位，从而可快速构建遗传连锁图谱，使人们可以图谱为依据来分离和克隆基因，这种方法称为图谱克隆。目前，水族动物在这方面的研究刚刚起步，相关的研究报道不多。Li 等在栉孔扇贝的雌性连锁图谱上定位了一个与性别相关的标记。于凌云等通过候选基因法，对大口黑鲈（*Micropterus salmoides*）MyoD 基因进行了 SNPs 位点的筛选，在内含子上发现有 7 个 SNPs 位点，这些位点在分析群体中的突变频率为 4.2%～35.3%，均大于 1‰，因而可以认为是突变点，为接下来分析这 7 个 SNPs 位点与大口黑鲈生长性能的相关性奠定了基础。相对家畜和家禽而言，SNPs 标记应用于水产动物关联分析方面起步较晚，研究还很少，但随着 SNPs 技术的迅速发展和各国学者对水产养殖业的重视，必将在水产动物分子标记辅助育种中得到广泛的应用。

七、分子标记辅助选育（MAS）

优良的水产养殖品种是水产养殖业持续发展的重要物质基础。大多数水产动物的重要经济性状，如抗病、生长等均表现数量性状的遗传特点，即受多个基因位点（称数量性状位点，QTL）和环境因子的共同作用。经典的遗传育种研究方法尢法区别一个重要性状的产生是由哪一个具体的基因控制的，DNA 分子遗传学标记的应用，为数量性状的定位提供了便捷之路。分子遗传学标记辅助选择技术（MAS）是近年来新发展起来的一种育种新技术。MAS 指养殖种类是通过使用基于基因型的分子标记来选择的一个过程。为了实现分子标记辅助选择，研究者需要制作出高效的连锁图谱，了解一些影响已知性能或产品特性的 QTL 的数量，它们遗传的模式以及相对贡献，以此来确定不同特征的 QTL 的连锁及潜在的相互联系，估计每个特征在经济上的重要性。选择一个特征可能意味着要失去另外一个特征。一个好的 MAS 设计程序需要考虑所有与经济有关的特性，这个选择要使不同特征的对立因素达到一个平衡。英国、美国和日本等国家近年来投入大量的资金开展了水产养殖动物的基因组作图研究，并在此基础上，利用遗传连锁图谱和分子遗传标记技术，把同重要的经济性状（生长、抗病及抗逆）相关的数量性状基因定位在遗传连锁图谱上，再设计出数量性状基因的 DNA 分子标记辅助育种的技术路线。

日本东京海洋大学冈本信明教授领导的鱼类遗传病理学研究室从 1989 年开始致力于鱼类分子标记辅助育种研究，在世界上最先构建了牙鲆的高密度遗传图谱，包含 1 000 个微卫星标记，并找到了与淋巴囊肿病抗病性状非常紧密连锁（LOD score 达 20.54）的微卫星标记。同时利用标记辅助选择和辅助渗入技术，培育出 100 多万尾抗病牙鲆，在同样养殖环境下对照组照常发病的情况下，抗病牙鲆在 27 个养殖场的发病率为零，显示了分子标记辅助育种技术在水产动物育种中具有的应用价值。分子标记辅助选择培育牙鲆抗病苗种的研究工作介绍如下。

淋巴囊肿病（LD）是由虹彩病毒科（Iridoviridae）的淋巴囊肿病毒（LCV）引起的一种鱼类传染病，在牙鲆、真鲷等均会发生，日本很多牙鲆养殖场每年都有发生，病鱼头部或鳍等表面可见点状到直径 3 cm 左右、由巨型细胞构成的白色细胞块，有时还伴随着血水渗出，外观极差，完全失去商品价值（图 10 - 8）。

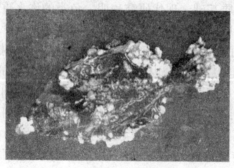

图 10 - 8　患淋巴囊肿病的牙鲆

（孙效文，2010）

1. 抗 LD 分子标记的筛选　作图家系与资源家系：通常养殖牙鲆只有部分个体发生淋巴囊肿病，发病的个体如果不是很严重，同样能够发育成熟和繁殖后代。日本神奈川县水产技术中心 20 世纪 90 年代开始挑选染病个体和正常个体诱导雌核发育，培育出 1 个敏感品系（KP-A）和 1 个抗病品系（KP-B）。表 10-1 是对这 2 个品系抗病力观察的结果。

1988 年，挑选 KP-B 的雌鱼与 KP-A 中的雄鱼（牙鲆性别属于数量性状，除了受到遗传影响之外，还受到光照、饲料等外界因素影响，通过控制环境可以控制人工雌核发育后代的性比）杂交，建立了杂交家系（KP-BA，F_1）；此家系被用作作图家系，用 AFLP 标记和微卫星标记，构建了首张牙鲆的遗传连锁图谱，图中包括 111 个微卫星标记、352 个 AFLP 标记。2000 年从 KP-BA 家系中挑选不染病的雌鱼与 KP-A 的雄鱼回交，建立了回交家系（KP-BAA）；此回交家系作为资源家系，用于抗病性状的 QTL 分析。

2. QTL 分析和抗病标记筛选　为了进行抗 LD 性状的 QTL 分析，2001 年 2 月用 136 尾 KP-BAA 家系鱼种进行攻毒实验（自然攻毒，放入带有 LD 病毒的海水中饲养 3 个月）。在染毒实验前，KP-BAA 家系一直以紫外线消毒的海水培育，以防止淋巴囊肿病毒感染。攻毒结束时记录患病和健康鱼数，并对全部个体取样提取 DNA 进行微卫星标记基因型分析。为了减少工作量和费用，首先根据以 KP-BA 家系构建的遗传图谱，选择 50 个微卫星标记位点（每个连锁群 1~4 个），对 42 尾攻毒实验鱼（患病 22 尾，健康 20 尾）进行基因型与抗病性状表型的关系分析，用 Map Manager QT 计算表型与基因型间的关联度。结果位于第十五个连锁群的 3 个标记位点显示与抗病性状有极强的关联，其 P 值小于 0.001（表 10-1）。接着对全部 136 尾染毒鱼种（染病 61 尾，健康 75 尾）观察该 3 个位点的基因型及其与表型的关系，结果如表 10-2 所示。研究显示，在连锁群 15 上存在 1 个抗 LD 主基因位点，与 Poli. 9-8TUF 位点之间的遗传距离为 14.7 cM，Poli. 9-8TUF 位点的可解释的 LD 抗性表型方差分量达 50%（表 10-2、图 10-9）。通过对 Poli. 9-8TUF 位点的等位基因进行分析，发现其 147 bp 的等位基因与抗病性状紧密连锁，LOD score 达 20.54，因此该微卫星标记可作为所培育抗病品系抗 LD 基因的分子标记（表 10-3、图 10-10）。

表 10-1　牙鲆淋巴囊肿敏感品系（KP-A）和抗病品系（KP-B）在同池养殖的发病情况

混合养殖时间（d）	发病率	
	KP-A	KP-B
258	8.8%（6/68）	0（0/84）
434	95%（6/68）	5%（2/40）

表 10-2　与抗 LD 性状紧密连锁的 3 个位点及其基因型与表型的关系

鱼苗数量	标记位点（LG15）	表型和基因型①		表型贡献		P
		LD⁻ 147+/147−	LD⁺ 147+/147−	对数值	贡献率（%）	
42（20LD⁺/22LD⁻）	Poli. 9-TUF	19/3	6/14	3.64	31	$4.3×10^{-5}$
	Poli. 15-35TUF	19/3	6/14	3.64	31	$4.3×10^{-5}$
	Poli. 121TUF	19/3	6/14	3.64	31	$4.3×10^{-5}$
136（75LD⁺/61LD⁻）	Poli. 9-8TUF	54/7	13/62	20.54	50	$2.2×10^{-22}$
	Poli-RC15-35TUF	53/8	13/62	19.24	48	$4.6×10^{-21}$
	Poli. 121TUF	52/9	16/59	15.27	40	$4.8×10^{-17}$

注：①处数据表示具有 147 bp 条带个数与没有 147 bp 条带个数。

表 10 - 3　抗病牙鲆的生产试验结果

组别	亲本的基因型		子代基因型	养殖场	实验鱼数量/尾	发病鱼数量/尾	发病率（%）
	父本	母本					
抗病苗种	− −	＋ ＋	＋	A	26 250	0[①]	0
				B	2 620	0[②]	0
对照苗种	− −	− −		A	22 000	1 000[①]	4.5
				B	3 561	225[②]	6.3

注：X^2 检验的概率值，①为 $P=6.9×10^{-267}$（养殖场 A），②为 $P=5.7×10^{-37}$（养殖场 B）。

3. 利用抗病分子标记辅助选择大量培育抗病苗种

2004 年 7 月首先进行了小规模实验，利用前述获得的抗淋巴囊肿病分子标记（Poli. 9-8TUF-147 bp）从 KP-BA 家系与 KP-B 品系回交后代中筛选 Poli. 9-8TUF-147 bp 纯合系雌鱼，与日清海洋技术公司选育的形态好、生长快的牙鲆品系的雄鱼交配，培育出带有抗病标记的杂交子代，在日本三重县和宫城县的 2 个每年都发生淋巴囊肿病的牙鲆养殖场进行养殖实验；对照组是某牙鲆繁育场保持的一个不带有上述抗病分子标记的优良品系。选择以抗病牙鲆品系作母本是因为牙鲆雌鱼在抗病标记所在染色体区段基因交换率低，可以增加标记辅助选择的可靠性。表 10 - 3 是 2005 年 11 月观察获得的实验结果，2 个养殖场养殖的对照苗种分别有 4.5% 和 6.3% 的个体染病，而用抗病分子标记辅助选育的抗病苗种则完全没有染病，显示出借助此分子标记培育抗病牙鲆是完全可行的。2008 年已有牙鲆苗种生产场利用上述分子标记辅助育种技术（已申请专利）培育了 100 万尾抗病牙鲆，供应给 27 家养殖场养殖，这些牙鲆养殖效果良好，至今没有发现染病现象，为减少淋巴囊肿病给牙鲆生产带来的危害做出了有益的贡献。

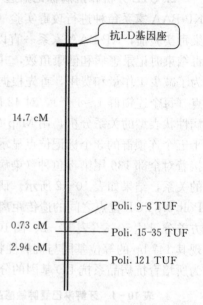

图 10 - 9　牙鲆抗 LD 位点在连锁群 15 上的位置

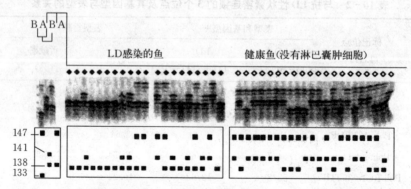

图 10 - 10　攻毒试验中牙鲆鱼苗的表型及其 Poli. 9-8 TUF 位点的基因型，绝大多数抗病个体具有 147 的等位基因

日本东京海洋大学研究组在 2008 年横滨召开的第五次世界渔业大会上还报道了有关分子育种技术获得的香鱼抗病品种，其抗病力明显且已在生产上开始利用。总结这个研究组的成绩，具有非常好的战略是获得成功的前提，即通过 QTL 获得抗病相关位点是从基因组整体水平并利用家系分析获得的，所得结果置信度比较高；另外，具有非常好的育种材料也是研究成功的关键，如具有抗病品系和敏感品系使其 QTL 定位所需的实验材料非常好，两者杂交子代的分离使紧密连锁的基因位点容易检测。

这些抗病品种的成功案例提示我们，虽然分子设计育种需要计算机及软件对几十甚至几百个基因位点进行复杂的检测、评估等统计分析，来确定繁殖亲本是非常科学的，也是下一代分子育种技术的发展方向，但是如果有简单的等位基因的组合能得到产业所需要的优良品种，更应该是水产分子育种所追求的方向，尤其是考虑到水产生物每个个体的价值比较低，产业本身难以承受成本过高的育种技术，成本低且简单易行的育种技术成为分子水平的育种研究的首选技术。

作者推荐的研究路线：在鉴定性状相关基因和标记的研究中尽可能详尽。即使标记技术非常复杂、成本非常高也没关系，但对其研究结果建立的育种技术越简单越好、需要成本越低越好。简单、有效、低成本的新的育种技术才能快速地推广到全行业，成为行业的主流技术。

复习思考题

1. 分子标记有哪些？比较各分子标记的优缺点。
2. 分子标记在水族动物育种中各有哪些应用？
3. 举例说明分子标记辅助选育在水产动物育种中的应用。

主要参考文献

董在杰，夏德全，吴婷婷，等，1999. RAPD 技术在鱼类杂种优势研究中的应用. 中国水产科学 (1)：37-40.

高泽霞，王卫民，周小云，2007. DNA 分子标记技术及其在水产动物遗传上的应用研究 [J]. 生物技术通报 (2)：108-113.

孔晓瑜，张留所，喻子牛，等，2002. 太平洋牡蛎核糖体 DNA 转录间隔子和线粒体基因片段序列测定[J]. 中国水产科学，9 (4)：304-308.

李莉，孙振兴，常林瑞，等，2005. 皱纹盘鲍野生与养殖群体遗传多样性的研究 [J]. 海洋通报，24 (6)：82-86.

李思发，颜标，蔡完其，等，2008. 尼罗罗非鱼与萨罗罗非鱼正反杂交后代耐盐性能的杂种优势及其与遗传的相关性的 SSR 分析 [J]. 中国水产科学，15 (2)：189-197.

林志华，包振民，王如才，2007. 海洋经济贝类分子遗传标记及其应用的研究进展 [J]. 中国海洋大学学报，37 (4)：533-540.

刘广绪，包振民，胡景杰，等，2006. 栉孔扇贝、华贵栉孔扇贝及其种间杂交子代、种内交配子代的 ISSR 分析 [J]. 中国海洋大学学报（自然科学版），36 (1)：71-75.

刘云国，陈松林，李八方，等，2006. 牙鲆选择性养殖群体遗传结构的微卫星分析 [J]. 高技术通讯，16 (1)：94-99.

刘占江，2011. 水产基因组学技术 [M]. 北京：化学工业出版社.

江世贵，刘红艳，苏天凤，等，2003. 四种鲷科鱼类的线粒体细胞色素 b 基因序列及分子系统学分析 [J]. 中国水产科学，10 (3)：184 - 188.

孟宪红，孔杰，庄志猛，等，2000. 真鲷自然群体和人工繁殖群体的遗传多样性 [J]. 生物多样性，8 (3)：248 - 252.

宋林生，常亚青，2002. 用 RAPD 技术对我国栉孔扇贝野生种群与养殖群体的遗传结构及其遗传分化的研究 [J]. 高技术通讯，12 (7)：83 - 86.

孙效文，2010. 鱼类分子育种学 [M]. 北京：海洋出版社.

唐伯平，周开亚，宋大祥，2002. 核 rDNA - ITS 区在无脊椎动物分子系统学研究中的应用 [J]. 动物学杂志，37 (4)：67 - 73.

汪桂玲，袁一鸣，李家乐，2007. 中国五大湖三角帆蚌群体遗传多样性及亲缘关系的 SSR 分析 [J]. 水产学报，31 (2)：152 - 158.

汪桂玲，白志毅，刘晓军，李家乐，2014. 三角帆蚌种质资源研究进展 [J]. 水产学报，38 (9)：1618 -1627.

王玲玲，宋林生，李红蕾，等，2003. AFLP 和 RAPD 标记技术在栉孔扇贝遗传多样性研究中的应用比较 [J]. 动物学杂志，38 (4)：35 - 39.

王清印，2012. 水产生物育种理论与实践 [M]. 北京：科学出版社.

王志勇，王艺磊，林利民，等，2001. 利用 AFLP 指纹技术研究中国沿海真鲷群体的遗传变异和趋异 [J]. 水产学报，25 (4)：289 - 293.

王志勇，柯才焕，王艺磊，等，2004. 从 AFLP 指纹和标记基因序列看我国养殖的四种鲍的亲缘关系 [J]. 高技术通讯，14 (12)：93 - 98.

尹绍武，黄海，雷从改，等，2007. DNA 分子标记技术在海水鱼类遗传育种中的应用与展望 [J]. 海南大学学报，25 (2)：195 - 199.

于凌云，白俊杰，樊佳，等，2010. 大口黑鲈肌肉生长抑制素基因单核苷酸多态性位点的筛选及其与生长性状关联性分析 [J]. 水产学报，34 (6)：665 - 671.

张国范，王继红，赵洪恩，等，2002. 皱纹盘鲍中国群体和日本群体的自交与杂交 F_1 的 RAPD 标记 [J]. 海洋与湖沼，33 (5)：484 - 491.

周遵春，包振民，董颖，等，2007. 中间球海胆、光棘球海胆及杂交 F_1 代（中间球海胆♀×光棘球海胆♂）群体遗传多样性 AFLP 分析 [J]. 遗传，29 (4)：443 - 448.

朱晓琛，刘海金，孙效文，等，2006. 微卫星评价牙鲆雌核发育二倍体纯合性 [J]. 动物学研究，27 (1)：63 - 67.

AR Wood，S Apte，ES Macavoy，et al.，2007. A molecular phylogeny of the marine mussel genus Perna (Bivalvia：Mytilidae) based on nuclear (ITS1&2) and mitochondrial (COI) DNA sequences [J]. Molecular Phylogenetics & Evolution，44 (2)：685 - 698.

AR Wyman，D Botstein，1985. Propagation of some human DNA sequences in bacteriophage lambda vectors requires mutant Escherichia coli hosts [J]. Proceedings of the National Academy of Science，82 (9)：2880 - 2884.

Charter Y M，Robertson A，Wilkinson M J，et al.，1996. PCR analysis of oliseed rape cultivans using 5′-anchored simple sequence repeat (SSR) primers [J]. Theor Appl Genet (92)：442 - 447.

Chinnery P F，Schon E A，2003. Mitochondria [J]. Neurol. Neurosurg. Psychiatry (74)：1188 - 1199.

C Lydeard，M Mulvey，GM Davis，1996. Molecular systematics and evolution of reproductive traits of North American freshwater unionacean mussels (Mollusca：Bivalvia) as inferred from 16S rRNA gene sequences [J]. Philosophical Transactions of the Royal Society of London，351 (1347)：1593 - 603.

Coimbra M R M，Kobayashi K，Koretsugu S，et al.，2003. A genetic linkage map of the Japanese flounder Paralichthys olivaceus [J]. Aquaculture (220)：203 - 218.

D Blair, M Waycott, L Byrne, et al., 2006. Molecular discrimination of Perna (Mollusca: Bivalvia) species using the polymerase chain reaction and species-specific mitochondrial primers [J]. Marine Biotechnology, 8 (4): 380 - 385.

D Tautz, 1989. Hypervariability of simple sequences as a general source for polymorphic DNA markers [J]. Picmet, 17 (16): 6463 - 6471.

ET Stafne, JR Clark, CA Weber, er al., 2005. Simple sequence repeat (SSR) markers for genetic mapping of raspberry and blackberry [J]. J. Am. Hort. Soc. 103: 722 - 728.

F Aranishi, 2005. PCR-RFLP Analysis of Nuclear Nontranscribed Spacer for Mackerel Species Identification [J]. Journal of Agricultural & Food Chemistry, 53 (3): 508 - 511.

Ford S E, 1988. Host-parasite interactions in eastern oysters selected for resistance to *Haplosporidium nelsoni* (MSX) disease: Survival mechanisms against a natural pathogen [J]. Am Fish Soc Spec Publ (18): 206 - 224.

Gupta M, Chi Y S, Romero Severson J, et al, 1994. Amplification of DNA markers from evolutionarily diverse genomes using single primers of simple-sequence repeats [J]. Theor appl Genet (89): 998 - 1006.

Huang B X, Peakall R, Hanna P J, 2000. Analysis of genetic structure of blacklip abalone (*Haliotis rubra*) populations using RAPD, minisatellite and microsatellite markers [J]. Marine Biology (136): 207 - 216.

Hubert S, Heagecock D, 2004. Linkage maps of microsatellite DNA markers for the Pacific oyster *Crassostrea gigas* [J]. Genetics (168): 351 - 362.

NJ Royle, RE Clarkson, Z Wong, AJ Jeffreys, 1988. Clustering of hypervariable minisatellites in the proterminal regions of human autosomes [J]. Genomics, 3 (4): 352 - 360.

Inoue JG, Miya M, Venkatesh B, et al., 2005. The mitochondrial genome of Indonesian coelacanth *Latimeria menadoensis* (Sarcopterygii: Coelacanthiformes) and divergence time estimation between the two coelacanths [J]. Gene, 349 (2): 227 - 235.

KG Ardlie, L Kruglyak, M Seielstad, 2002. Patterns of linkage disequilibrium in the human genome [J]. Nature Reviews Genetics, 3 (4): 299 - 309.

K Kamimura, K Ueno, J Nakagawa, R Hamada, 2013. Perlecan regulates bidirectional Wnt signaling at the Drosophila neuromuscular junction [J]. Journal of Cell Biology, 200 (2): 219 - 233.

Li J L, Wang G L, Bai Z Y, 2009. Genetic variability in four wild and two farmed freshwater pearl mussel *Hyriopsis cumingii* from Poyang Lake in China estimated by microsatellites [J]. Aquaculture, 287: 286 - 291.

Li J L, Wang G L, Bai Z Y, 2009. Genetic diversity of freshwater pearl mussel (*Hyriopsis cumingii*) in populations from the five largest lakes in China revealed by inter-simple sequence repeat (ISSR)[J]. Aquaculture International, 17: 323 - 330.

Liu Z J, Cordes F J, 2004. DNA marker technology and their applications in aquaculture genetics [J]. Aquaculture, 238: 1 - 37.

Pieter Vos, R Hogers, M Bleeker, et al., 1995. AFLP: a new technique for DNA fingerprinting [J]. Nucleic Acids Research, 23 (21): 4407 - 4414.

Prudence M, Moal J, Boudry P, et al., 2006. An amylase gene poly-morphism is associated with growth differences in the Pacific cupped oyster *Crassostrea gigas* [J]. Anim Genet (37): 348 - 351.

R Perez-Enriquez, M Takagi, N Taniguchi, 1999. Genetic variability and pedigree tracing of a hatchery-reared stock of red sea bream (*Pagrus major*) used for stock enhancement, based on microsatellite DNA markers. Aquaculture, 173 (1): 413 - 423.

Savarese, J J, Ali, 1986. Ninety and 120-Second Tracheal Intubation With Bw B109u: Clinical conditions with and without priming after fentanyl-thiopental induction [J]. Anesthesiology, 65 (10): 51 - 62.

S Chow，H Okamoto，Y Uozumi，et al. ，1997. Genetic stock structure of the swordfish（*Xiphias gladius*）inferred by PCR-RFLP analysis of the mitochondrial DNA control region［J］. Marine Biology，127（3）：359 – 367.

S Launey，D Hedgecock，2001. High genetic load in the Pacific oyster *Crassostrea gigas*［J］. Genetics，159（1）：255 – 265.

Sunnucks P，2000. Efficient genetic markers for population biology［M］. Trends in Ecology & Evolution（15）：199 – 203.

Winter A K，Fredholm M，Thomsem P D，1992. Variable（dG-dT）n.（dA-dC）n sequence in the porcine genome［J］. Genomics（12）：281 – 288.

Zietkiewicz E，Rafalski A，LAbuda D，1994. Genome fingerprinting by simple sequence repeat（SSR）anchored polymerase chain reaction amplification. Genomice（20）：176 – 183.

第十一章
水族动物引种与驯化

第一节 引　　种

引种和育种一样，都是增加我国渔业新品种的重要途径。引种是指利用生物的适应性和遗传变异性，从外地或国外引进优良的养殖对象，并建立起相应的养殖方式，使其在新的环境中繁衍生息。引种是加速扩大生物分布区域的有效手段，通过引种能丰富养殖种类，优化养殖结构，满足市场需求，进而取得良好的经济和社会效益。我国是目前世界上引种最多的国家之一。

随着经济的发展，生活水平的提高，人们的目光从渔业食品逐渐转向渔业休闲，过去简单的鱼缸也渐渐被现代五彩缤纷、设计复杂的水族箱所代替。时至今日，水族科技已逐渐将水族箱改造成为一个完整的生态系统，水族生物基本生活在一个人工模拟的水环境中。因此，水族动物引种可以增加一层含义，即将新的物种从外界引入水族箱中，使其适应新的生态系统，并能正常生活和繁殖。

水族动物引种的程序、操作方法和注意事项与其他水产动物类似，但是也因为水族行业和引进对象的特点，具有一定的特殊性。与其他经济动物相比，水族动物引种具有规模小、扩散快、易操作、成功率高等特点。水族贸易全球化促进水族观赏动物的引种，随着行业的迅速发展，很多时候水族贸易与引种几乎是同时进行。这是因为水族行业的一个显著特点就是不断追求新种，水族爱好者往往能通过现代化的信息平台随时进行种类交换和买卖，新的物种自然就较容易地扩散到其他地区或其他水族系统中。另外，水族动物通常饲养在规模小、人工可控的系统中，引进的新物种不需要克服太大的环境差异，在短时间内就可以适应并开始繁殖，这就为远距离大范围引种提供了有利条件。

随着近些年国内与国外往来的增多，水族市场上增加了很多原产于热带与亚热带国家的观赏鱼类、虾蟹类、贝类等观赏种类。这些种类体形、体态各异，色彩靓丽，丰富了市场，促进了水族行业的发展。有些在原产地作为食用鱼的大型鱼类也出现在市场上，其中包括我们熟悉的虎纹驼背鱼（又名虎纹刀）和鲍孔驼背鱼（又名东洋刀）、双须骨舌鱼（又名银龙）、美丽骨舌鱼（又名金龙、红龙）、澳洲骨舌鱼（又名星点斑纹龙）和巨骨舌鱼（又名海象）、雀鳝（又名鸭嘴鳄）、鹤嘴长颌鱼（又名象鼻鱼）、下口鲇（又名清道夫）以及眼斑丽鲷（又名地图鱼）等。

然而引种给水族业带来较多益处的同时，水族从业者及爱好者也必须考虑客观实际与可行性，只有在充分论证后，方可开展该项工作。引种工作中，由于动物的生活环境或多或少地发生变化，因此需要采取相应的饲养与驯化措施，保证引种工作的顺利进行。另外，对于引种后可能造成的生态危害也要做出充分的预测与评估。引种是一项完整而系统的工作，其中每一个环节都必须考虑周全、统筹策划，通常考虑的事项有以下几个方面。

一、确定引种对象

引种工作的首要内容是确定合适的对象。广义地讲，引进什么物种应该由引种的目的而定，对于通常以生产为目的的引种，其对象的确定应该遵循以下通则：首先，符合引入环境的生态特点，能正常栖息与繁殖；其次，充分考虑是否能与引入环境中其他生物共栖，对其可能产生的利害关系进行评估；再次，能满足市场需求，产生很好的经济效益；最后，对可能造成的生物入侵威胁进行风险评估。在引种前必须对引进种类的生物学特性进行充分的调查研究和分析论证，内容包括食性、生长、繁殖、是否洄游、对环境适应能力以及与其他物种间的互作关系。依据调查结果，预测引种的可行性及会出现的问题。同时，还必须考虑外来物种与本地已有物种生物学的异同，分析它们共同生活后可能出现的结果，权衡利弊，而在引入肉食性种类时更要特别慎重，以免对现有种类构成威胁。

与食用型水产动物相比，水族动物引种的目的并不仅仅是为了繁育生产，人们同时注重的还有新物种的观赏性与功能性。例如，观赏虾和观赏螺类等动物的引进不但为水族箱增添了几分优雅和靓丽，它们还对残饵、粪便、杂藻以及寄生虫等危害有明显的清除作用，在一定程度上填补了水族系统的生态空位。因此，从广义的大面积生产性引种或是从狭义的单向水族箱内引种来讲，确定水族动物引种对象时不仅需要考虑以上的普遍原则，还需要充分了解新种类的生物学特性，分析其在新系统中的生态作用，以及引入后对水族箱整体布景效果的影响。

二、生态条件调查与评估

引种与生态环境的关系密不可分，引进种类的确定并不能单纯地只考虑物种本身。无论是向一个自然水域还是向人工控制的水族系统中引进一个新物种，这个物种都会对引进水域的生物构成以及生态系统产生一定程度的影响，这一影响能否被原有水体消化形成新的有益的平衡，而不产生因生态失衡所导致的难以挽回的负面效应，这是引种工作必须重点进行研究的问题。因此，在掌握引进对象生物学特性的基础上，还必须对原产地与引入地的生态条件进行全面的调查评估，比较其异同，综合分析引种的可行性。需要调查的内容包括生物因子和非生物因子两方面，前者包括食物链组成，引种对象各发育阶段的敌害和竞争者，以及引入后是否造成生物危害等；后者包括水环境中的各项水质指标，外界环境中与养殖相关的各项指标，以及可能带来的生态与经济效益等。

在确定引进对象时，通常要选择适应力强的种类。然而，它们初到一个新的环境中往往不会遭遇致命的天敌或疾病，这些后来者会在短期内大量繁殖，形成群体。对原本稳定的生态系统来说，在没有任何外界力量调控时骤然增加一个新的庞大群体是非常危险的事件。另外，由于水生动物的易流动性，加上人为或自然因素会造成引进物种在养殖过程中发生外逃，这些脱逃的动物有可能就是潜在的生态威胁。水族观赏动物的引进更易造成此类威胁，随意弃养或放生使其进入自然水域，后果往往不可挽回，惨痛教训比比皆是。例如食人鱼、小龙虾、福寿螺、巴西龟等都曾作为观赏动物由国外引进，而现在却都被列为外来入侵物种。如果引进的是杂交种或经过人为改造的生物类群，逃逸以后则会对自然界的生物群体造成基因污染。这些问题在新物种引入前需要充分考虑并制定相应的防范措施，条件准许的应该进行引种前的预试验。

三、引种材料的选择

水族动物引种的材料通常有三类，即受精卵、苗种和成体（亲体）。可根据引种目的、实际条件及引入对象的生物学特点，选用不同的引种材料。对于生命周期长的种类，可以选择引入成体，这样有利于加快形成有效群体。若引进水域中凶猛敌害较多，也应该考虑直接引入成体，或者引进卵、幼体，经过一定时间的单独培育，成为能抵抗敌害生物的大规格个体后，再放入引进水体。对于胚胎发育时间较长的种类，如多数冷水性鱼类，其胚胎发育周期长达十几天至数十天，选择运输受精卵则更为简单易行。对生命周期短的种类也建议采用幼体或者受精卵的引进方式。这种运输方式具有极大的优越性，其方法简单，节省空间，运输量大，因此节省运费。另外，幼体可塑性大，易于驯化适应新的环境。然而受精卵和幼体的某些时期对环境的敏感性较高，运输过程中环境因子的变化、机械摩擦与碰撞会造成胚胎发育畸形或幼体变态失败，为了提高成活率，应该在胚胎或幼体发育相对稳定的时期进行操作。引进成体时应该尽量挑选个体健壮、发育良好、具有品种特性的个体。对于育成品种，还要注意其系谱，观察其亲代或同胞的生产力，保证引入的是最具代表性群体，防止带入有害基因和遗传疾病。引种材料的数量不宜太少，引种数量太少不易在短时间内形成群体，并会导致严重的遗传瓶颈现象，形成近亲繁殖，使物种或品种原有的特性部分丢失而造成退化。

四、引种对象的检疫

新引进的物种有可能会携带一些引入地没有的病原，如何避免这个问题是引种工作的一个重要内容。随意引进不加检疫，则会带来严重的后果。会使病虫害得以在引进地区或水体蔓延，对原有物种构成危害，破坏原有的生态系统。目前，还未见因为水族动物引种而造成严重疫情的报道，但是并不能排除已有发生的可能性。其他水产动物引种时已发生过此类事件，例如欧洲从前苏联引入的野鲤携带有指环虫，给当地的鲤造成很大危害。草鱼的细菌性肠炎和九江槽头绦虫病，原本为区域性病害，由于引种时缺乏检疫，现已发展成为全国性疾病。

为了防止由引种而导致的病原入侵，以及区域性病虫害的蔓延，必须对引进对象进行严格的检疫。我国针对动植物出入境制定了较严格的法律与条例，包括《中华人民共和国进出境动植物检疫法》《中华人民共和国进出境动植物检疫法实施条例》《进境水生动物检验检疫管理办法》等。对因科学研究等特殊情况，需要携带禁入物种入境的，必须按照有关规定提前向国家有关部门申请办理动植物检疫特许审批手续。

引种时还应该注意以下几个问题：

（1）对引种对象所在水域进行病虫害调查和检疫，应从无病原的水域引种。

（2）如条件允许，应该在原产地隔离观察 1 个月，证明无病害后方可引种。只要发现属于检疫对象的病虫害，就应立即停止引种。

（3）选用未感染的材料或感染机会较少的材料用于引种，如控制引进对象的产卵环境，使其避免与病原接触，保持产出后的卵处于无病原的环境。

（4）运输途中也要严防病虫害污染，到达目的地以后要进行严格的消毒，处理引种所接触过的水及工具，确保杀死可能存在的病原。

五、试引种及推广

如果向自然水域或较大的水族设施中引进新物种，可以考虑提前在引进水体中进行适应性试验，如在大面积水域中设置网箱或围隔，放入少量引进种类（建议放入单性个体），观察其适应性和对局部水域生态的影响。试养过程中仔细观察其食性、生殖习性、生活习性、抗逆性、适应性、成熟期、遗传特性等生物学特征，并与本地的"土著种"进行比较，分析引进种可能带来的结果。只有当新引进种类对原有生物和生态不构成严重影响时，才能考虑进行正式的引进工作。如果能同时引进数个品种进行比较，则可从引进的诸品种中选出最好的品种做进一步推广试验。

由于试引种是小面积试养，其条件有一定的局限性，往往难以完全评价引种的价值。因此，如有条件还应该进行较大面积的中间试验。中试面积要大，而且要在当地生产条件下进行，这样可以更全面地了解引入品种真正的生产能力和适应性。中间试验一方面是为了进一步确认初试的结果，另一方面是借此时机进行繁殖，形成较大规模的群体，中试一旦成功通过后，便可以加速引种的进程。对于中间试养肯定的品种，应该进一步优化生长与繁殖条件，以满足大规模推广生产的需要。

试引进再推广的原则对于水生生物的引种具有重要的意义。盲目地引进自然物种，不进行试验就推广，往往会给引进地区的水域环境造成不良的生态影响。另外，盲目引进的品种很有可能在引进地区表现不出原有的优良性状，进而失去作为养殖对象的意义。水族系统引种的基本原则与此类似，但也具有一定的特殊性。水族箱是一个封闭系统，人为可控性强，引种失败后不至于造成严重的生态危险，但是其中饲养的种类多，相对空间小，相互接触的机会远高于在自然界中，撕咬残杀事件会时有发生，盲目引进新种类则会增加这方面的危险。

六、遗传种质保护

引进物种脱离了原产地的生活环境，脱离了原有的大规模繁育群体，使得繁育中近亲交配的机会增加，原有的优良性状会衰退。水族动物的生活空间相对狭小，繁殖群体的数目有限，这种情况下，近亲繁殖的现象更是很难避免。由于在这方面的重视程度不够，我国已经有相当数量的引进种类发生了严重的退化现象。一般情况下，处理这种退化现象的方法就是重新引进野生原种，进行性状恢复，但是这种做法不仅浪费人力与物力，更会对野生种群造成破坏。为了保证有高纯度的良种供应市场，同时减少对野生资源的破坏，应将保护种质作为引种项目中的重要内容。为此应从各个方面综合考虑，制定预防措施。首先，应该为引进种类创造良好的生活环境，实行科学养殖，保证其表型性状充分地表现出来。其次，引入群体要尽量的大，尽力做到引入个体之间不具有亲缘关系。最后，引种后的繁育工作应遵从科学的保种、留种原则，如尽量从不同繁殖批次的后代中选留亲体，选择的强度不宜过大，使繁育群体保持较高的遗传多样性。最好在繁育的同时，建立起遗传关系清楚的家系，并保存正规的家系档案。

引种是把双刃剑，既可以增加养殖对象，又可能导致敌害生物的入侵，破坏生态平衡及自然资源。与其他水产动物相比，水族动物贸易自由化的程度更高，物种流动频繁，规模较小，难以监管。水族观赏动物引种造成的生态危害日渐增加，人们往往在追求家居环境优美的同时破坏了自然界的生态平衡，最终的后果难以估量。因此，水族动物引种乃至整个水族行业的规范化管理不容忽视，只有在一个有序的环境中，这一充满优雅与亮丽的行业才能真正为人们带来人与自然和谐共生的美感。

第二节 驯 化

动植物驯化的历史可以追溯到 11 000 年前，其雏形是人类将捕获的野生动物饲养在居所附近，使它们适应新的环境并满足人类生活、生产的需要，如野牛、野马、山羊成为了家畜。现在说的驯化其内容更为广泛，可以定义为，是人类按照自己的意志，把现有物种培育成适合在一定环境条件下饲养并能繁衍后代的过程。对于动物而言，驯化同时又是对其行为进行控制与运用的手段。动物行为与生产性能联系紧密，掌握动物的行为规律和特点，通过人工定向驯化，可以促进生产性能的提高或获得其他经济性状。长期以来，人类掌握了对动物驯化的手段，使动物按照人类要求的方向产生变异，进而改变了游牧的生活方式，为人类文明史的发展奠定了基础。今天，我们仍然要延续历史悠久的驯化工作，主要目的是进一步发掘生物的属性与潜力，诱导其向有益于人类的方向发展，进而增加人工养殖的种类，提高养殖对象的品质，扩大养殖对象的分布区域。

驯化与引种常会同时出现于字面上，实际上它们却存在着概念与本质的不同。主要表现为，驯化以改造生物的野性或适应性为目的，不一定涉及引种，而引种则以增加某区域可利用的种类为目的，不一定涉及驯化；就生物的适应性而言，驯化通常是超越驯化对象所能直接忍受的适应范围去从事育种工作，而引种则往往是在生物的适应性范围内进行的移殖工作；就遗传变异性而言，驯化成功的生物必须改变现有的某一或某些适应性和遗传性，形成变种或品种，而引种则是利用生物现有的适应性去扩大养殖范围和分布区域，不一定会出现变种或品种。然而驯化与引种又有紧密的联系，就其最终目标而言，驯化是使现有物种家化，以便增加养殖对象，扩大养殖区域，这同引种的直接目的一样。就工作内容而言，驯化往往以引进的新物种或品种为对象，引种通常也需要有驯化的过程。

水产养殖相对于畜禽饲养是新生的产业，水生动物的驯化要比哺乳动物迟很多，然而成功率却要远高于哺乳动物。这主要是因为水生动物中可被人类利用的种类繁多，为确定驯化对象提供了广阔的选择空间。水生动物的生活环境各异，通常有很强的繁殖能力，且生命周期相对较短，为驯化提供了有利的生物学基础。另外，现代生物技术的发展与应用也为水生动物的成功驯化提供了强大的支持。对水生动物而言，驯化的内容很广泛，包括栖息条件（变海水养殖为半咸水或淡水养殖）、动物行为（去除野性，变得温顺，可以集群饲养）、食性（变肉食性为杂食性，可摄食人工饵料）、繁殖习性（变洄游为陆封）、对不良环境的适应能力（如抗寒、耐热等）、抗病力及体形、色泽等，被驯化的生物学特性有时并不是一种经济性状，但是可以间接地影响生产力的发挥。水族动物是水产动物大家庭中的成员，其驯化的方式、方法大致相同。但是相比之下，水族动物驯化的可操作性更强，尤其对于饲养在水族箱中的种类，其所处环境基本由人工控制，受自然环境的制约少，只要种类选择与方案设计科学合理，驯化成功的可能性非常大。

一、驯化的理论与方法

驯化是在动物自身生物学特性基础上建立起来的人工条件反射，是动物后天获得的行为特性。这种人工条件反射可以随着环境改变、人工选择等作用不断得到强化，致使生物体在形态、生理及习性上发生不同程度的变化。例如，经过驯化的鲑明显地表现出攻击性减弱、生长速度加快、耐高密度饲养等特点。进一步研究表明，这些性状不仅仅是行为上的，其代谢方式也发生了明显的变化。此外，驯化条件下，动物的性成熟年龄、繁殖周期也可会发生改变，如人工驯化的遮目鱼其性成熟年龄要比野生个体短1～2年。驯化所引起的行为或生理变化是生物主动或被动适应驯化条件形成的，日积月累最终在遗传水平上发生了变化。在此过程中，由于环境、遗传、变异、选择、隔离等要素的综合作用，生物不断地向着驯化的方向迈进，不断产生新的适应类型，以致性状发生变化，而控制这些变化的遗传物质也相应地沿着一定规律变异。总体上说，驯化是在人工条件下的进化，加速了生物适应环境的进程。然而，驯化过程中，生物的条件反射可以加强，也可以消退，它标志着驯化程度的加强或减弱。因此，不能简单地认为人工驯化可以一劳永逸，实际操作中仍然需要不断地巩固（图11-1）。

驯化需要考虑的影响因素及拟采用的方式与方法随着驯化目标和环境的不同而有所差异，归结起来有以下几个方面。

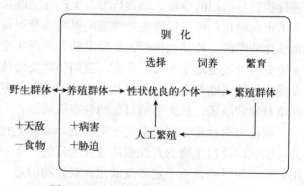

图 11-1 水产动物驯化的过程与原理
（＋代表存在此种影响因素或作用力较强，
－代表缺少此种影响因素或作用力较弱）

（一）驯化前准备

与引种类似，驯化工作开始前必须充分考虑各种可能的影响因素，一般包括生物和非生物两个方面。生物因素包括驯化对象的食性、生长、繁殖，是否洄游，对环境适应能力等生物学特性，以及与其他物种间的互作关系。非生物因素包括水质、养殖模式与设施、气象与地理条件，以及经济发展，市场需求与相关政策、法规等问题。

（二）确定对象

在选择驯化对象时，首先应当考虑当地的"土著"种类。这些物种完全适应当地的生态环境，能够避免异地种类常出现的"水土不服"。同时本地现有的养殖模式与技术方法，以及基础设施可以直接加以利用或稍做改动，这样不仅能增加驯化的成功率，而且能降低驯化成本，使驯化种类更具有市场竞争力。随着市场需求的扩大，外来引进物种以及人工培育的物种也经常会作为驯化的对象，它们有时会给当地的生态环境带来威胁，甚至造成严重的外来物种入侵事件。因此，选择非当地物种驯化时应进行严格的风险评估，并制定相应的监管与防范措施。

总体来说，应该根据驯化的目的确定适合的种类，根据物种的生物学特性确定是否适合驯化。通常考虑的特性有：①经济价值（观赏性）；②生长速度；③抗病力；④相残习性；

⑤食性；⑥生活史；⑦其他优良特性，如色泽、体形、风味等较明显；⑧群体的遗传多样性。

（三）方案与对策

在确定好驯化对象后，制订科学合理的驯化方案及有针对性的对策就成为决定性的因素，通常需要注意问题如下。

1. 驯化的时期与进程　一般情况下，幼体阶段的驯化成功率要高于成体阶段。这是因为生物幼体阶段的数量通常较大，而且多来自于不同亲体，遗传多样性丰富，因此能较快地适应环境因子的变化。另外，幼体对外界环境变化的可塑性较强，在一定条件下可以不断地诱导它们向着预定的驯化方向变化。而成体则很难适应生活环境的变化，捕获的野生个体常常因为不摄食，饥饿而引发死亡。对于某些种类，驯化必须从特定的时期开始方能成功。如凡纳滨对虾（*Litopenaeus vannamei*）属于广盐性物种，尤其耐低盐度的能力较强，很多内陆地区均可养殖成功。但在内陆养殖时，苗种必须要经过淡化，即低盐度驯化，实际生产中淡化的适宜时期为仔虾期。

驯化受人工控制，并在生物能适应的环境条件中进行，按照进度快慢可分为渐进式和激进式两种。渐进式驯化采取慎重过渡的方法，使受驯生物逐渐适应新环境。在对尼罗罗非鱼进行海水驯化时，若将其直接放养于盐度为 28～30 的海水中，6 h 内死亡率 100%。若采取渐进式驯化，从低盐度的海水顺序驯化，最后移至一般海水中驯化，存活率可接近 100%。日本研究者对尼罗罗非鱼的海水驯化方法是，先在 1/2 的海水中饲养 48 h，再移到 2/3 海水中饲养 48 h，最后在正常海水中度过 48 h，存活率可以达到 95% 以上，经过驯化的尼罗罗非鱼可以在海水中养殖。凡纳滨对虾仔虾的低盐度驯化通常也要遵照循序渐进的原则，这主要是因为这些种类对盐度的耐受力多依靠其自身的渗透调节，这一生理机能通常需要充足的时间才能有效地展现。另外，对仔鱼、仔虾的驯化还要参考其渗透调节器官的发育进程，过早、强度过大的改变盐度不利于其正常的生长发育。根据驯化的目标，有时也会通过增加环境条件的变化强度，进行激进式驯化。例如，将生物直接置于设定的环境中，使其直接面对驯化条件的选择作用。鱼类已有激进式驯化的成功先例，例如黑龙江引入南方的兴国红鲤进行直接驯化，当年越冬后的存活率仅 10%～15%，经过 5 代选育后，其越冬成活率已达 80% 以上。

2. 个体驯化与集群驯化　个体驯化是对每一个动物个体进行单独驯化，通常用于集群活动能力较差，或驯化程度不够的个体。然而，对于多数水产动物，集群驯化具有更重要的实用意义。集群驯化是在统一的信号指引下，使每一个动物都建立起共有的条件反射，产生一致性群体活动。如养殖过程中常说的"四定"投喂法，就是指动物的摄食行为在统一信号指引下共同活动，如此给饲养管理工作带来很大方便。一般情况下，集群驯化的效果要优于个体驯化，对喜欢群居的种类尤其明显。

3. 直接驯化与间接驯化　个体驯化和集群驯化皆属于直接驯化。间接驯化与其不同，它是利用同种或异种个体之间在驯化程度上的差异，或已驯化动物与未驯化动物之间的差异而进行的。这种驯化也就是在不同驯化程度的动物间，建立起行为上的联系，进而产生统一活动的效果，如通过已接受驯化的鱼带动未驯化个体一起摄食，进而加快摄食驯化的进程。

4. 养殖方式　驯化过程中，可以引入其他无竞争关系的种类对现有驯化环境加以丰富和优化。实际上水产动物（包括水族动物）需要生活在一个具有生物多样性的生态系统中，生物之间及生物与环境之间会产生很多潜移默化的作用，有利于它们的很多优良特性的展现。例如，我国长三角地区在池塘中种植水草、投放螺蛳，养殖中华绒螯蟹（河蟹、大闸蟹），其中水草为蟹提供了庇护所，同时净化了水质；螺蛳不仅作为蟹的饵料，同时也能净化水质；蟹和螺的排泄物又能促进水草的生长。在这样水质优良、饵料充足的养殖系统中，蟹的生长及其他相关性状才能充分体现出来。养殖系统中的滤食性贝类与鱼类能摄食浮游生物和有机碎屑，小型的虾蟹类能清除残饵和死亡动物的尸体，它们都能在保持养殖系统水质、促进物质循环等方面发挥作用。同时，生态混养模式有利于监控驯化的生态条件，提高驯化效果。对于喜欢"肥水"的种类而言，养殖池中丰富的生物组成可以提供天然的饵料，从营养学角度促进驯化的进程。对于那些对溶解氧、透明度等水质指标要求较高的种类，可以利用网箱进行驯化。总之，采用什么样的养殖方式应该遵循驯化种类的生物特性，充分利用现有的资源，因地制宜地开展工作。

5. 摄食 养殖过程中实时监测动物的摄食，或有目的地进行摄食调控，有利于掌握它们的生长情况，为筛选生长性能优良的个体提供依据。通过调整投喂量与投喂策略能对动物的相残性或攻击性进行驯化，驯化的进程及动物的状态也可以通过监测摄食情况而确定。

6. 繁殖 能否顺利繁殖是评价驯化是否成功的指标之一。某些捕获的野生种类能在驯化条件下自行繁殖，然而大部分种类的繁殖需要特殊的环境条件与人工诱导才能完成。例如某些鱼类只有在流水刺激下才能完成性腺的最后发育，并交配产卵。注射催产激素也是常用的人工繁殖技术，而有些种类接受注射后仍然不能自行完成繁殖过程，这时就需要进行人工授精。但是，人工挤卵和挤精往往会造成亲鱼损伤，甚至死亡，而所获得的幼体体质一般较弱，养殖成活率较低。因此，驯化过程中，应当尽量提供适合动物繁殖的环境条件，使其在自然状态下性发育成熟，交配、产卵。

7. 驯化与育种 驯化与育种的目标相同，即培育出具有优良性状的品系，两者具有内在的理论联系，在技术上也相辅相成，相互促进。在受驯群体中，选择有利于驯化或目的性状表现明显的个体，人为促进其交配繁殖，经过若干代的隔离繁育与选择，使具有优良性状的个体沿着驯化方向发展，最终形成遗传稳定的种群。金鱼就是从野生鲫的红黄色突变体中选择出来，并经历长期的隔离繁殖和选育而获得的观赏鱼类。而将育种技术应用于水产动物的驯化也具有广阔的前景，能成百上千倍地提高驯化效率，甚至完成驯化不能解决的问题。我国科研工作者在培育荷包红鲤抗寒品系时采取了杂交改良的方法，先将荷包红鲤与抗寒能力强的黑龙江野鲤杂交，然后从子二代中选取出抗寒能力较强的荷包红鲤，繁殖出抗寒力极强的抗寒品系，其越冬存活率达到 97.8%。日本学者曾把具有洄游生活史的大麻哈鱼与陆封定居习性的褐鳟杂交，将褐鳟已被自然驯化了的陆封定居习性引入有洄游史的后代中，培育出在淡水定居，生长较快的后代，达到了驯化的目的。

另外，生物技术的加入使水产动物驯化的发展有了新的动力和方向。细胞工程和基因工程育种可以定向改变生物的遗传特性，大大缩短获得目的性状的时间。在此基础上，再对这些人工创造的新物种加以驯化则很容易得到适合养殖生产的品种。目前已有一些这方面的研究报道，例如在鱼类抗寒能力的驯化中，有学者提出，先克隆获得具有一定耐寒能力鱼类（如比目鱼）的抗冻基因，再通过基因工程，将其转入受驯化的鱼类，这就能减少抗寒驯化的工作量，有利于培育出耐寒的新品种。

二、影响驯化的因素

驯化是在人工条件下改变生物习性与行为的过程，这一过程的长短、效果通常受到生物自身、环境及人为因素等的影响。

（一）生物自身

生物自身的适应能力是决定驯化成败及进展快慢的内因。这种适应能力是动物在长期进化过程中通过遗传与变异获得的特性，是驯化的依据。受驯性状的遗传与变异能力越强，驯化的可行性与成功的可能性越大。因此，驯化对象祖先所具有的生物学特性对驯化进程有着较大的影响。例如，虹鳟、罗非鱼这些淡水鱼，它们的祖先起源于海水鱼类，因而对海水的适应能力较强，容易接受海水驯化。同理，相对于淡水或海水生活的种类，具有溯河或降河生殖洄游史的鱼类、虾蟹类容易进行盐度驯化。

（二）环境

环境是物种进化的外因，新性状的获得、新物种的产生离不开环境条件的作用。驯化的实质也就是物种适应人工环境的过程，因此驯化需要在一定的环境中才能完成，而完成此过程所需要的时间也受到环境的影响。一般情况下，通过适当改变温度、光照、盐度、食物等环境因子能获得相应的性状表现，但是不是所有的改变都能形成成功的驯化。这是因为生物本身与其所处的环境是一个复杂、完整的系统，众多因子之间形成错综复杂的关系，一个因子的改变经常会造成整个网络的失常。人工改变环境条件时需要考虑其间的网络效应，不能盲目或激进地进行，只有先满足物种存活所需要的环境条件，人工设置的条件才能有效作用于驯化对象。与自然选择相比，驯化所依赖的选择动力来自于人工创造的环境条件，选择速度要快。然而，驯化条件下的变异仍然是自然突变，这就严重影响了新性状出现的速度。因此，获得新性状、培育新品种的有效而快速的手段应该是将驯化与现代育种技术以及生物技术相结合。

（三）人为因素

人工选择是生物驯化成为新品种的要素，因为它控制受驯生物变异与遗传的方向，使其朝驯化的方向发展。金鱼的家养驯化过程充分说明了选择的重要性。人们所熟知的金鱼已历经了 700 多年的驯化历程，从红黄色鲫变成 18 个新品种。据记载，1163—1276 年的 113 年间，由于无意识的人工选择，只出现了两个新的品种；1547—1643 年的 97 年间，人们对金鲫进行了大规模的"选鱼"活动，加上由家池转入盆池时养殖环境改变较大，获得了 6 个新品种；1848—1925 年的 77 年间，由于有意识的选择，大大提高了选择效率，加上盆养条件对金鱼品种的形成起促进作用，培育出 10 个新品种。金鱼的驯化史说明，加大选择力度能显著提高驯化速度。除了人工选择操作，人们的意识形态、宗教信仰等因素也能影响动物的驯化。水族观赏动物的体态和颜色倍受人们关注，然而针对这些性状的人工培育与驯化往往涉及动物福利问题，至今，在一些人眼里，金鱼仍然是人造的畸形物种。

三、水族动物的驯化

野生动物的驯化为人类社会的文明与进步做出了巨大的贡献，可以说动物的驯化改变了人们的生活。与此同时，动物在驯化过程中也不断地适应新环境，形成新的品系和种类，在自然生态环境不断遭到破坏的今天，它们获得了新的生存空间。然而与引种的情况相似，驯化也是"双刃剑"，对自然生态与野生种质资源的日渐担忧已使得一些人们开始反对这项工作。生物技术的迅猛发展更加速了驯化的进程，现在我们可以利用各种先进的技术对动物进行改造，完成过去不可想象的工作。这既是对人类发展的促进，也是对自然生态，以及人类文明的挑战。时至今日，人类仍然需要动物来满足生活中的各种需要，因此对动物的驯化不会因为反对呼声的高涨而停止。既然如此，我们就必须考虑如何规范驯化，利用好这项由来已久的生产技术。

地球上广阔的水生态系统蕴含着丰富的生物资源。随着捕捞渔业的衰退，水产养殖业的兴起，人们逐渐看到了水生动植物驯化的潜力。与陆生动物相比，水生动物的驯化优势明显，加上现代生物技术的推动，其必将创造出新的发展空间。就像远古时代的驯化使人类由游牧变为定居，现代的驯化则能为人类由陆地向海洋发展提供有力的支持。水族动物是水生动物的一部分，它的价值不在于满足人们的必须生活需要，而是潜移默化地影响人们的文化生活。水族动物的饲养不需要特殊的设备和场地，其种类丰富、形式多样，可以随时随地进入社会各阶层人士的生活中。水族行业求新、求异、自由灵活的特点，又直接促进着对现有种类的驯化改造。因此，人们在专注并陶醉于水族魅力的同时，驯化工作也很自然地由实验室延伸至千家万户，由科研人员扩展到普通百姓。这样不仅增加了人们认识动物、认识自然的机会，还为驯化工作本身提供了无限广阔的研究与应用基础。其中所获得的知识与经验将是人与自然的和谐发展的关键要素，是人类进步途中所持有的珍贵财富。

复习思考题

1. 引种时通常考虑的事项有哪些？如何确定引种对象？
2. 引种与驯化有什么异同点？
3. 影响水生动物驯化的因素有哪些？
4. 就你所熟悉的水族动物种类，设计一个驯化方案。

主要参考文献

陈宏溪，1992. 鱼类育种和引种驯化. 中国淡水鱼类养殖学 [M]. 北京：科学出版社.

范兆廷，2005. 水产动物育种学 [M]. 北京：中国农业出版社.

楼允东，2009. 鱼类育种学 [M]. 北京：中国农业出版社.

王清印，2012. 水产生物育种理论与实践 [M]. 北京：科学出版社.

Clutton-Brock J，1981. Domesticated animals from early times [M]. Univ. Texas Press：Austin.

Diamond J，2002. Evolution，consequences and future of plant and animal domestication [J]. Nature（418）：700-707.

Kiple K F，Ornelas K C，2000. The Cambridge world history of food [M]. Cambridge：Cambridge University Press.

图书在版编目（CIP）数据

水族动物育种学 / 李家乐主编 . —北京：中国农
业出版社，2018.9
普通高等教育农业部"十二五"规划教材　全国高等
农林院校"十二五"规划教材
ISBN 978 - 7 - 109 - 23732 - 2

Ⅰ.①水…　Ⅱ.①李…　Ⅲ.①水生动物-育种-高等
学校-教材　Ⅳ.①S917.4

中国版本图书馆 CIP 数据核字(2017)第 311999 号

中国农业出版社出版
（北京市朝阳区麦子店街 18 号楼）
（邮政编码 100125）
责任编辑　曾丹霞

中国农业出版社印刷厂印刷　新华书店北京发行所发行
2018 年 9 月第 1 版　2018 年 9 月北京第 1 次印刷

开本：787mm×1092mm　1/16　印张：13
字数：310 千字
定价：30.00 元
（凡本版图书出现印刷、装订错误，请向出版社发行部调换）